大樂文化

你的獲利模式是什麼？

5 Kick-Ass Strategies Every Business Needs

每個主管都必須回答的問題

羅伯・葛瑞德
Robert Grede／著　王穎／譯

第一部　你要有「成為第一」的企圖心

Chapter 1

【行銷定位】想清楚你的核心競爭力是什麼？

Chapter 2

【行銷方法】做好行銷，顧客買單才算數

Chapter 3

【行銷方法】做出你的具體計畫

第二部　想把營收與獲利做大，你有五個方法

Chapter 5

【擴大市占率的方法】

成為市場龍頭，你的利潤會比同行高很多

Chapter 6

【招攬新顧客的方法】

不斷增加新顧客，保你基業長青

Chapter 7

經營老主顧的成本最低，千萬別冷落他們

Chapter 8

沒有新產品，就是在等同業推出改良品來把你打敗

【推出新產品的方法】

Chapter 9

【購併或結盟的方法】

這事做得好，是擴大事業最快、最省錢的方法

第三部　想年年獲利，你還得懂營運、財務和人事

Chapter 10

【營運的 know-how】

隨時檢查：現有的生產能力跟得上成長目標嗎？

Chapter 11

現金至上

【財務的 know-how】

Chapter 12

事業越大，越要注意人力資源問題

【人事的 know-how】

Chapter 13

【社會責任的意義】

社會評價越高，你的事業越有價值

推荐感言一

一本淺顯易懂的 Know-how 寶典

三商行集團33學堂副總經理　許宏榮

已在職場近三十年的我，深深認為，只要身在企業界，不論是一般員工、單位部門主管、事業部最高主管或是事業經營者，都應該念茲在茲，如何讓負責的業務或事業能找到一個對的商業模式，唯有如此，才能持續生存並發展下去。對一個經營者如此，對一個事業體更須如此。

本書是一本以「行銷策略的教戰守則」為主軸，以營運、財務及人力資源為輔，淺顯易懂的 KNOW-HOW 寶典；從如何定義你的業務及事業開始，透過各種「企業現場」的實際案例來印證，進而激發及教你如何按部就班，逐步形塑出讓你能成為真正贏家的獲利模式。

本書提及的「把營收做大」的五大關鍵策略：擴大市占率、招攬新顧客、照顧老客戶、推出新產品及合併或收購中，讓我印象最深刻的是「招攬新顧客」的策略，它提到美國幫寶適紙尿褲從嬰兒用品到銀髮市場，並將商品重新命名為 Depends，銷售給有大小便失禁困擾的老人，非常成功；面臨少子化與老齡化的台灣市場，何嘗不是這樣。再看看正蓬勃發展的便利商店，近來大幅增加商品與服務並倍增營業面積，頓時成為各路人馬的「新里民中心」，以招攬（吸引）新顧客光臨，更是成功的典範。

台灣的市場規模雖然不大，但只要我們能站在巨人的肩膀上，以他山之石可以攻錯的態度及思維，來開創出自己的一條路，不管你是一個小單位的成員，還是一個正躊躇滿志的創業家，本書一定可以讓你「成功在望」，祝福各位。

推荐感言二

老闆從此認爲你「有 sense」

敦陽科技第六事業群金融業務處副總經理　張晏源

如果你有一個暢銷商品，也許你短期內會賺到錢；但是，如果你想打造一個能年年獲利的事業，你手上的牌就不能只有一個能賣的成功產品而已。就像目前最紅的蘋果公司，雖然因為 iPhone 等商品熱賣，一直成為大家津津樂道的賺錢企業，但我認為，火紅的商品比較容易被外界看見，該公司一定還有不為人知的完善的營運、財務與人事機制。我甚至認為，也正是因為蘋果公司的營運、財務控管且用人得當，才能一波一波創造出熱門商品，因為他們擁有的是一套穩健的獲利模式。

這也是本書的重點，作者認為，真正有效的獲利模式就應該包含行銷、營運、財務與人事等四大機能。因此，作者將這四大機能相關的重要商業理論，結合作者擔任中小企業經營顧問期間接觸到的企業實務，完整而深入淺出地呈現在本書中。

對非商學院畢業，但有心想在企業界出人頭地或獨當一面的人來說，這本書會豐富你的商業知識，幫你很快抓到商業概念。以後回答老闆的問題，老闆一定會稱讚你：「有 sense！」

作者序

為自己打造點石成金的能力

這是一本有關獲利模式的書，更具體的說，是有關賺錢策略，也就是如何快速拓展生意的一本書。對任何企業來說，策略絕對是企業成長的要素之一，簡單說，策略就是企業的成長道路。

本書除了說明提高營業額的策略之外，還要告訴你在營收成長的同時，該如何發展公司的營運、人事與財務等基礎建設，才不會讓猛爆的成長意外拖垮企業。

過去二〇年，我一直致力於培育及發展小型企業，我的顧問公司會針對那些負責管理從新創階段到發展階段企業的經理人們，提供各種經營上的建議。

我也曾經在大學教授過從大學生到高階經理人和工商管理碩士等等，不同層級的課程。這讓我有機會接觸到各種教材、學術期刊與高等學位的論文，並從中汲取最好、最實用的商業理論，將它們運用在實際案例與本書之中。

簡單說，客戶數量要增加，你需要一個精心規畫的新策略。如果你希望企業要進一步在營業額與獲利上持續成長，對外你需要對產業與目標市場進行縝密調查，對內也需要一套強而有力的管理方式。關於這些，我們已經規畫出一套計畫，嚴格遵守並且加以執行。我們的所有企業客戶，也因為徹底實踐我們的建議，而獲得顯著的成長。

我們的計畫，涵蓋一個成功企業的四種職能或要素，這四種要素分別是：

1. 營運（資產、廠房與設備）
2. 財務（成本控管、負債能力）
3. 人力資源（稱職的中階經理人）
4. 行銷（規畫、宣傳、銷售）

因此，在本書中，我會將與這四個要素相關的重要學術和經營理論，轉換成容易理解的文字並搭配業界的實例故事，希望能幫助大家掌握經營一個成功的獲利企業或事業單位的 know how。

挑戰是好事，壓力沒好事

我寫這本書的真正目的在紓解壓力，一方面紓解你所面臨的壓力，一方面紓解你的企業在發展時所面臨的壓力。因為壓力會損害你和企業的健康。

有人會把壓力和挑戰相互混淆，然而這兩個概念並不相同。挑戰可以讓身心充滿活力，激勵我們不斷學習新的技能，掌握自己的命運。當我們完成一項挑戰時，我們會感到喜悅，困難也會迎刃而解。

在工作上，挑戰是一個健康而繁榮的成長要素之一。當我們戰勝挑戰，大家都會感到鬆一口氣，因為我們實現了目標，所以才能盡情享受這種滿足感。換句話說，挑戰是件好事。

相反的，壓力就不是這麼友善了。壓力會存在於人體的器官裡，敲響大腦的警鐘，讓你的神經系統開始急速運轉，並且不斷釋放荷爾蒙。你會覺得感官變得清晰、脈搏加速、呼吸沉重，肌肉也始終處於緊張

圖一　組織的生命周期

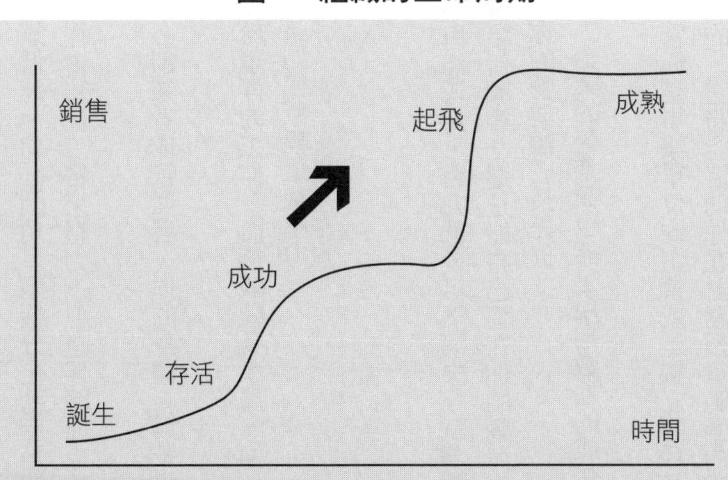

跟人類一樣，企業也會經歷許多發展階段，擁有自己的生命週期。
成長期是指以營業額倍速成長為顯著特徵的階段。
激增的顧客需求必須和生產、財務、以及人力資源所能負荷的條件保持平衡。

（資源來源：邱吉爾和李維斯，《哈佛商業評論》）

狀態。

壓力會造成慢性疾病，例如心血管疾病、肌肉骨骼疾病以及心理障礙等等。在壓力的作用下，你就像是一顆無法拆除的定時炸彈，而你所有的生理反應，也都會深受影響。

長期處於壓力之下的企業，也同樣會受到壓力的影響。士氣低迷、勾心鬥角、兩極分化甚至是瀆職行為等等，都是公司內部情勢緊張的表徵。工作環境中意想不到的變化，往往會為員工帶來壓力，但是伴隨而來的企業壓力，卻會對企業造成更大的危機。

短暫或偶發性的壓力，對企業而言並無大礙。但是身為一名創業者或管理者，你的身體（以及你的企業）可能經常處於壓迫中，而且難以在短期內獲得解決。

很多人誤以為凡事躬親會更有效率，然而，他們卻因為忙於瑣碎的工作，而無暇顧及大局。換句話說，這種情形就像是想同時把一打乒乓球都沉進水底一樣。本書將會告訴你該如何減輕這些壓力。

方法用對，營收可以倍數成長

只要你能擁有點石成金的「金手指」，當公司業績與利潤自然成長，壓力就會自然消失。試著想想：你能將不同的產品，賣給現有的每一位客戶嗎？或者是將同樣的產品，賣給新顧客？還是能將已經在你的腦海中規畫好多年的創新產品，成功地製造出來？又或者是能在未來的五年之內，讓你的營業額成長三倍？

你覺得無法想像嗎？只要運用書中的策略，你一定做得到，企業的營業額也能呈現指數性的成長。

本書是為了那些肩負著企業發展茁壯任務的人而寫的。不管你是事業單位的主管或是獨立門戶的創業者，只要你背負著部門單位或公司盈虧的責任，那麼這本書正是為你而寫的。它將能協助你在財務預算範圍內辨別機會、提高營業額，並為你提供有效而成功的策略，幫助你達成企業的目標。

無論你的公司是製造商、經銷商、零售商、服務業、還是非營利性組織，本書都將用最簡單的策略，為你的企業勾勒出未來的藍圖，鞏固你在市場上的地位。

本書同樣也會教你管理成長的方法。這幅藍圖擁有許多層面，所涉及的範圍也不只限於營業額的成長。本書將一步一步地告訴你，該如何為成長做好準備，以及如何在發展的過程中，管理除了行銷之外的營運、財務、與人力資源方面的成長。

如果你已經決定，要讓你的單位營收與獲利以倍數成長，那麼本書將會帶你達到目標。跟隨這些商業策略，你將會發現，打造一個能賺錢的單位，竟然是那麼的簡單！

第一部

你要有「成為第一」的企圖心

Chapter 1 【行銷定位】

想清楚你的核心競爭力是什麼？

你最擅長的是什麼？在你尋找拓展營收的方式之前，你必須做一件很重要的事，就是持續關注那些成功機率最高的業務。

企業的成長並不一定會帶來利潤的增加。任何事業成功的關鍵，都是將精力投注在對營收最有幫助的地方，而這些地方往往是指讓你的企業與眾不同，並且在一開始就能成功的獨特產品或特色。

學術界和商業界的權威們，將這些獨特之處稱為企業的核心競爭力。想要確認你的公司的核心競爭力，可能需要從重新尋找你的企業重心著手。

隨著時間的流逝，即使小型企業也可能會失去重心，開始為過多的市場區隔，提供定價各異的多種產品或服務。管理者無法照顧到所有產品，消費者也開始對其他的產品服務失去興趣，利潤因而出現萎縮。

接著，企業的獲利能力就會開始減弱。

找出你最專精的事

你的事業也遇到了相同的情況嗎？或許是該重新調整，尋找企業核心競爭力的時候了，這樣你才能專心提供最擅長的產品或服務。雖然大多數的企業管理者，都把焦點放在成長上，然而，推動企業發展的真正力量卻是專業化。

企業現場　把生意從 B2C 轉成 B2B

戴爾・威爾遜（Dale Wilson）在大學學生時代，就開始在朋友的一家位於加州聖塔芭芭拉的小型影印店工作，這間影印店有個有趣的名字，叫做「金科式」（Kinko's，一九七〇年創業，二〇〇〇年被聯邦快遞購併成為聯邦快遞的子公司）。

威爾遜很快就成為保羅・歐法拉（Paul Orfalea）第一家店的經理，並且開始學習這門生意。畢業後，他決定自己開一家影印店，並將它取名為「替代者」（The Alternative），因為他的公司是小鎮上僅有的兩家快速影印公司之一。

> 公司越來越成功，只花了五年的時間，員工的人數就增加到了四十人。威爾遜決定擴大營業項目，並且為公司添購了雙色快速影印機，以服務南加州沿岸的廣告代理商與大型企業。
>
> 儘管公司的規模不斷擴大，威爾遜卻有個麻煩的問題。雖然公司同時提供單色與雙色印刷的服務，但兩者的營業額卻都比不上競爭對手。更麻煩的是，只需要小量印刷的來店顧客，卻佔用了員工大量的時間。
>
> 威爾遜急需要重新為他的公司定位。
>
> 威爾遜將他的公司重新定位為商業影印公司。
>
> 於是，他調整了店面結構，取消明顯的大門，將那些服務一般客戶的小型影印機賣掉，並轉而服務大型的商業客戶。
>
> 隨著科技的進步，威爾遜也升級了公司的設備，改用數位印表機，以及大量送紙影印機。
>
> 為了強調公司焦點的轉移，他還將公司的名稱改為威爾遜印刷公司。目前的威爾遜印刷公司，已經成為全美第八十大的快速印刷公司（根據《快速印刷雜誌》的統計數據）。

專業化可能是幫助企業在第一時間成功的關鍵。一開始你找到了專精的市場領域，然後成為這個領域的專家，並在你成功之後，開始向其他不那麼擅長的領域拓展。然而，這些新領域或許會讓你成功，但也可能讓你損失慘重，需要重新整頓。

專業化應該進行到什麼程度？一般而言，你的企業涵蓋的銷售區域越廣，專業化就越能拓展你的生意。舉例來說，如果你住在一個只有五百位居民，與世隔絕的小村莊裡，你應該會在當地發現一、兩間什麼都賣的雜貨店，從鍋碗瓢盆，各式鞋類，輪胎到盥洗用品都有。沃爾瑪就是成功運用了這個策略，成為世界上規模最大的零售商。但是在大城市裡，你卻會發現許多高度專業化的商店。鞋店不只是鞋店，而是專門出售女鞋、男鞋、兒童鞋或運動鞋的鞋店。你甚至還可能會找到一間，專賣外科整形用鞋的鞋店。

換句話說，銷售區域的大小會決定專業化的程度。隨著經濟的全球化發展，專業化也變得越來越重要，最成功的企業，將會是那些找到自己的核心競爭力，並且專注發展的企業。因為沒有其他產業比零售業對流行更敏感，因此這個趨勢將由零售商帶領，而零售業中的佼佼者，也都將因專業化而獲益匪淺。

企業現場

玩具反斗城靠專業化，扳回龍頭地位

查爾斯・拉札勒斯（Charles Lazarus）在一九七〇年代開了一家名為「兒童超市」的商店，專門販賣兒童玩具和家具。隨著營業額的提高，拉札勒斯也開始對擴大產品線產生興趣，想要增加兒童衣物、尿布、嬰兒食品和腳踏車等產品。

然而他並沒有那麼做，相反的，拉札勒斯決定讓他的公司更專業化。他放棄了兒童家具，並專心經營兒童玩具，為了配合這項改變，他還將公司的名稱改為「玩具反斗城」（Toys 'R' Us）。

一九九〇年代末期，玩具反斗城面臨營業額下滑和利潤減少的困境。為什麼呢？因為當好市多（Costco）和山姆（Sam's）等會員制的大賣場，開始以更低的價格出售同樣的產品時，玩具反斗城卻忙著開展新的事業。

由於玩具反斗城當時的成長是來自新店面的成立，而非單店營業額的提升，而且，玩具反斗城拋棄了它的核心競爭力，轉而朝向新領域發展，陸續成立了兒童反斗城、嬰兒反斗城和其他品牌。然而直到一九九九年為止，公司的營業額雖然有一一〇億美元，虧損也超過一點三二億。

在那之後，玩具反斗城再次進行重整，並將重心放在最擅長的玩具項目上。這使得玩具反斗城終於反虧為盈，守住了市佔率的龍頭寶座，銷售量也佔全美玩具銷售總數的四分之一。

回想幾十年前，在百貨公司稱霸市場的時代裡，金貝爾（Gimbels）百貨、亞伯拉罕與史特勞斯（Abraham & Strauss）百貨、邦威・泰勒（Bonwit Teller）百貨和歐巴克（Ohrbach）百貨等等，都是零售業中數一數二的企業，如今卻全都消失了。梅西（Macy's）百貨，和布魯明戴爾（Bloomingdale）百貨等企業，也都在破產邊緣遊走，許多專家因此相信，零售業的黃金時代已經結束了。

但是人們並沒有停止消費。

隨之而起的是所謂的專門店（或者是被競爭對手詆毀為「分類殺手」的商店），幾乎所有可以在百貨公司裡找到的部門，都擁有專門的販售商店。大家會去 Gap 購買青少年的基本服飾，到 Foot Locker 去買運動鞋，在史泰博（Staples）買辦公用品，上家得寶（Home Depot）買居家維修產品。

在今天，網際網路幾乎讓所有的企業，都能夠向全球兜售自己的產品，也讓溝通和貿易合作變得更簡單迅速。競爭對手不再只是附近的同類型商店，而你的公司也必須同時與阿根廷、中國、印度或尚比亞等地的企業相互競爭。

這讓你的企業更有必要專業化。

不管進哪一行，都要把「第一」當目標

那麼，你該如何在你的產業之中，創造出等同於玩具反斗城、史泰博或家得寶一樣的統治地位呢？

以下是**專業化的五項準則**：

1. 凝聚焦點

你不可能什麼事都做，所以請放棄那些不必要的生產線或服務。雖然美國郵政提供了寄送郵件的服務，但聯邦快遞卻在利潤最高的隔夜送達服務上，擁有最大的市佔率，而且這還是由聯邦快遞一手創造出來的服務項目。

2. 種類多而齊全

如果你打算成為火車模型的專門店，而且只賣火車模型，那麼你就要確定自己能提供所有有關火車模型的產品，包括所有型號的模型，所有的零件，和所有的配件。如果有人想為他的火車模型添購某樣東西，會發現他不需要到處去尋找，因為你的店裡就有他想要的東西。

3. 低價進貨

透過產品與服務的專業化，你就可以經常用較大的折扣，向廠商採購大量貨物。

4. 低價賣出

你應該將低價進貨的成本優勢反應在售價上。因為當產品或服務減少到只有一種時，如果你的售價還不能比那些什麼都賣的零售商低，那麼你的銷售潛力就會受限。

5. 成為你所在領域的霸主

專注在你所從事的產品服務類別，並設法成為其中的佼佼者。無論你賣的玩具是否佔全美總玩具市場的二二%（就像玩具反斗城），或是擁有五個街區裡最暢銷的三明治，你都必須專注在核心競爭力上，好掌握你的市場優勢。

當然，隨著時間的流逝，產品或服務的類別也會隨之改變，顧客的需求在改變，技術在改變，就連經濟因素也都在改變。所有的商業類別都曾經有過成長階段，鐵路、雜貨店、傳真機和壽司餐廳等等，都曾經擁有輝煌的過去。現在，傳真機已經被電子郵件取代；由於購物習慣的改變，藏在街角的雜貨店也被超市所取代。

鐵路並不是因為旅客人數與貨運量的減少而停止發展，事實上，旅客的需求仍然在大幅增加之中。鐵路如今面臨困難的根本原因，是因為它們只認為自己是鐵路，而不是交通運輸公司，所以轎車、卡車和飛機，才會成為填補這種需求的方案。雖然擁有好幾萬公里的軌道和數以百計的車廂，鐵路的經營者卻只將鐵路視為乘客和貨運問題的解決方案。換句話說，他們擁有的是一個以產品而非市場為導向的事業。

一般企業都認為所謂的行銷就是創造出一項產品，然後再設法把它們賣掉。這裡有個證明這種想法的實際案例，也就是寶僑家品公司（Proctor & Gamble）與聯合碳化物公司（Union Carbide）之間的差異。

聯合碳化物公司是生產化學製品的企業。身為一位廣告主管，我跟它的消費產品部門的「愉悅塑膠袋（Glad Bags）」品牌曾經有過合作。當時聯合碳化物消費產品部門的高層，因為擁有多餘的聚乙烯原料，所以希望我們能夠

「想辦法賣出更多的愉悅塑膠袋」。

經過討論，我們決定開發一款新產品，手提垃圾袋。很幸運的，這項新產品賣得很好，因為我們發現了客戶對便利性的需求，並且滿足了它。如果當初我們決定加強既有的塑膠袋產品廣告，或是對利潤已經非常微薄的塑膠袋，做出提供更多折扣的錯誤決定，那麼我們可能會遭受嚴重的損失（更多關於手提垃圾袋的後續發展，請參見第七章）。

另一方面，寶僑開發新產品的方式，是廣泛聆聽各地的銷售代表、超市經理和顧客的意見。它以收集到的顧客需求為基礎開發新產品，並且在較小的市場上對這種產品進行先期測試。隨後，寶僑會花大筆經費行銷，以加強顧客對產品的認知，同時傳達產品能夠滿足顧客需求的優點。

寶僑的策略非常成功，而聯合碳化物公司卻早已取消了消費產品部門。

從這兩個公司的產品研發過程，可以看到，維持企業成長的秘訣只有兩個步驟：

1. 專注於企業的核心競爭力

- 找出企業的優勢
- 拋棄所有無關的業務

2. 進行市場展望分析

- 關注顧客的需求而非產品本身的功能
- 擴大你的思維並利用新的商機

如果你已經找到了企業的核心競爭力，何不把它列入你的企業宗旨之中？

寫出你的使命，同事才會跟你同一條船

如果你不知道自己要去哪裡，也就不知道到底該走哪一條路，或走不同的路有什麼影響。因此當你找到了自己的核心競爭力之後，就應該拿出紙筆，精確地描述你希望自己的事業該往何處發展，該如何經營這個事業，以及這個事

業所代表的意義。

貝恩管理顧問公司（Bain & Co.）調查發現，在全球前五百大的企業中，超過九成以上的企業，明確列出了自己的企業宗旨。說明了企業宗旨的重要性。

每個企業都有自己的使命，設計建築、烤麵包和提供交通工具等等。這些使命在創業初期雖然十分明確，但是隨著時間過去，你的事業將會隨著市場的變化，或者競爭的需要，而產生進一步的發展與變化。

想要確認你的企業宗旨，就必須先找到你的核心競爭力，而就像核心競爭力會隨著時間變化一樣，你的企業宗旨也可能有所改變。就像亞馬遜網站一樣，隨著市場的變化，亞馬遜網站將成為全球最大網路書店的企業宗旨，改變為全球最大的網路商店。

最重要的是，一旦確立了你的企業宗旨，就不要因為經濟的變化、新產品的引進，或單純的迫切感，而每隔幾年改變一次宗旨。只有在你重新定位企業時，決定調整事業的經營基礎，才應該同時改變你的企業宗旨。舉例來說，一九九七年九月二十九日，莎莉冷藏甜點公司（Sara Lee）突然宣布進行企業變革，將製造部門轉為外包生產，而公司本身則將成為品牌的專門經營者。

成功的企業會不斷地檢視彼得・杜拉克（Peter Drucker）所提出的經典問題：

- 我們的事業是什麼？
- 我們的客戶是誰？
- 顧客看重的價值是什麼？
- 我們的事業展望是什麼？

這些看似簡單的問題，全都是你的公司需要回答的重要議題，而且，你必須將結果記錄下來。有的公司將這些問題的答案當作企業目標，有些企業則稱它們為企業信條，也有的企業叫它們企業宗旨。

不管你怎麼稱呼它們，這些白紙黑字的記錄，就是你的企業的營運指標。它們不僅定義了你的企業，確立了企業的風氣，闡明了企業的文化，同時也將協助你將優良的工作方式傳承下去。簡而言之，它們是你通往成功的漫長道路上的一盞明燈。

對外，企業宗旨會在企業面臨因擴張、競爭壓力或產業政策調整所造成的困難時，指出管理的重點。當變化發生時，經營者只需要參考企業宗旨，就能明白該如何因應變化並管理員工。

對內，企業宗旨具備領導力，能夠啟發員工獨立思考的能力。它賦予員工與高階管理人作出一致決定的權力，並帶領身處不同地區的員工，獨立達成企業的共同目標，節省大量的時間。

如果員工依照這些準則工作，他們就不必在每次做決定之前，忙著在規則說明書裡找答案。他們只需要看看企業宗旨，就知道老闆會期望他們怎麼做（這麼做還可以避免許多惱人的會議）。

在李奧・貝納廣告代理公司（Leo Burnett Advertising Agency）裡的員工，必須知道李奧・貝納的企業宗旨「成為絕無僅有、最優秀的廣告公司」，和它的座右銘「伸手觸摸繁星，即使可能一無所獲，卻絕不會滿手泥濘」。

美國空軍的使命口號，就像B-52轟炸機一樣簡單直接，「以控制和探索太空保衛美國」。

電子港灣（eBay）的企業宗旨則只有簡單的一句，「我們幫你完成世界上所有東西的交易」。

換句話說，好的企業宗旨通常包括以下幾點：

1. 關注有限的目標
2. 強調企業所尊崇的準則與價值觀
3. 業務以核心競爭力為中心

促使你的企業使命成功最重要的關鍵，是以品牌而非產品為重心的態度。

柯達將自己定義為影像提供者而非軟片公司；IBM的定位是網路建設者，而非硬體與軟體的製造商；標準石油公司（Standard Oil）則不再「販賣天然氣」，而是負責「供應能源」。在眾多從以產品為焦點轉向以品牌為重心的公司之中，改變最戲劇化的應該是《大英百科全書》，它由百科全書的販售，轉而成為資訊的提供者。

可口可樂從可樂的銷售商，轉變為軟性飲料經營者，再成為滿足人們口渴欲望的供應商。隨著人們口味的轉變，可口可樂也開始銷售更具市場潛力的飲料。

你的企業宗旨是什麼？任何一個擁有企業宗旨的組織，都必須先找到自己的使命，那個深埋在你的心底、員工不一定能和你分享的使命。將這個宗旨以白紙黑字的記錄下來，不僅能讓大家都知道公司的使命，也能夠支持企業的政策。如果企業宗旨的目的是激勵，那麼你就必須用能使員工感到振奮的方式，傳達你的企業宗旨。你必須吸引員工的注意，啟發他們更努力、更明智地工作，簡單來說，就是將它寫成一句永遠都適用的口號。

一旦寫下了企業宗旨，就必須加以利用，和員工分享它，將它公告在辦公室裡，在開會時展示它。另外，也要將它分送給顧客與供應商，並且將它印在公司的信箋、訂單和發票上。

把它當作寄發給你所有客戶和潛在顧客的直接廣告郵件。並且附上一份說明，告訴大家這個宗旨訂定的過程，以及你打算如何在目前和未來實踐你的企業宗旨。

事實上，企業宗旨的運用比其他任何一種管理工具都要更廣泛。理由是因為它所需要的投入雖少，能夠造成的效益卻很大。如果領導的職責是為組織提供明確且受到大家認同的理念，那麼還有什麼方式，比闡明企業的宗旨更好呢？

如何確認你的企業宗旨？

問問你自己：

- 我們為什麼要做生意？
- 我們的產品為什麼是獨一無二的？
- 我們的客戶是誰？
- 我們的優勢是什麼？

請設法讓你的回答簡單而直接，就像是在跟朋友說話一樣。

如何寫出你的策略性商業計畫？

計畫跟願景息息相關，它是企業的眼睛。另一方面，實際執行則是企業的雙腳。

——約翰・佩珀（John Pepper），寶僑家品公司前總裁

在你找到定位、確立企業宗旨之後，想讓事業快速成長，你想到的辦法是什麼？打廣告嗎？小心了，有一句話流傳很廣：「五〇％的廣告都是無效的」，千萬不要相信這句話，因為事實上無效的廣告遠遠超過五〇％。

你必須深謀遠慮，才能了解該如何避免這種浪費，換句話說，你必須事先規畫。想要拓展業務，你需要做好計畫，一個好的計畫絕對不只是廣告一個環節，應該包含四個部分：

1. 營運
2. 財務
3. 人力資源
4. 行銷

這四個部分所構成的計畫，就是所謂的策略性商務計畫，也是你的獲利模式，這不只是企業成長的基礎，也是帶動企業迅速成長的藍圖。

這份計畫必須認真撰寫，使它能夠在資產負債市場上，為你和你的公司大肆宣傳。因為資產負債市場、銀行家和金融家都是你的觀眾，你必須說服他們你的夢想值得投資。

你多年來獲得的工作經驗，並不一定能完美地轉換成商業計畫。而且，不管產品多有創意，你的服務有多受市場歡迎，如果缺少一份優秀的商業計畫，你就很難取得必要的資金。

我哥哥唐是阿斯彭聯盟（The Aspen Alliance）的合夥人，這是一間由科羅拉多州起家，專門協助創業者訂定企業擴張策略的創投公司。唐唯一的工作，就是協助創業者擴大他們的企業。他平均每個星期都要看三十份商業計畫，其

中大部分的計畫書在被快速翻閱之後就都進了垃圾桶。他表示，最差的計畫書往往是請律師幫忙寫的，但是由會計師所寫的計畫書，品質也只比律師所寫的好一些而已。

你可以直接跳過那些法律術語，因為它們實在太晦澀難懂了。另一方面，雖然會計師在確保計畫書的財務報表是否準確上有其必要性，他們卻很難為你豐富計畫書的內容。

商業計畫書就像是宣傳你的想法的廣告。我承認我有偏見，我認為最好的計畫書，是由廣告專家所寫的。因為他們知道該如何把最重要的利潤，放在最前面吸引讀者，同時加上清楚的數據，以支持計畫所提出的論點，並且會在最後呼籲人們採取行動。

一份好的計畫書，能獲得大型債務、股權公司的注意，也會向這份計畫書的讀者如老闆和金主等人，展現你對自己的事業和想法的重視。如果你的計畫書能為你募集到所需的資金，就代表這份計畫書值得投資。

當然，這並不代表沒有專家的協助，你的計畫就永遠無法獲得資金，不過機率的確會降低不少。

計畫是預期未來可能發生的事件與環境，並決定應該採用何種方式，才能順利達成你的目標的過程。然而，計畫也經常會遭到企業內部的反對，反對的理由主要包括以下三點：

1. 大家不願意在變化劇烈的環境中，對長期目標做出承諾
2. 員工認為訂定計畫是件忙碌卻沒有意義的工作
3. 你認為有比計畫「更重要」的事情該做

如果想成長，你就必須下定決心進行規畫。接著，你必須向你的核心員工強調計畫的重要性。因為如果連老闆自己都不相信計畫的價值，還有誰會相信呢？

如果你真的想拓展你的事業，那就先來看看擁有策略性計畫的好處吧：

- 鼓勵大家有系統地預先評估問題
- 強化企業的重心

- 為無法預期的發展做準備
- 引導大家在工作上更能互相配合
- 協助建立工作表現的標準
- 激勵大家為企業的發展盡責
- 讓投資者了解你的資金需求，並且向他們保證，投資你的公司一定能獲得回報

策略性商務計畫範例

那麼，你怎麼寫你的商務計畫呢？我發現大多數填空式的計畫書軟體，其實都在浪費錢，另外，很多書籍和網站都有可以提供大家使用的標準格式，但這些資源大多過份偏重會計數據，太強調數字而不重視其他無法量化的因素。我建議，你可以暫時不理會這些軟體和格式，就先從大綱開始寫起。

以下是策略性商務計畫的基本大綱。這份大綱適用於新成立和計畫發展中的事業（或公司），以及包括製造商、經銷商和消費性服務在內的所有企業。

1. 摘要

一份闡述產品以及其主要優勢，包括一句**二十五個字**以內的結論和其他內容所組成，長度不超過一頁的摘要。這份摘要的重點，應該放在介紹資金流向和成本回收的時間表上。

2. 產業、公司、產品

分析你所處的產業，並介紹你的公司和產品如何滿足這個產業的需求。

3. 市場

分析你的市場潛力和趨勢，你的目標客戶與競爭對手，最重要的一點，是提出對銷售狀況的實際估算。這一部分的計畫內容，主要應該來自你的策略性行銷計畫中的狀況分析單元（參見第二章）。

4. 行銷策略

你的事業始於客戶。然而你該怎樣招攬顧客呢？你該如何在市場上為自己的公司定位，標示出它的價值，對外散布並宣傳它呢？這個部分的內容應該來自你的策略性行銷計畫之中，還沒有在市場章節使用到的部分（參見第二章）。

5. 經營

簡單介紹你的經營方式、必備的設施、你的管理組織、與提供相關支援服務的機構（例如你的財會和法律諮詢公司，以及其他諮詢服務的提供者）。在這個章節中，你需要詳盡的介紹你的管理團隊，以及他們過去的經驗和產業技能，並且在附錄中附上他們的履歷。

6. 風險

分析顧客風險、勞動力及原物料的供應量、經濟因素、技術的變化、與政府相關規定對企業的影響。這個部分雖然經常被忽略，然而對那些期望知道你對潛在風險有所規畫，以及你的管理階層的處理方式的投資者來說，卻是非常重要的章節。

7. 財務報告

包括預編資產負債表、損益表和現金流量表。請務必確認你的報告涵蓋了所有的假設。

8. 融資

這個章節的目的，是要求投資者以實際行動支持你的計畫，所以必須清楚說明所需的資金額度，以及它們的用途和償還時間表。

在訂定商業計畫的過程中，最大的失誤往往來自管理上的失焦。嚴謹的投資人會假設你的構想健全，而你所提供的數字也很合理。因此他們真正想知道的是，**誰會負責管理我的錢？**

許多計畫都缺乏一套退場機制。管理階層會將企業帶往何處？該與經銷商合作嗎？還是應該設立分公司據點？應該公開上市嗎？投資者要如何得到回報？什麼時候才能得到回報呢？這一部份最好也要做出計畫。

行銷、營運、財務與人事要兼顧，少一個都撐不久

以上是一份理想的商業計畫的大綱。接下來，你該怎麼填入令人無法抗拒的內容呢？

我們之前提到一個成功的事業一定包含營運、財務、人力資源與行銷四個要素。在寫商業計畫時，你該事先做的功課卻不是按照這個順序。

我建議你第一步一定要做一點市場調查，也就是從行銷做起，不管預算有多少，不管要不要請別人來做都沒關係，總之，你必須花點功夫研究那些可能購買產品的顧客。除非你真正了解了市場，否則你將無法開始統整其他的要素，並進一步發展你的企業。

你感到有點困惑？因為你聽過各種說法。

你可能聽說過一句話，「只要能發明更好的捕鼠器，全世界就會排隊來敲你的大門！」大多數的創業者都會告訴你，**營運**是任何企業最重要的部分。「缺少好的產品，其他的努力都是白費」更是一針見血。如果產品不能滿足客戶的需求，任何企業都不可能會成功。

的確，創業家往往是從產品出發，他們在發明了某項產品、流程或服務之後，會針對產品繼續培養、修正，並販

賣給顧客，好幫助企業成長發展。結果，由於他們對產品的偏愛，導致他們認定產品的價值比其他商業要素的價值高。

但是如果和**財務**部門的人溝通，你的會計、銀行業者或你的簿記員都會告訴你，現金才是最重要的東西。「錢是企業成長的養分，現金流太重要了。」他們的看法也很有道理。如果沒有足夠的收入來支付開銷，長久下來，你的企業一定會倒閉。

然後，有的經理人會告訴你，**人力資源**才是企業成功的主因，畢竟幫你執行各項任務的，全都是員工。「有優秀的員工，才有成功的企業。」

總之，在討論到這四個要素的重要性時，**行銷**部門總是被放到最後才討論，但我要明白告訴大家，這麼做是錯的，因為行銷比其他項目更重要。

在思考或撰寫策略性商業計畫的時候，務必先完成行銷的部分。我承認我有點偏心，但請先聽我說完。沒有客戶就沒有生意，如果沒有人知道產品，也不知道該去哪裡購買，就算產品再好也沒有意義。同樣的，如果沒有顧客，無論你的公司財務狀況多好都沒有用，因為顧客才是創造現金流的唯一要素。

圖二　獲利模式的模型

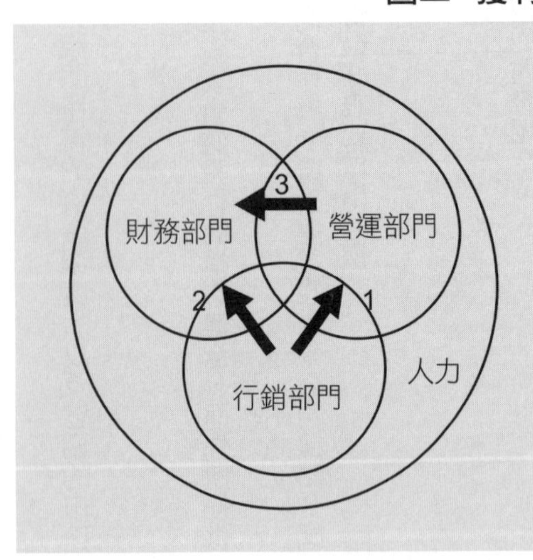

1. **行銷部門**告訴**營運部門**需要多少原物料和勞動力。而銷售部門則對該生產多少產品提出預估數據。
2. 同一份銷售預測（連同價格預測）將會告訴**財務部門**預期的收入。
3. 同時，**營運部門**將會利用由**行銷部門**取得的銷售預測，通知**財務部門**原物料與勞動力的預估成本。這樣一來，**財務部門**就可以規畫資本結構、貸款需求和還款時間表。

行銷就是要能解決顧客的問題，這是賺錢的真理

行銷經理在規畫的過程中扮演著非常重要的角色，負有決定企業宗旨、分析環保議題、競爭對手、與市場環境的領導地位。同時，他也必須為企業決定產品、市場、銷售及品質計畫，以執行企業策略。

——傑克・威爾許（Jack Welch），奇異公司前董事長暨執行長

在目前的市場上，行銷要比以往任何時期都來得重要。由於資訊的即時可取得性，以及所有設計都能被立刻破解等因素，使得產品價格變得越來越低，因此企業行銷策略的品質高低，就成為成功的重要關鍵。

只有行銷才能讓產品跟競爭對手的產品有所區隔。行銷是你的企業裡的顧客的聲音，它是顧客對你的呼喚，告訴你他或她需要的是什麼。如果忽視這些呼喚，你將會面臨重重危機。

在過去，行銷的任務只有招攬顧客一項，如今它卻必須被賦予更多的權力，以維護並開發有潛力的客戶。

和過去由其他部門掌握重要發言權的型態相較，現在的行銷部門必須在更多重要的領域，例如決策等項目上，擁有更重要的發言權。

採購、定價、產品開發和物流等項目，在滿足客戶的需求上扮演了十分重要的角色。因此，重要的供應商也可以成為行銷團隊的一員，為長程計畫和產品開發提供意見，並規畫產品運送時間表，以滿足客戶的需要。行銷部門在計畫的過程中扮演了舉足輕重的地位，而企業的行銷決策也將會對企業內的所有部門產生影響。

當行銷部門與財務部門共同合作的時候，行銷經理必須為產品訂定最理想的售價、宣傳預算，以及顧客的信用額度與付款方式。

而在與營運部門合作時，行銷經理則應該確定產品的品質、數量和特色，以及產品的運送時間表。

在預估銷售額時，必須考慮以下五個因素：

1. 去年的銷售數字

2. 對宣傳活動效益的預估
3. 準備上市的新產品
4. 對你的競爭能力的分析
5. 對經營環境的分析

一旦完成了上述的分析，就可以根據這些因素所評估的數據，開始規畫營運和財務計畫。

企業經常會在預估自己的產能之後，通知銷售部門有多少產品需要出售。這種做法，在產能利用至為關鍵的資本密集產業，例如航空業、鑄造業和印刷業等產業特別盛行。這種做法，往往會在銷售目標無法達成時，導致產品大打折扣，造成利潤下滑（甚至虧本）的狀況。

如果管理階層能提早預估企業的營業額，就可以避免許多麻煩。如果事先知道銷售數量可能無法達到產品的供應量，企業就可以制定因應的成本降低計畫，以確保產品的利潤。

計畫必須具備相互作用的功能，要能和顧客與員工互相配合。計畫不但是反映顧客需求的機會，也是你向顧客介紹產品，傾聽他們的意見，並藉以調整產品的好時機，你應該利用它為你和顧客建立良好的關係。同時，這也是你把他們從競爭對手那裡吸引過來的好方法，只要你願意傾聽他們的聲音，並且對他們的意見做出反應就行了。隨著顧客優先順序的變化，你的計畫也必須隨之改變。十年或二十年之前，老經驗建議你應該規畫一份五年的行銷計畫，並每年審視一遍內容。但是現在的變化要比以往快得多。你能夠想像思科（Cisco Systems）、英特爾或基因技術（Genentech）這樣的企業，到現在還在使用五年期的行銷計畫嗎？

當我在為客戶撰寫計畫的時候，我們可能會制定三到五年的長期計畫，但卻只會為第一年的計畫提出策略規畫。然後，我們會每季（或者每個月）審視一遍這份計畫，以確認當時市場上的機會和挑戰。

在訂定計畫的過程中，應該多聽取其他人的意見，因為員工才是真正負責執行計畫的人。雖然計畫的制訂是由行銷開始，然而你的策略性商業計畫，卻必須在財務部、營業部和行銷部的配合之下，才能夠順利進行。

廣泛徵求各部門的意見，將有助員工對企業建立所有權的認同感。如果你的簿記員發現她的建議出現在完成的計畫書裡，那麼她將會全心投入計畫的實施，以確保計畫的成功。而且，在整個企業裡，員工之間相互傳遞的訊息必須一致。舉例來說，如果你極力吹捧企業的客戶服務，但是當顧客詢問價錢時卻得到態度惡劣的問答，或是工頭在帶領顧客參觀工廠時口出穢言，那麼你的企業聲譽將會蕩然無存。

策略性行銷計畫

具備三種功能：

1. 它確立了商業計畫（基於對市場機會的分析，確定首要目標市場和次要目標市場）
2. 它詳述了行銷策略（包括產品特色、宣傳方式、定價、及銷售管道等等）
3. 它提供了資訊回饋（透過測量與分析等方式取得），這些回饋將被用於改進行動上，並且可能形成新的策略與手段。

自己有紀律，就能帶出有紀律的獲利團隊

現在，你已經準備好迎接成功，打算讓你的企業超越草創時期，邁向事業的巔峰。但是，你已經準備好迎接企業的快速成長了嗎？這樣的焦慮是有根據的，因為這種跳躍式的發展，對優秀的經理人來說同樣是一項挑戰。

就從捫心自問開始做起吧。請確保你的企業一切都有條有理。這意味著營運部門有能力處理大量湧入的新訂單，你的財務狀況足以為你提供所需的額外營運資金，而員工也已經準備好面對增加的工作量。這些任務，包括營運、財務和人力資源，都將會在第九章、第十章和第十一章中分別討論。但是在處理這些重要的任務，以及將你的企業安排的有條不紊之前，你必須先處理一個小小的問題，那就是你自己。你必須先好好安排自己的工作。

典型的新創企業（與事業）例行工作項目

表一是每一個新創業者，每個月都需要執行的例行任務。請你在那些促使你成立自己的公司，並且最喜歡做的事旁邊畫圈。同時，在那些你不想做，或非常討厭的工作旁邊畫個叉。

表一　新創企業（與事業）例行工作項目

通信	廣告規畫制作	編列預算	與員工開會
控制庫存	網站維護	向顧客催款	聘用員工
撰寫郵件	聯繫顧客	付款	解雇員工
歸檔	拓展網路	催帳	激勵員工
接聽電話	發布新聞稿	財務規畫	培訓（你自己）
發貨／收貨	宣傳規畫	信用管理	培訓（員工）
看管工作		繳稅	行政工作
訂單輸入			
品質監控			

你可能注意到了這個表列的模式，第一欄裡的任務基本上都屬於營運工作，第二欄裡的則是行銷工作，第三欄裡的是財務工作，而第四欄則是人力資源管理的工作。

當你的企業準備迎接成長時，那些被你打叉的項目，就是你該首先分派出去的工作。這表示你必須相信公司裡的某個人，讓他來負責這些工作，或是雇用其他人來執行這些工作。

想管理好一個企業，就必須先管理好自己。時間管理是目前最廣受討論，並最常被管理刊物提及的議題。如果我將所有關於時間管理的理論與實踐都記錄下來，那麼你根本就不會有足夠的時間去閱讀它們。

因此，讓我們把它精簡成兩項最基本的時間管理技巧：

1. 更聰明地工作，不要浪費力氣
2. 將工作分派給別人

更聰明地工作，不要浪費力氣

一寸光陰一寸金，寸金難買寸光陰。時間一旦流逝就再也找不回來了，因此，想變得更成功、更沒有壓力的秘訣，就是有效地管理時間。

專家們都同意，所謂的有效時間管理，是指一種和諧的生活方式。為了你自己的身體和企業的健康，必須注意以下五個重要領域：

1. 身體（運動、營養、睡眠）
2. 智力（人文修養、持續學習）
3. 社交（家庭和朋友）
4. 專業（地位和自我認同）
5. 情感（對人生意義的追求）

一個真正開心的人，是能夠在這五個領域中取得平衡的人。

從運動開始。有些人會計畫健身，然而一旦有其他的事要忙，他們就會把運動擺到一邊。如果經常這麼做，血液的濃度就會增加，內臟會開始衰老，而心臟也會在五十二歲就停止跳動。

請用規畫其他聚會的方式安排你的運動時間，你會發現自己變得更有活力，睡得更香，並且能在當天剩餘的時間裡，工作得更有效率。另外，運動也是釋放壓力的好方法。很多經理人都表示，當他們在騎腳踏車或打網球的時候，也是他們的思路最清晰的時候。

雖然好的創業者天生就有好奇心，然而心智也同樣需要鍛鍊，因此，你可以經常欣賞戲劇或音樂表演。你也可以參加和你的專業技能無關的課程，或許你會因此認識一些人（並且成為你的人脈圈中的一員），同時振奮你的才智，對生命產生新的看法。經歷不同的樂趣，甚至能讓你的思路更清晰，工作更專注。

你並不需要為這五個領域分別規畫特定的活動，但如果你發現自己完全沒有參與某個領域的活動，那麼，你很可能遺漏了生活中某個重要的部分。

這裡有一個能幫你認清現實的小遊戲：找一個有蓋的大瓶子，然後用石頭把它填滿。儘量把石頭裝到再也裝不進去為止，接著蓋上蓋子並且用力搖晃瓶子，直到石頭卡得緊緊的，並且空出多餘的空間為止。然後打開瓶蓋，再放更多的石頭進去。裝滿了嗎？很好。

現在，開始把沙礫，也就是更小的石頭，裝進剩餘的空間裡。蓋上瓶蓋，再次搖晃瓶子，然後把沙礫裝滿到瓶口。滿了嗎？好，接下來是裝土，同樣把土裝滿到瓶口為止。你覺得瓶子滿了嗎？是不是再也裝不下東西了？現在請你加水。

在日常生活裡，我們都有像大石頭一樣重要的事，也有像沙礫一樣屬於我們喜歡做的事。另外，還有像泥土一樣是我們不得不做的事，更有像水一樣浪費我們的時間，擾亂我們的生活，消耗我們的精力的事。

這個例子跟平衡有關，好的時間管理意味著平衡，你為每件事預留時間，而所有的事也都按照你的期望進行。關鍵在於找出你的大石頭是什麼，並且在你的日常行程表中，為它們安排執行的時間。

電子郵件不是大石頭，在處理重要事件的時候，郵件很少會成為影響計畫的主因。把它們留到晚上再處理，或是在你提早完成重要工作的時候處理。

時間管理

如果你發現自己忙著解決問題，處理臨時發生的麻煩，而不是在做計畫和管理其他人的話，請你參考這份指南，以確保自己在處理正確的任務，並更有效地管理時間：

- 把你的目標清單放在一眼就能看見的地方
- 經常審視你的長期目標和短期目標
- 省略與目標無關的工作，或試著保持生活方式的平衡
- 不要害怕對人說不，包括對你的配偶、朋友、孩子和父母說不在內
- 請身邊的人合作，讓他們知道你對時間管理所做的努力
- 不要訂定不可能成功的目標，請設定實際的目標
- 每天列出當天必須完成的工作清單，並嚴格執行

同樣的，不要害怕使用電話保留的功能。如果你仔細想想，就會發現幾乎沒有什麼電話或電子郵件，緊急到你必須立刻接聽或是回覆。如果真的發生這種狀況，就安排一些時間接聽電話，然後在剩下的工作時間內將電話關機。千萬不要反過來做。

把那個裝滿的瓶子再拿出來，並且把它清乾淨。現在，用水裝滿它。然後，試著把一些石頭裝進瓶子裡。除非把水先倒掉，否則你沒有辦法把石頭裝進去對不對？

這個例子的重點就在於，你必須優先安排並完成重要的事（也就是那些大石頭），接著再去處理那些瑣碎、不重要的事，以免浪費時間。

這並不表示你必須放棄休閒和享受的時間，記住，平衡才是關鍵。

請訂定你的目標。專家們一致認同，維持正軌最好的方法就是制定目標，並且在你執行每天的各項工作時，將目標牢記在心中。這裡所謂的目標制定，涵蓋了長期和短期的目標在內。

當你每天的生活開始出現混亂，請記得問問自己：「這件事對我的目標有貢獻嗎？」如果沒有的話，請你放棄這項工作，或是交給別人去執行。

分派任務

「有沒有人告訴過你這些辦公室法則？沒有？法則是這樣的：如果能讓別人去做一件事，就絕對不要自己做。只要你有機會，找個可以信賴的人，在工作上好好培養他，然後你就可以坐下來，開始思考如何為標準石油（Standard Oil）賺更多錢。」

——老約翰・D・洛克菲勒（John D. Rockefeller, Sr.），標準石油公司創辦人

「要想把事情做好，就必須親力而為。」這是一句很常見的格言。千萬不要相信這句話。因為如果這句話是正確的，那麼在這個世界上，永遠都不會出現一個人以上的組織。

所謂的分派任務，也就是讓別人有權代替你完成工作，就是這麼簡單。但是你該怎麼確保受委託的人，能夠按照你的期望完成工作？事實上，你無法辦到這一點，因為沒有人應該被期待能完全依照你的方式完成工作。然而（這是個很重要的詞彙），你卻可以期待類似的結果。該怎麼做呢？

你可以遵循以下幾項簡單的法則：

1. 描述預期將完成的工作，而且愈詳盡愈好
2. 訂定工作時間表，列出工作應該被完成的時間
3. 說明你願意賦予工作執行者的權力範圍
4. 設立查核點，以確認執行的狀況

1. 描述預期將完成的工作

請說明的愈詳盡愈好。這並不是要你把具體的執行方式都寫出來，然而提供意見卻可能很有幫助。你需要詳細說明的部分，是你對成果的期望。

舉例來說，今天早晨我要求我十幾歲的女兒「收拾」她的房間。我犯了一個很大的錯誤，因為我跟她兩個人，對於乾淨的房間的概念相差很遠。晚上，當她準備跟朋友出門的時候，我檢查了她的房間。我發現洗乾淨的衣服胡亂丟在沒有整理的床上，中間還摻雜著髒衣服。碎紙片、首飾和雜誌則被亂堆在她的書桌和衣櫃上。

「但是我有收拾房間。」她和我爭辯。

的確，除了隨意脫在沙發旁邊的鞋子之外，地上是很乾淨。不過我仍然堅持，即使她的朋友必須枯坐在門口等待，她還是必須把洗乾淨的衣服收好、整理好床鋪，並且收拾碎紙片和其他的小玩意。同時，我走進我的辦公室，寫下該如何分派任務。事實證明，光說不練是沒有用的！

如果我清楚地交代了我期望看到的結果，她應該不會無法完成任務，這樣一來，她的朋友就不需要等到她收拾完才能出門，家裡的氣氛也會更溫馨。全是我的錯。

我該向她道歉的。我應該讓她向我重複一遍我的要求，好確保我們都明白對方的意思。我學到了教訓，或許你也可以從我的錯誤中學到一課。

2. 訂定工作時間表

讓你的下屬知道他有多少時間可以完成工作，一個小時、一個星期、還是一個月？

如果專案的時間很緊迫，你一定要特別說明。或許你的下屬有能力勝任你交代的工作，也能達到你的要求，但如果他不知道這份工作的緊迫性，你還是可能會感到失望。

3. 說明工作執行者的權力範圍

假設你把任務描述得很清楚，確切地訂出工作的時間表，也聽到你的下屬對這兩個條件清楚複述，確保你們之間沒有誤解，但工作卻還是出了問題。為什麼呢？

因為你沒有告訴她，她的決定權有多大。

有時候，你告訴下屬某個任務的變數，她就會做出相對的假設，認為你也同時賦予了她執行任務的權力。她可能會找一些你從未要求過的人加入，也會對那些不該由她做決定的工作下決定，最後做出可能要花你更多時間處理的行為。

於是你決定，從現在開始不再把工作交給別人，凡事都自己執行，結果你又回到了原點。然而這並不是下屬的錯，這是你的錯，因為你並沒有告訴她，她擁有多大的決定權。

決定權的範圍，可以從簡單的調查、到提供建議、開始作業，以及採取具體的行動等等，被分為四個不同的等級。

調查是指讓下屬去收集能夠幫你做出正確決定的資訊。

提供建議和調查類似，只是增加了由下屬對實際行動提供意見的部分。

開始作業讓下屬有權決定並付諸行動，但前提是必須先知會你，讓你能夠提出建議，或是預防問題的發生。

具體行動就是讓下屬全權執行某項工作。

讓我們來看一個例子：你剛雇用了一位執行助理，她很聰明優雅，並且急於表現她的能力。剛開始的幾個星期，你請她幫忙收集資料，整理出優先順序並且向你報告。你給了她明確的指示，並且訂出收集與交付資料的時間表。你甚至要求她重複你的要求給你聽，以確保她完全明白你的指示。

這個工作方式成功地維持了幾個月，於是你開始要她為所收集的大部分資料提出建議。你毫不猶豫地採納了很多她的建議，並且對其他的建議做了些許調整。你很滿意她的進步，並且告訴她你的看法。她很高興。

六個月以後，她已經大致明白你會如何處理那些常態性的工作，並開始嘗試自己解決它們。她向你報告她所做的工作，方便你對問題作出決定，並隨時掌握工作的進度。

在一年之內，她已經能自行決定大部分的日常工作並確實執行。你跑到法屬波拉波拉島去度了一個月的假，享受寧靜的生活。回到辦公室之後，你發現公司的一切都很順利。你滿意地笑了。

4. 設立查核點

如果某一項工作很複雜，最好安排進度會議來掌控工作的進度。這些查核點的設置，可以幫你確認事情是朝正確的方向發展。任務愈複雜，指導的工作就愈重要。

在工作開始進行的初期應該經常召開會議，等下屬證明了自己的能力，也證明了工作步入正軌之後，查核點的數量就可以減少了。

透過這種方式，你可以避免在毫無所知的狀況下浪費時間，因為你會跟下屬一起檢查工作進度，確保他的工作在正軌上，而當他遇到困難的時候，你也能提供建議。

分派工作所指的，是依賴他人為你下決定與執行策略。如果你無法辦到「聰明而不費力」的工作，那麼，至少要讓別人幫你處理一些事。

企業現場　**交辦工作，上下都有成長機會**

強科工業股份有限公司，是一家位於美國威斯康辛州密爾瓦基市，專門提供客製化包裝和產品的供應商。在經營了十年之後，老闆湯姆・雷恩（Tom Ryan）決定推動讓企業快速成長的計畫。為了配合強科的擴張計畫，雷恩必須將大部分的工作分派給別人執行。因為他無法再參與每一次的銷售工作，也不能親自製造每一個模型，計算每個產品的成本，並且為潛在客戶提供報價。

雷恩決定把大部分的銷售工作分派給他的兒子麥可。

剛開始的時候，麥可被分派擔任製造樣品的工作。隨後，他開始負責計算所有新顧客的推銷成本。當他一步一步證明了自己的能力，他也同時被賦予更多權力，包括負責與客戶接觸。麥可不但證明了自己的能力，許多新客戶也將他視為主要連絡人。這使得雷恩能夠專心進行規畫，以及處理行政工作。

同時，如果麥可有朝一日打算接手，他也已經學習到了寶貴的經驗。

儘管你的團隊有條不紊，你也已經學會了管理時間的技巧，並能沉著冷靜地分派工作，但在你能夠拓展事業之前，還必須了解一些基本的行銷準則。

Chapter 2【行銷方法】

做好行銷，顧客買單才算數

行銷是什麼？我的字典裡對行銷的定義是「把一些東西拿來賣。」這句話聽起來很簡單，行銷就是取得東西並且把它們賣掉。

當學術界開始討論行銷的時候，專家採用了「反向通道」、「五分之一分析」或「集群預測」等等的術語來形容它。他們似乎想把行銷弄得神秘兮兮，彷彿只有他們才能理解行銷的複雜性和其中的細微差異。

這根本就是胡言亂語。

行銷就是透過出售產品或服務，來滿足顧客需要的行為。這就是行銷，不需要任何推論也不神秘，而且這個定義到哪裡都能成立。這個定義很簡單，但千萬不要把「需要」（need）和「想要」（want）兩者相互混淆，它們並不相同。然而也正因為如此，這其中存在了一個行銷的基本原則。

現在，不妨花一點時間，思考一下「需要」和「想要」兩者之間的差異。其實，人們需要的東西很少，食物、衣服、住所、愛、自我或許再加上一份好的共同基金。

另一方面，「想要」則是人們為了滿足所需，而對特定事物所產生的渴望或欲望。舉個例子也許比較容易釐清其中的差異，比如說，「需要」食物的人，可能會「想要」一份起司漢堡；「需要」衣服的人，可能會「想要」一套亞曼尼套裝；「需要」房子的人，可能會「想要」一棟水上別墅。

一個能把欲望轉換成需求的人，將會擁有至高無上的力量。雖然一切就是這麼簡單，但這也意味著一場永無止境的挑戰。

行銷人員無法創造需求，因為需求是人們與生俱來的東西。好的行銷人員會創造「想要」的欲望，並指出為什麼他們的某樣產品，能夠滿足人們的某項基本需求。他們試圖透過將產品變得更有吸引力、價格更適當、以及使用更方便等方式，影響顧客的購買意願。

他們會向顧客建議，購買一輛BMW可以滿足他們期待受人尊重的渴望；或是買一輛富豪汽車以滿足他們尋求安全的渴望。或是換個方式，強調人們對歸屬感的渴望可以透過搭乘大眾運輸工具獲得滿足。

需求永遠存在，欲望卻可以被創造。行銷的角色，其實就在於創造欲望以滿足需求的行為。

每個公司都是在有限的行銷預算內運作，因此一個好的行銷案也需要合理安排這些有限的資源。這一切，一樣都必須從好的計畫開始。要做出一個好的行銷計畫之前，我們再來很快地了解一下行銷的４Ｐ原則。

沒聽過四Ｐ？現在了解也不晚

行銷是由許多變數所組成的，而這些變數通常被稱做四Ｐ，也就是：產品（Product）、地點（Place）、價格（Price）、促銷活動（Promotion）。

產品

你該如何製造出能夠滿足顧客需求的產品，其實是市場行銷的變數之一。產品的名稱、特性、選擇種類、尺寸、包裝和品質，每一項都對滿足顧客的需求非常重要。

產品的改變將會影響你的銷售量。品質的提升、選擇種類的增加，甚至更華麗的包裝，都能夠將顧客從競爭對手那裡吸引過來。

因此，在制定行銷策略的時候，你必須將這些變數全部列入考慮。我的產品是否應該提供不同尺寸、顏色的包裝，還是該提供更多不同的特色呢？

請記得評估這些變數所增加的利潤和所需成本之間的關係。

地點

你在什麼地方銷售產品，也是行銷的變數之一。經銷管道、運輸方式和地點的選擇，都會影響產品的銷售。舉例來說，如果你打算賣健身器材，你該透過什麼管道銷售呢？是放在百貨公司、專賣店裡，還是直接賣給顧客？如果你打算直接賣給顧客，又該採取哪種運輸方式？是標準的陸上貨運，還是隔日送達的空運？

當雅芳開始銷售自有品牌的化妝品時，原本可以選擇跟媚比琳或蜜絲佛陀一起在百貨公司裡競爭。但是雅芳卻選擇了直接上門推銷產品的方式，並且成為化妝品直銷業的領袖。

價格

你的定價策略會嚴重影響產品的銷售狀況，因為價格所代表的，並不只是你為某項商品所設定的售價而已。信用條款、售後服務、折扣，以及退貨規定等等，全都可以在競爭時成為你的優勢。

某家零售商的新洗衣機售價，或許比別人貴一些，但如果消費者可以在一年之後再付費，那麼這部洗衣機就非常有吸引力了。

促銷活動

當人們想到行銷的時候，最常想起的其實是促銷活動。促銷活動包括了：

- 廣告
- 宣傳
- 個人銷售
- 直銷
- 促銷

你寄給潛在客戶的小冊子、銷售團隊打給客戶的電話、公司發給業界出版物的新聞稿、你的公司去年所參加的商展、優惠券、特惠組合，以及廣告禮品等等，全都是不同形式的促銷活動。

人們經常誤以為「廣告」和「行銷」是可以互換的。然而行銷並不只是單純的在報紙上打幾個廣告而已。媒體廣告只是促銷活動的形式之一，而促銷活動也只是整個行銷計畫中的一部分。

前面提到的四個P，是所有行銷計畫的基礎，你必須聰明地找出它們之間的平衡，才能為公司帶來最大的效益。

什麼是品牌形象？

在行銷領域裡面，還有一個重要的概念，就是品牌。為你的企業或產品建立品牌形象，是非常重要的一件事。「建立品牌」這個詞彙，也因此一直都是許多商業書的主題，和行銷專家爭論不休的話題。

品牌建立的原則其實非常簡單，那就是找出產品的獨到之處，也就是讓它超越市場上其他競爭產品的獨特、不同或更好的因素。在市場上，顧客對產品的看法，往往決定了十分之九的銷售額。因此為產品和屬性建立品牌形象，跟產品本身的功效一樣重要。

建立品牌形象並不只是在覆述你的企業宗旨，它確立了產品在眾多產品中的地位，包括你的市場定位（或利基）、基本的行銷策略，以及顧客對你的企業和產品的認知。

你該如何決定你的品牌形象呢？品牌的形象取決於：

- 你的目標客戶
- 競爭對手
- 你的成本

一般而言，你的品牌形象可以藉由以下三件事來突顯：

1. **品質**
2. **服務**
3. **價格**

產品可能非常持久耐用，或是擁有特殊的外形、顏色、尺寸或型式。這些都是跟**品質**有關的條件。

產品或許擁有同業中最好的保固條款、最快的運送速度，或是不管任何時候，只要產品出現問題，都能提供最好的售後服務。這些條件全都屬於**服務**的範圍。

另外，與價格有關的特色則包括價格低廉、產品價格多樣化、信用條款或大量採購折扣等等。現代汽車的長期保固服務，就是一種**價格**特徵。

運用品質（Q）、服務（S）和價格（P）等三項因素，對產品或服務進行分析，是個很好的開始。常識告訴我們，你最多只能提供這三者之中的兩項條件。

把這三個條件想像成一個大寫的等式：$Q+S=P$，其中大寫的Q代表「比平均更好」的品質，大寫的S代表「比平均更好」的服務，而大寫的P則代表「比平均更低」的價格。

如果產品品質良好，服務出眾，那麼你的價格也會相對提高（但高價並不討喜，在這裡用小寫的p表示）：

$$Q+S=p$$

如果產品品質優秀，服務卻很差的話，那麼你的價格就應該會降低：

$$Q+s=P$$

如果你賣的是次級品，不管你提供多好的服務，你的價格都必須反映產品的品質：

$$q+S=P$$

舉例而言，由知名主廚皮耶爾所開的法蘭西斯咖啡館，是以蝸牛和菲力牛排，以及出色的服務著名。然而，享用皮耶爾主廚的菜卻可能所費不貲。（$Q+S=p$）

另一方面，麥當勞提供了迅速且價格低廉的選擇，但它的食物品質卻無法跟皮耶爾主廚的媲美。（$q+S=P$）

現在，假設皮耶爾願意提供上乘的品質、優質的服務和跟麥當勞一樣的價格，一份海陸大餐（外加一個免費的玩具）只賣三塊九九美元。那麼即使這家餐廳大排長龍，他還是會賣一餐賠一餐，而且很快就必須關門大吉。

同樣的，假設麥當勞突然決定，要跟皮耶爾主廚開的高級餐廳競爭，一份超大的麥克龍蝦只賣三塊九九美金（還附贈免費玩具）。麥當勞餐廳裡和它的得來速外帶窗口，一定會塞滿海鮮的愛好者。但是麥當勞本身也會很快倒閉。

當然，皮耶爾主廚不會以低價做為廣告訴求，同樣的，麥當勞也不會假裝自己的食物一流。對他們的顧客而言，這兩家餐廳都不會試著變成與自我特色不符的餐廳，然而卻都能在各自的領域裡做到最好，並且非常的成功。

這也就是依照常識，對消費者來說，好品質、好服務、好價格這三個條件之中，企業最多只能做到兩項。但是，所有的規則都有例外，這個規則也是一樣。當你想要獲得更大的市場佔有率時，就可能必須同時提供這三項特色。

如果你真的在品質、服務和價格上都要做到最好，那麼你最好有信心能彌補同一位顧客的再次採購將為你帶來的損失。從長期來看，你仍然必須用提高售價、降低品質或降低顧客對服務的期待等方式，避免繼續虧損。（更多有關取得市佔率的說明請參見第四章）。

有些企業會透過採取更靈活的方案的方式，讓顧客對他們的產品產生品質最好、服務最優秀、與價格最合理的觀感。他們可以根據顧客的需求，改變產品的價格、服務甚至品質。為了更有彈性，他們會根據當時的情況，選擇其中兩項來強調。

舉例來說，有位顧客向一家印刷廠訂製一本精美的手冊，並且要求立刻完成。這位顧客願意支付印刷廠，為他的緊急訂單而延後其他客戶訂單所產生的額外費用。幾個月之後，同樣的客戶再度向印刷廠訂購另一份高品質的手冊，但是由於這一次他的預算很緊，所以無法再支付額外的費用。因此，印刷廠就可以透過把客戶的訂單排在其他客戶之後的方式，幫客戶節省預算。

在選擇採用兩項特色來滿足顧客的需求時，印刷廠為顧客創造了一種印象，那就是它不僅能提供好的品質、服務，還能提供合理的價格。印刷廠的客戶十分滿意，而印刷廠也賺到了應有的利潤。

任何一家企業，如果只能提供三項特色之一，將很快就會被它的顧客發現，而他們也不可能成為你的老客戶。因為低廉的價格，無法彌補品質低劣的產品和差勁的服務。同樣的，品質優良的產品如果搭配上糟糕的服務，也無法賣出好價錢。

由品質（Q）、服務（S）和價格（P）所組成的公式，在個體行銷上，也就是針對某位特定的客戶行銷時也一樣有效。比方說，你希望柴迪（Zyde）公司成為客戶，但柴迪公司目前是向競爭對手購買產品。業務員調查發現，競爭對手雖然提供了高品質的產品和較低的價格，但是在服務方面卻做得很差。因此，你就可以將銷售的重點，放在提供優質的服務上。

企業現場

從客戶關心的角度切入

福雷爾商務空間公司是威斯康辛州最大的辦公家具供應商，它剛剛接到了一筆大生意，要為一家大型的會計公司設計並提供辦公設備。

這位潛在顧客有一個三人採購小組，是由會計部經理、財務長和設備經理組成，他們每個人在做採購決定時，都有不同的動機和考量。

福雷爾提出了一份包含三段強調不同重點條款的提案。第一個條款強調產品的品質和耐用性，他們將漂亮的彩色家具照片，呈現在需要使用這些產品，因此最注重產品品質的會計部經理面前。

第二個條款強調模組化工作站的便於管理，零件具有高度可互換性、組合迅速，以及產品的可靠性。這些是設備經理最關心的部分，因為她的工作就是在需求增加時，負責移動和調整工作站以滿足需求。同時，她對福雷爾所提供的維修與更換條款也感到非常滿意。

考慮到財務長對成本的關心，福雷爾向他展示使用優良產品的優勢，並點出採購便宜的產品，可能很快就必須更新的問題。福雷爾同時也向他提出多種付款方式，以及一份租賃計畫。

福雷爾最後終於因為成功地向重視品質、服務與價格的決策者，分別強調選擇自家產品的好處，而贏得了這筆訂單。

有堅持，就不會掉入價格競爭

像家用品這類品牌之間差異很小的商品，競爭往往會集中在價格戰上。對顧客而言，由於無法區分你的品牌跟其他品牌，因此，他們會選擇購買最便宜的產品。

行銷天才大衛‧奧格威（David Ogilvy）第一次意識到產品差異性的重要，是在一九六〇年代的時候。他當時利用了一個簡單的手法，也就是告訴大眾某種在所有汽油中都能看到的成份，只存在於他的客戶殼牌石油公司所供應的汽油裡，這一招成功地讓殼牌石油從競爭群脫穎而出。他為殼牌石油所寫的那句廣告詞，「含鉛重整汽油」創造了一個傳奇。

事實上，當時所有的汽油裡面，都含有鉛重整汽油的成份，只不過了解成為第一家提到這個成份的石油公司，其重要性有多高的人，就只有奧格威一個人。他所提出的論點，讓殼牌石油在競爭中取得先機，並成為全美銷售量最高的品牌。競爭對手花了很多年的時間，才消除人們認為鉛重整汽油只有殼牌石油才有的觀念。

現在，已經有很多顧客明白石油只是一種日常用品，因此石油零售商開始試圖以額外的服務為產品創造差異性。有的零售商提供能讓顧客在加油後快速付款的便捷服務，有的會蓋在速食店隔壁。還有許多零售商會在加油站裡開設便利商店，販賣牛奶、麵包和一些日用品。他們使盡渾身解數，只希望能在市場上獨樹一幟。

日常用品對長期的收益並沒有太多的選擇。產品的分類越老，無論是石油還是包裝產品，金融服務或是藥店，人們都會認為它們是日常商品。想要消除這種對產品千篇一律的看法，也變得越來越困難。

在這些市場中，普通的產品更新很快地就會在混亂的市場中消失無蹤；任何形式的改良，也會立刻遭到複製。最後，試圖強力說服顧客相信品牌獨特性的競爭者將會失敗，而且投資越來越大，利潤卻越來越少。

所以，你必須換個角度思考產品，重新確定人們想買的是什麼。例如，一家針對企業銷售耐久性商品的公司，可以增加物流、諮詢和網路服務整合等服務。這種提高核心產品附加價值的做法，可以讓企業在顧客的心目中脫穎而出。

讓人聽到牌子就買你，你就是做對了

很明顯的，為產品創造大眾認知的第一步，就是讓顧客意識到它的存在。對產品而言，最糟的狀況就是完全被顧客忽略。因此讓客戶和潛在顧客知道你是誰，並了解你所代表的意義非常重要，因為只有這樣，他們想買東西的時候才會想到產品。

所有的顧客，無論是企業對企業的採購者還是一般的消費者，通常都會因為熟悉某個特定品牌，而在決策時選擇這個品牌。

根據在購物中心和雜貨店所做的調查研究顯示，顧客在選擇特定品牌時，往往是基於對這個品牌的熟悉度。當他們被問到為什麼會購買某項產品時，他們總是會回答：「因為我聽說過這個品牌」。這就是所謂的品牌意識。

你該怎麼做才能加強顧客對產品的品牌意識呢？重點在於重複。你必須在任何可能的時間和地點，不斷重複你的公司和產品名稱。把它們印在你的訂單、發票，以及其他寄給供應商和顧客的郵件上。幫員工訂製印有企業名稱和商標的運動衫和夾克；在公司用車的門邊印上企業的商標；或是贊助一場足球賽，並且讓所有的球隊成員，都穿上印有你的企業名稱的隊服。

經常性的廣告宣傳、顯著的標語、定期的廣告信件、與正面的報導或其他媒體曝光等方式，都可以對顧客產生「因為我聽說過這個品牌」的效果。

確保品牌意識最好的辦法之一，是在不同的媒體上，同時使用好幾種策略。因為大眾媒體的曝光，除了能創造品牌意識，還能為企業帶來非常重要的信任感。

顧客先從廣播裡面，聽到播音員稱讚產品優點。接著，他們在看板上看見你的公司名稱；在報紙上讀到關於你的企業的新聞稿；並且在信箱中收到你寄的小冊子。當他們需要購買東西的時候，他們就會想起你的企業，或是下意識地想起有人（或許是播音員？）提起過你的企業或產品的優點。那麼，他們就會決定購買產品：「因為我聽說過它。」

讓你的每一個廣告都能獲得最大效益的方法，是利用其他形式宣傳，例如報紙廣告、廣播、公眾宣傳、宣傳手冊、新聞信和直接郵件等的輔助，並且將廣告的規模，比照你所在產業最大貿易展覽的等級宣傳。

一旦被你的企業所提供的資訊淹沒，你現有的客戶和潛在的顧客，就會開始認為你是市場的領導者。而當他們需要購買類似產品的時候，自然就會捨棄競爭對手，轉而選擇產品。

企業現場

麥當勞為了「第一」的努力

麥當勞是威斯康辛州速食餐飲業的龍頭，它的餐廳數量比其他品牌的連鎖餐廳都多。

麥當勞一直全力宣傳，餐廳為顧客保持乾淨舒適的消費環境所付出的努力。而其他的連鎖速食餐廳，經常嘗試透過強力放送廣告的方式，希望從麥當勞手中獲取更多市場佔有率。

麥當勞以自己能位居業界的領導地位而感到自豪，面對競爭卻不敢掉以輕心。他們每一季都會進行市場調查，詢問客戶是否能「說出一家速食店的名字？」

在威斯康辛州的密爾瓦基市，有超過九〇%的人在被問到這個問題時，第一個想到麥當勞。如果這個數字在某一季降到九〇%以下，麥當勞就會迅速增加它的廣告和宣傳的費用。

在麥當勞，他們非常了解「知名度」的重要性。

建立差異性，你就無法被取代

這是個日常商品充斥的時代。你的研發小組或許會想盡辦法向你證明，他們的新產品概念是世上獨一無二的，請試著別嘲笑他們。

這並不是說產品改良或革新的過程並不重要，他們非常重要（請參見第七章）。只不過真正的創新是短暫的，以往競爭者需要花好幾年的時間才能趕得上的創新發明，現在只需要幾天的時間就能成功複製。而產品的改良，例如更好的電鈴或是新的汽笛，更是幾乎在第一時間就能被解構與複製。

衛星通訊、全球化生產和網路技術的發展，縮短了創新產品與日常商品之間的距離。你在星期一發表的產品創新的報告，在星期二就會眾所周知。星期三時產品設計會遭到破解，並且在星期四被大量複製，然後由競爭對手在星期五推出上市。因此，在今天這個市場環境上，要保持產品的獨特性，幾乎是一件不可能的任務。

日常商品的世界

你在星期一發表的創新產品，在星期二的時候就會舉世皆知，星期三時產品設計會遭到破解，並且在星期四被大量複製，然後，競爭對手在星期五就會推出上市。

但你不能就此放棄尋求其他的差異性，儘管產品本身缺乏獨特性，產品仍然必須**被顧客視為是獨特的**，且與競爭品牌完全不同的商品。加強品牌形象的關鍵就在於差異性，差異性能將你和競爭對手區隔開來，當人們需要採購的時候，也更容易想起產品。也就是說，產品差異性在價格因素之外，為顧客提供了一個選擇產品，而非競爭對手產品的理由。

也是因為這個理由，所有人都在尋找讓自己的產品脫穎而出的方法。無論是比別人大、比別人快、還是比別人持久耐用，你都必須找到創造產品差異的關鍵。那一項讓顧客決定選擇你而非其他品牌的特色，代表了銷售成敗之間的差距。

隨著科技的發展，大多數產品都成了「日常商品」。所以當你研發出真正獨樹一格的產品時，請你記得一定要開發它，而且要快。即使產品或服務跟競爭對手只有很小的差距，或者幾乎沒有差異，你仍然必須建立一種觀念，那就是產品絕對與眾不同。

聯合利華的多芬香皂品牌，處於一個已經成熟的市場類別中，對消費者來說，各品牌之間幾乎沒有什麼區別。然而，多芬卻能夠保持業界的領先地位。因為，它持續向消費者傳達的「含四分之一乳霜」的訊息，讓多芬與其他品牌的香皂有所區隔。人們認定多芬是一款溫和的香皂，是完美的洗臉用香皂，能夠保持皮膚的光滑細緻。

成功的秘訣，就是找出專屬於產品差異性，因為那將是你必須全力宣傳的特色，也是提升業績的主要策略，就像掛帽子一定需要有個掛鉤一樣。

差異的必要性

揚雅廣告公司（Young & Rubicam）是一家全球性的廣告代理商，它會定期針對上千種品牌進行消費者品牌意識的追蹤。揚雅廣告發現：

如果新的品牌極具差異性，即使很少人知道這個品牌，信譽也不高，該品牌依然會成功。

相反的，如果品牌在顧客心目中喪失了差異性，那麼該品牌就會失去原有的市佔率。

資料來源：揚雅廣告公司

以下是個幫你找出產品差異性的好方法。請你假設所有的產品，都是由以下三種元素所組成的：

1. **實際產品**
2. **核心產品**
3. **產品附加價值**

實際產品是你以金錢（或以物易物）的交換方式，所取得的具體商品。如果你買的是洗髮精，那麼實際產品就是指瓶子和洗髮精。如果你買的是鑽頭，那麼實際產品就是那塊扭曲的堅硬鐵塊。如果你買的是中西航空公司的機票，那麼實際產品就是機票本身，無論那是一張機票，還是一封證明你能在未來搭機的電子郵件。

核心產品則是你能接收到的主要產品利益。如果你買的是洗髮精，那麼它的核心產品就是乾淨的頭髮。如果買的是鑽頭，那麼它的核心產品，就是用鑽頭鑽出來的洞。如果是買機票，那麼它的核心產品，就是讓你從一個地方到另一個地方的機位。

而**產品的附加價值**所指的，是獨特的產品差異性，是讓產品顯得與眾不同，比其他產品更優越的特色。

以洗髮精來說，產品的附加價值就是讓頭髮變得更有光澤、有彈性，或是減少頭皮屑的功能。對鑽頭而言，產品的附加價值是採用堅硬的碳鋼或碳化物製成的鑽頭。而對中西航空公司的機票來說，產品的附加價值則是它所提供的頭等艙座位，飛行中享用的香檳，以及在機上現烤的巧克力餅乾。

好的行銷人員宣傳的不僅僅是產品的優點，所有的洗髮精都能把你的頭髮洗乾淨，然而能讓頭髮更光滑、柔順、沒有頭皮屑等特色，才能讓你的洗髮精顯得格外出眾。而這些顯著的特點，正是你該全力宣傳的部分。中西航空公司不會以低廉的價格做為宣傳方向，也不會強調他們擁有眾多的航線。中西航空透過出色的服務和可口的餅乾，證明自己為顧客提供的是「最出色的空中服務」。

產品的附加價值

網際網路為產品提供了一系列增值的機會，例如：

由寶僑公司所生產的汰漬清潔劑有一個專屬網站，名稱叫做汰漬去汙網（www.tide.com/staindetective），消費者可以在網站上學習如何去除各種類型的污漬。這個網站為汰漬在擁擠的清潔劑市場中，建立起信譽和品牌差異。

兒童頻道尼克羅頓（Nickelodeon）的網站（www.nick.com），每星期都會受到一千五百萬次，來自想要擴大電視節目體驗的孩童們的點閱。

拋棄式紙尿褲市場早已經進入成熟階段，但是寶僑生產的幫寶適卻能利用網站（www.pampers.com），辦理各種線上抽獎，幼兒塗鴉和其他各類活動，突顯出品牌的差異性。

理性與感性訴求，最好都要會

一旦找到了產品的附加價值，你會如何將這些優點告訴消費者？

這個議題一直都有兩種主張，一個學派認為，應該用邏輯和理性的方式，說服消費者產品比競爭對手的更有價值；另一個學派則喜歡從情感面著手，讓消費者認為購買產品感覺更好。

知名的廣告主管比爾・伯恩巴克（Bill Bernbach）曾經表示，真正的廣告巨頭是那些能夠跳出事實，進入想像和創意領域的人。他主張廣告必須以情感做連結，一個廣告者想要獲得信任，首先必須贏得大眾的喜愛。「廣告基本上就是一種說服的手段，而說服恰巧不是一種科學，而是一門藝術。」

而芝加哥廣告學院的創始人李奧・貝納（Leo Burnett）則強調，廣告需要找出產品與生俱來的戲劇性，然後再針對這種戲劇性加以廣告，而不應該單純靠小聰明做廣告。李奧經常說，「要把焦點集中在產品而非廣告上。」他認為只有能夠提高產品銷售量的廣告，才是有創意的廣告。「我們寧願聽見顧客說『這產品太棒了』，也不想聽他們說『這廣告太棒了』。」

李奧的觀念是建立在以產品為出發點的邏輯上。這個觀念把焦點放在問題或消費者的需求，以及產品如何解決這些問題或達到利益的目標上。舉例來說，比較型的廣告會將某品牌產品的特徵，與競爭對手的產品特徵相比較，好說服消費者依照理性思考的程序，選擇購買某品牌而非競爭對手的產品。

我是從李奧・貝納所在的芝加哥學院畢業的，也一直相信合乎邏輯的說辭，能讓消費者更願意選擇我的產品。然而，我也漸漸體會到，關心消費者的情緒能為產品帶來的好處。這種照顧消費者的感覺而非大腦的主張，已經在廣告界流行了起來。產品數量的激增、資訊的過度充斥、與即時通訊技術的發達，都讓消費者變得更加困惑迷糊，最後導致產品徹底喪失了差異性。

訴諸情感的廣告通常能直達消費者的內心。這些廣告會用貼近客戶的感受，和他們對某種產品或服務的渴望等方式，來滿足他們的期待。恐懼、性、愉悅、悲傷和啟發等等，全都是感性行銷所喚起的情感。米其林以「你的輪胎承載了多少生活點滴」為前題賣輪胎，這句話觸動了我們的心弦，也將我們拉進米其林的感性論點裡，並且乖乖掏出錢包。

在過去，感性的行銷字眼一向只出現在奢侈品、高級流行品牌和保險產品上。負責宣傳香水、酒精飲料和高級汽車的人，或許也被要求過必須提供理性的證據，說服消費者購買他們的產品，卻仍然喜愛採取感性的訴求方式。他們習慣將產品和受歡迎並有吸引力的人物享受生活的形象做連結。奢侈品代表了財富，而那些身穿昂貴服飾、使用奢侈產品、駕駛昂貴汽車的人，似乎就應該得到尊重。

這些奢侈品，例如汽車、手錶和珠寶等等，最能符合感性行銷的訴求。強調購買昂貴的手錶，是因為它會讓你看起來更高貴的訴求，會比解釋昂貴的手錶更準時容易。同時，感性訴求也能提升人們在購買產品之後的滿足感。這些訴求，使人們在某個品牌上花大錢的行為，似乎根本就找不到合理的原因。然而只要產品能夠與它的感性訴求相符（而不是它在特色或優點上的合理性），顧客就不會承受因為購買奢侈品而產生的自責。

透過感性行銷的方式，也能夠提升日常商品的銷售量。**當人們無法區分產品之間的差異性時，邏輯論述就失去了存在的意義。**因此，有許多日常商品也已經開始採用感性行銷獲利。

舉例來說，牛奶本身富含維生素、鈣質、鉀和其他的營養成分，因此可以從理性的訴求出發做廣告。但是，大多數的人早就了解牛奶的優點，因此牛奶銷售協會改用運動員、明星和其他偶像做廣告，為產品注入感性的成份。

感性行銷可以讓品牌跳脫同類產品間的競爭，擁有獨特的地位。「絕對伏特加」（Absolut Vodka）有效地利用將注意力集中在裝伏特加的酒瓶，而非伏特加本身的手法，將自己和其他的伏特加品牌明顯區隔開來。

當企業的銷售標的是服務時，信譽是最重要的。潛在顧客必須先對你產生信任感，才可能成為客戶。因此只要有機會，服務型企業都應該設法運用感性行銷。服務供應商（例如會計師、設計師、軟體工程師和顧問等）通常會採用承諾和雜誌刊物，來塑造自己的信譽。保險公司會採用火災和水災受難者現身說法的廣告，來為自己建立信譽。因為顧客通常會認為，如果這家保險公司能幫這些人擺脫困境，那麼它的服務應該很不錯，當我身處困境的時候，它也應該能幫我度過難關。

企業對企業的業務員，同樣會在廣告中運用感性行銷的模式。儘管企業比一般消費者更遵守理性的選擇模式，然而決策者也同樣是人，有人的情感、需求和欲望。因此，企業對企業間銷售的最佳模式，將會是顧及決策者的情感層面，同時又能理性說明產品特點的銷售方式。

盡量逗你的客戶，他笑了就會買單

來點幽默感，生意更好做

親愛的史密斯先生：

幫幫我！請看看隨信附上的小冊子，救救我的家庭。我的妻子為了這本小冊子付出了她每一分的心力，像狗一樣努力的工作，而且也把我當狗一樣對待。如果它不成功的話，您能想像跟她一起生活會變成什麼樣子嗎？所以，請您讀一讀裘蒂的小冊子，裡面有很多可以讓您的（和我的）生活變得更容易的新產品。

真誠的喬・多克（裘蒂的丈夫）

為廣告創造感性的好方法之一，是利用幽默感，這也會讓你的廣告更容易被記住。偉大的丹麥喜劇家維克多・伯格（Victor Borge）曾經說過：「人與人之間最短的距離就是微笑。」幽默可以打破拘束感，消除障礙，讓人們互相交流。還有比幽默更好的交朋友、認識客戶的方式嗎？幽默感可以被有效地運用在你的企業宣傳上。試著回想你最有印象的廣告，你會發現他們通常都能成功的逗你笑。玩笑真的有助行銷。

有時候，出人意料的想法最能創造幽默感，就像前面所提到的行銷信件。那些跟著訂單一起寄給喬的個人信件，證明了這封信有多麼有效。

在廣告中，灌輸幽默思想最常用的兩種方法，就是使用嘲諷和流行詞彙（或慣用語）。

還記得溫蒂漢堡的「牛肉在哪裡？」或百威啤酒的「怎麼啦？」嗎？流行語或慣用語由於容易記憶，因此可以幫助品牌定位。「只融你口，不融你手」。這就是一個容易令人記憶的例子。

李奧・貝納廣告公司也經常使用嘲諷的手法，為客戶的廣告詞增添感性和幽默感。鮪魚查理（Charlie the Tuna）為普通的鮪魚罐頭產品添加了幽默感；可比魯餅乾矮人（Keebler elves）讓餅乾變得更有樂趣；而菲斯堡麵團男孩（Pillsbury Doughboy）則會在每個廣告的最後加上一聲格格笑。

有一個最簡單也最有效的方法，能輕鬆為你的廣告增添幽默感，那就是找出產品或服務最棒的優點，然後儘量誇大，直到讓人覺得過於荒謬為止。

舉例來說，鄧肯甜甜圈（Dunkin'Donuts）希望向消費者廣告它的服務速度，因此，它在電視上做了一個廣告，從直升機的角度拍攝警察追捕罪犯的過程。在追捕的過程中，逃犯在鄧肯甜甜圈的店裡買一個貝果和一杯咖啡，（那名警察也在經過時買了同樣的產品）。廣告顯示兩人飛快地進出鄧肯甜甜圈，也同時將鄧肯甜甜圈店的優點（快速的服務）誇張地用荒謬的方式表現出來，讓這個廣告充滿了幽默感。

透過幽默，我們創造出連結和歸屬的感覺，這種感覺會讓人覺得，「那個傢伙真有趣，能夠跟他一起工作一定很不錯。」簡而言之，那都是幽默發揮了作用。

我想針對理性與感性行銷的討論說的是，感性的廣告詞有助於建立消費者與品牌之間的親密感。但是這種情感的連結，仍然必須和理性的購買原因保持一致性。了解顧客想要的是什麼，仍然是業者最應該注意的問題。接著，只要能將富有情感的廣告詞，和合邏輯的說詞相連結，就能夠讓產品與眾不同。

最後一件值得注意的事是，有時候太過感性的廣告會模糊焦點，因為並不是所有的人對幽默、恐懼或欲望都擁有同樣的感覺。對某些人來說很好笑的事，或許會讓另一些人覺得被冒犯。因此，缺乏堅強的邏輯做為說服消費者的基礎，感性的廣告可能會讓人更加混亂，甚至失去將採購者變成客戶的能力。

接下來，你應該徹底了解誰才是購買產品的顧客，他們的好惡、他們的特色，以及他們的採購動機。他們是誰？他們之間有什麼共同點？他們為什麼要買這些東西？

在行銷中添加幽默的五個原因

- 幽默可以拉近彼此的距離。它可以消除人與人之間的隔閡，讓大家變得更親近。請大方的承認，你最喜歡的人，是那些聽得懂你的笑話的人。
- 幽默可以吸引大家的注意。它能讓你的廣告在眾多廣告中脫穎而出。
- 幽默更容易被記憶。大多數人都會記得好笑的笑話，並願意講給別人聽。
- 微妙的幽默感能夠突顯你的智慧。最棒的笑話是讓你笑五秒鐘，然後花十分鐘思考的那種。
- 人人都欣賞幽默。畢竟我們都喜歡跟我們欣賞、又能逗我們笑的人買東西。

想賣他東西，就得了解購買流程的5個步驟

廣告誘惑我們，而醒目的包裝則在我們穿梭大型購物商場時，不斷吸引著我們的目光。業務員賣力兜售自家的產品，不停用各種推銷詞令轟炸我們。買這個！不，買這個！

然而，消費者並不會對這些銷售技倆做出相同的回應。有時候我們會反覆考慮才下決定，有時候我們又會因為一時衝動，草率地決定購買某些產品（並且很快感到後悔）。

無論我們是怎麼下決定的，決定購買都是一個不斷作用的過程。它不僅僅存在於我們心不甘情不願地付錢並接受產品或服務的那一刻，而是由許多步驟所組成的行為。**從消費者意識到對某樣東西的需求開始，一直到完成購買的行為，再到由這個購買行為所衍生出來的體驗，都屬於採購的流程。**

企業（企業對企業的採購）和消費者（個人對企業的採購）擁有類似的採購邏輯。在採購的過程中，往往會有一種微妙的決策模式在潛意識的深處出現，這個模式是可以預測的，其流程如下：

1. 認識問題

2. **尋找資訊**
3. **評估其他產品**
4. **作出採購決策**
5. **購買後的評價**

當消費者對某項商品產生需求（**認識問題**），比方說他車上的加油燈突然亮了起來，告訴他車子的油量不足。於是，他把車開到當地的加油站去，並詢問工作人員他的選擇有哪些？不同型號的油各有什麼優點？應該使用一般汽油還是合成油？該選這個品牌還是那個品牌（**尋找資訊**）？

接著，他會依據產品的性能、價格和其他的無形資產（或許他曾經看過某個特定品牌的廣告），考慮不同的產品選項（**評估其他產品**）。最後，他掏出錢包付錢（**作出採購決定**），收銀員結完了帳，而他則離開了加油站。但這並不是個結束。他隨後向一位朋友提起他的品牌選擇，而這個朋友稱讚他做了個聰明的決定。加油燈熄了，汽油的性能跟他所預期的一樣。同時，朋友給他的正面鼓勵，讓他對選擇這項產品更加滿意（**購買後的評價**）。

接下來，讓我們仔細分析每一個步驟：

認識問題

每當有人發覺生活中缺少了什麼，就會察覺到問題的存在。他產生了需求，也就是有了需要解決的問題。這個問題可能很小，很容易就能解決（例如牙膏用完了），也可能很大、很複雜（例如老舊的設備必須花很高的成本更新）。

有的行銷人員會利用宣傳的方式引導人們產生「需求」。電視廣告可能會告訴你，你跟花稍的敞篷車很搭，也更有機會贏得別人羨慕的眼光，而不會像你現在開的破爛老爺車，只能招來路人的嘲笑。歐樂-B生產的牙刷，在刷毛的外表塗上了一層顏色。一旦牙刷使用的時間過久，刷毛就會因為磨損而使顏色變淡，間接告訴消費者該換新牙刷的方式，則是把認識問題直接內建在產品之中。

尋找資訊

這是採購流程的第二個步驟。你會搜尋自己的記憶，並且開始注意那些跟你的需求有關的廣告。朋友曾經提起的建議（例如「弗雷德很喜歡他新買的野馬牌敞篷車，而且女孩們也變得更注意他了。」），通常被稱為口碑行銷，是最好的宣傳方式，因為它們是實際使用者自願提供的證明，而不是一則付費廣告。此外，網路搜尋、電視廣告、貿易期刊、廣告冊、消費者報告雜誌和廠商的銷售代表，甚至包括你的鄰居在內，都可能在你購買產品之前提供一些建議。

評估其他產品

這個步驟在尋找資訊的時候就已經開始了，而對價格的考量，也很快會幫你刪除一些產品。當你夢想擁有一輛紅色的賓士敞篷車時，現實會將你的選擇局限在你買得起的車上，也就是那些你曾經聽過朋友推荐，或是在廣告上看過的品牌和型號。

當你在購買價格昂貴的產品，比方說汽車的時候，接下來的步驟將是根據你的主要需求，逐一評估你準備購買的產品。例如低英哩數、低耗油量和低廉的價格等等。你想要買跑車款式的車嗎？紅色還是藍色的呢？

經常更換的產品，例如牙膏或香皂等等，通常不需要花太多時間評估。除了由於它們的價格低廉之外，也是因為它們並沒有太多的評量標準。但是，如果有兩種牙膏同時提供預防蛀牙和美白的功能，你仍然可能會根據售價、口味或包裝的不同，比較兩者之間的價值高低。

無論是耐用品還是經常替換的產品，身為顧客的我們，仍然會對評估產品的原則做出排序，然後挑出在各個選項中最符合需求的產品，讓整個流程非常符合邏輯。

然而，這個流程或許只是看起來有邏輯罷了。顧客往往會因為一時的衝動，或某些看來非常不明智的理由，而決定購買某些產品。舉例來說，銷售點廣告協會聲稱有三分之二的零售購買，是消費者在抵達店裡之後才做的決定，也就是所謂的衝動購物。比爾•伯恩巴克或許是對的。將產品跟顧客的情感相連結，可能跟合理的說服顧客一樣重要（或更重要）。而這個方法，也同樣地符合邏輯。

作出採購決策

該是時候買東西了，你該解決問題、滿足你的需求和欲望，填滿你心中屬於幸福的那個缺口。在反覆比較選擇了好幾個星期（或許沒有那麼久）之後，你終於掏出錢包，買下某樣產品。

那些做決定之前的反覆考量快把你逼瘋了，現在，你突然感到輕鬆。你得到你想要的，你的快樂至少還能維持一天。

是這樣的嗎？

購買後的評價

這個步驟，從你擁有了任何一項產品的那一刻開始。現在，你開始評估自己的決定有多棒。

正如同我們在買完東西之後所感受到的快樂一樣，一般人也都會在買完東西之後的某個時刻，感到一絲遺憾和後悔。購買後的評價源自於我們對購買流程的整體感受，我們可能會覺得很滿意，也可能不滿意。

影響滿意程度的因素有二，分別是感受和實際證據。感受是我們對自己購買某樣產品之後的感覺。如果你的朋友對你的新車羨慕得目瞪口呆，你的滿足感就可能會激增。如果這輛新車的性能跟你所期待的一樣，開起來很平穩，耗油量低，也不需要經常維修，你就擁有感到滿意的實際證據。

對價格昂貴的產品來說，購買後的評價往往是最重要的。如果你在酒吧裡點了一杯啤酒，而它嘗起來沒有你平常買的啤酒好喝，你通常不會感到十分失望，大不了以後不點這種啤酒就好了。但是如果你的新車經常需要維修，而它糟糕的設計和呆板的顏色也無法為你吸引目光，你很可能就會覺得非常失望。

車商非常了解這個道理，因此如果你買了一輛新車，經銷商和製造商都會在前幾周進行滿意度調查，並且提供各種獎勵（例如免費更換機油、洗車等等），好提高你的滿足感。同時，它們的廣告也幾乎都會強調讓人「放心」的部分。「韓德森家購買本田汽車的決定真明智！他的鄰居花了更多的錢，卻買到一輛比它還差的車。」

這個流程對一般消費者（企業對個人的銷售），和企業（企業對企業的銷售）來說並沒有不同。但是企業對企業的銷售，在某種程度上仍然有其獨特的挑戰性。

採購流程

認識問題：「我渴了。」
尋找資訊：「調酒師，你有什麼酒？」
評估其他產品：「酒、威士忌或啤酒？」
決定購買產品：「來一杯美樂淡啤酒吧。」
購買後的評價：「真是太棒了。」

企業與消費者的購買習慣，哪裡不一樣？

企業的採購習慣和消費者的購買習慣是不同的，這並不是什麼秘密。

如果你經營的是企業對企業的生意，那麼你早就應該知道這個事實了。企業組織裡有委員會，有政策、有程序、有必須填寫的表格，以及執行上的相關規範。

然而，一般消費者與企業之間仍然有一件事是相同的，他們都會遵循上一小節提到的**採購流程**。

舉例來說，假設負責維修的工頭，發現他的舊割草機零件是經過拙劣地修補的，而且還需要經常維修，於是他取得公司的同意，為公司範圍內二十英畝的草坪，採購六台新的割草機（認識問題）。由於他剛從你這裡購買了一批除雪機，於是他打電話給你這位戶外設備供應商，並且要求你提供割草機的宣傳手冊（尋找資訊）。當然，他也同樣要求其他廠商提供相同的資訊，以便比較產品和價格（評估其他產品）。

最後，他作出決定，向你購買了六台割草機（決定購買產品）。恭喜你。你將割草機運到他那裡，完成配備的安裝並說明了使用上的注意事項，同時提供九十天的保固期。他很高興地跟你握手（購買後的評價）。

這個過程，跟把割草機賣給一般消費者的過程，除了數量上的差別之外有什麼不同呢？其實沒有太大的不同，只是企業購買與消費者購買的貨品意義不同，內部也有一定的作業程序罷了。

現在，我們再來深入了解企業採購的特點，企業採購的貨品可以分為三類：

1. 貨品本身就是最終產品

當這些貨品被組裝在一起的時候，就變成了製造商出售的產品。這類貨品包括了原物料以及製造成品所需要的零件。

2. 貨品要被用來加工製造成最終產品

用來生產和組裝成產品的貨品，包括機器、設備和工具，本身並不會成為最終產品上所使用的零件。這一類的貨品包括機械、配件和電腦（例如電腦輔助設計、電腦輔助製造、機器人）等等。

3. 貨品不是最終產品的組成成分

這些貨品通常屬於經常性的費用，例如辦公用品、服務和維修用品等等。

在一般的狀況下企業並不會消費，它們會利用採購的行為製造產品，或是轉賣。

當企業進行採購決定時，也會有更多的人參與其中。機械師會告訴主管，他需要一台新的機器。接著，主管會瀏覽可供選擇的項目，然後向製造部門的副總推荐合適的產品，並且由副總確認預算，同意該筆項目的申請。隨後，財務長和預算委員會審查這份申請，並且同意該筆項目的費用申請。購買申請因而獲得批准，並由採購部門的主管買回所需的機器。

從認識問題到作出購買決定，這一路上有各種需要遵守的政策和程序，以及許多的書面文件，例如報價單、採購訂單、確認訂單等等，需要一一完成。

一般而言，企業擁有經驗豐富的談判團隊，由於已經對各種商品進行過無數次的採購，因此他們在產品的品質和價格方面都非常有經驗。比較起來，一般的消費者則可能只買過一、兩次特定的高價商品。

對企業的直銷與對個人的直銷

對企業直接寄發廣告信函時，請使用清楚簡潔的說明，因為企業的採購人員沒有時間閱讀過多的檔案資料。當消費者在購買同樣的產品時，由於對個人來說花的錢相對較多，因此願意花時間閱讀長篇大論的說明。

企業對企業的銷售，請使用條列式的形式，說明產品的核心優勢與規格。企業對消費者的銷售，則應該列出大量的事實，產品特性的詳細解說，以及產品能帶給顧客的優點。

建立品牌忠誠度，讓客戶除了你誰也不要

所有的顧客（包括企業與一般消費者）都需要經歷購買的流程。但是，如果有好的行銷手法（和好的產品），就可能縮短這個流程需要的時間週期。

所有宣傳手法的最終目的，都是要建立顧客對品牌的忠誠度。因為那些忠於某個品牌的消費者，通常會跳過尋找資訊和評估其他產品的步驟。（更多關於培養顧客忠誠度的策略請參見第七章）

品牌忠誠度會縮短採購流程

認識問題：「我渴了。」

~~尋找資訊：~~

~~評估其他產品：~~

決定購買產品：「來一杯美樂淡啤酒吧。」

購買後的評價：「真是太棒了。」

消費者的購買動機，不外這幾個

認識問題是滿足需求的第一步。然而需求是如何產生的呢？人們為什麼會產生需求？行銷人員又該如何把需求轉換成欲望呢？

人們一旦有了需要，就會想辦法去滿足它，當需求感越強烈時，想要滿足需求的動機就越大。

心理學家亞伯拉罕・馬斯洛（Abraham Maslow）依據需求的重要程度，為需求建構了一種分類的方式。由於人們會先滿足基本需求，然後再設法滿足比較複雜的需求，因此，馬斯洛建立了一個，由不同層次的需求所組成的金字塔模型。那些最基本的需求，例如食物、水、溫暖和睡眠等等，處於金字塔的最底端，而越複雜的需求，則會被安置在金字塔的越高處。

還記得由湯姆・漢克斯主演的《浩劫重生》嗎？在飛機失事之後，漢克斯所飾演的查克・諾倫被沖上了海灘，他上岸後做的第一件事就是睡覺，因為他太疲倦了。睡眠正是人們最基本的需求之一。

接著，查克開始尋找食物（椰子），並且在一個山洞裡找到棲身之所。為了有人陪伴，他把身邊的排球，幻想成一個名叫威爾森的朋友。每當查克滿足了金字塔某一層的需求時，他就會開始朝下一層前進。當然，查克永遠都不可能獲得身份、地位的認可，而在沮喪絕望之中，他也曾經試圖自殺，最後卻仍然功虧一簣。因此，他對自我的實現，也就變得可望而不可及。

圖三　馬斯洛的需求層次理論

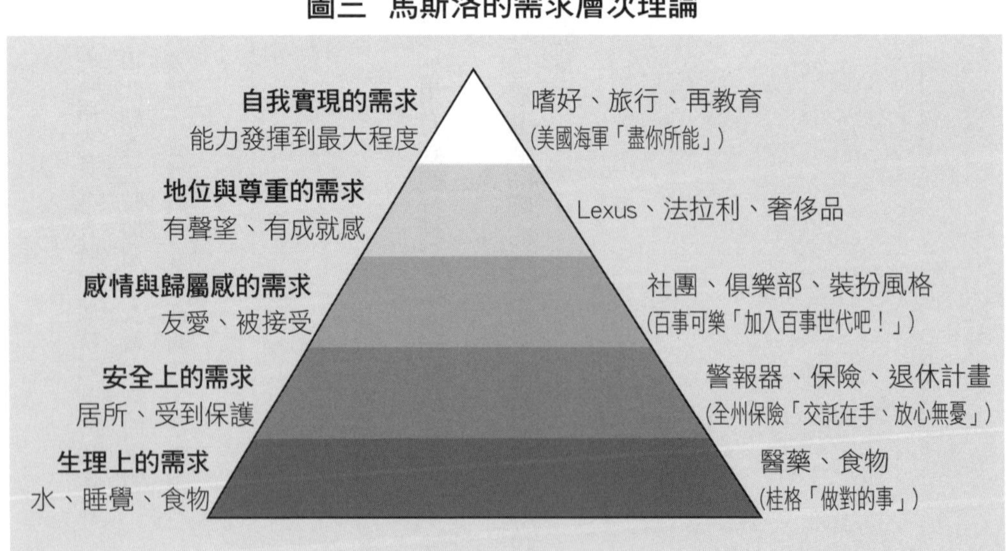

聰明的行銷人員，都了解目標客戶的需求層次，並且能為顧客量身打造出適合的產品，然後大力宣傳。

富豪汽車在瑞典用品質最好的鋼材生產汽車，使每輛車都能夠承受以每小時一百公里的速度與麋鹿撞擊所造成的破壞（在瑞典，麋鹿的數量就跟威斯康辛州的鹿一樣多）。這種整輛車都充滿了安全裝備的形象，為司機和乘客提供了一種安全感，而富豪汽車賣的正是安全感。

另一方面，捷豹生產的一款豪華轎車，採用了手工打造的胡桃木儀錶板，三百二十瓦輸出功率的音響系統，以及完美的外觀設計。換句話說，捷豹汽車賣的是一種品味。

尋找你的品牌形象，可能就跟從馬斯洛金字塔中選擇需求的層次一樣簡單。

Chapter 3 【行銷計畫】

做出你的具體計畫

完整的策略計畫應該包括三個部分，分別是營運計畫、財務計畫和行銷計畫。

其中，行銷計畫是推動另外兩項計畫的力量。行銷計畫能告訴營運部門，需要準備多少原物料、勞動力和庫存；並告訴財務部門預期賣出的產品或服務數量、價格，以及預期的收入。

做行銷計畫時，一定要有這五個重點

行銷計畫看起來應該像什麼樣子呢？儘管它擁有許多變數，但是每一個好的行銷計畫都要包括：**狀況分析**、**目標**、**策略**、**手段**與**預算**。

狀況分析，也就是對形勢的分析，包含以下要素：

1. 銷售分析：分析最近的銷售額、利潤和目標市場，並對銷售額進行預估。
2. 競爭對手分析：將你的企業的優劣勢，與主要競爭對手，以及其他替代商品相比較。
3. 環境分析：對企業所處的環境進行分析，包括技術、政府政策、經濟因素、供應鏈和整體產業趨勢等等。

目標是指你期望達到的成就，以及你打算實現這個期望的時間表。

- 你訂定行銷計畫的目的，是為了增加既有產品的收入嗎？如果答案是肯定的，那麼你的目標之一或許會是：「在未來的六個月之內維持目前的利潤，並將既有產品收入提高八%。」
- 你做行銷計畫的目的，是為了推出新產品或新產品系列嗎？那麼，你的目標或許應該這樣寫：「在產品上市的十二個月之內，達成一〇%的市場佔有率。」

請注意，**目標最好是量化的數字，並有一定的時間限制**。這可以讓目標更容易評估和管理，也能讓大家更清楚執行成效。

有了目標，就需要**策略**（strategy），策略是你為了實現目標該走的道路。舉例來說，如果你的目標是增加銷售收入，那麼你的策略或許會是：

- 將新的目標客戶，鎖定在十八到三十四歲之間（招攬新顧客）
- 將廣告的重點放在高價位的產品上（購買市佔率）
- 增加對既有客戶的周邊商品銷售（照顧老客戶）

手段（tactics）指的是具體的行動。廣告冊是一種手段，在報上登廣告是一種手段，在筆或運動衫上印企業名稱和商標也是一種手段。換句話說，策略是一種抽象的概念，而手段則是達成概念確實可行的方法。

預算就是這些手段所需要的金額。將你打算使用的手段的成本全都加起來，你就會知道想要實現你的目標，必須花多少預算。

想要做出一個能獲利的生意，第一個步驟就是擬訂一份好的策略計畫，而行銷計畫則是建構你的策略計畫的第一步。以下再一一詳細說明每一個步驟的做法。

策略性行銷計畫大綱

- 執行提要

1. **狀況分析**
   - ◎銷售分析
   - ◎競爭對手分析
   - ◎環境分析
2. **目標**
3. **策略**
4. **手段**
5. **預算**

從現況分析，找出自己的市場定位

想知道你的企業在複雜的整體環境中的定位，就必須回答這個問題：

「我是誰？我要到哪裡去？」

想像一下，你是美國職業橄欖球聯盟的球隊教練。你正坐在辦公室裡看錄影帶，而所有的球員都已經回家了。你為什麼要工作到這麼晚？錄影帶裡有什麼東西，可以幫你打敗下一場比賽的對手？

首先，你觀察了自己球隊的錄影帶，因為你希望知道自己的球隊有哪些優勢，以及他們在下週日的比賽中有多少勝算。你也希望能找出他們的缺點以便設法彌補。

接著，你又查看了對手的比賽錄影帶，希望更了解他們的優勢和劣勢，以及他們對你的球隊的威脅。

當然，你早就知道一切與比賽有關的訊息。是在主場還是客場比賽？球場是天然草地還是人造草皮？誰是這場比賽的裁判，他們會怎麼判定比賽？

一個好教練會仔細研究球隊的狀態，以便將他所擁有的工具發揮到極致。

在商業上，這就叫做狀況分析，也是制定所有計畫的基礎。當你準備規畫一項計畫時，你會訂定一個目標，例如你希望你的企業在明年同期或者五年之後，能夠發展到什麼水準呢？

但是，如果你不知道自己是從哪裡開始的，又怎麼知道該往哪去呢？這就像你跑到紐約州的波基普西去旅遊，但是卻不知道自己在哪裡一樣。

所以，現在就來深入說明一下狀況分析應該怎麼做，狀況分析共包括三種分析：

1. 銷售分析
2. 競爭對手分析
3. 環境分析

狀況分析

狀況分析是訂定所有計畫的基礎。所有的狀況分析，都包含以下三個部分：

1. 銷售分析
2. 競爭對手分析
3. 環境分析
- 技術因素
- 政府政策
- 經濟因素
- 原物料與勞動力
- 產業趨勢

銷售分析

你能做到什麼地步？你可能在五年內讓銷售量成長三倍嗎？

除非你先完成分析，否則你不會知道自己能走多遠；如果你想把已經很成功的事業推向另一個高峰，你就必須了解市場和你的企業定位。

首先，你必須評估企業的優勢和劣勢（有時也稱作 SWOT 分析法，包括對優勢、劣勢、機會和威脅的分析），並且和競爭對手相比較。你的優勢在哪裡？你的弱點有哪些？你該如何利用自己的優勢，同時發現對手的弱點？

比方說，你的企業是以提供創新產品（**你的優勢**）的方式，在競爭者之中脫穎而出。然而由於產品成本較高，所以在售價上也比別人貴（**你的弱點**），因此你經常被低價的競爭對手搶走客戶。

這個簡單的分析，可以幫你訂定策略，將你的企業優點發展到極致，把弱點減到最少，好抵消競爭對手的優勢。

其次，你應該審視你的企業有哪些**機會**。假設你的主要競爭對手剛宣布提高產品的售價，而你很明白價格提高會帶來的後果，因為你在去年已經深受其害，並因此失去了一些客戶。所以，現在你該怎麼利用競爭對手即將面臨的困境？它又將為你帶來什麼樣的機會呢？

接下來，你必須分析你的**歷史銷售資料**。你的銷售有什麼趨勢嗎？為什麼會出現這樣的趨勢？什麼才是造成這種銷售曲線的主因？當你在設定行銷計畫的目標時，了解銷售為什麼會呈現上升或下降的趨勢，是一個非常重要的關鍵。

假設你的銷售量，在五年的時間裡一直呈現穩定成長的走勢，但是在過去的兩年間卻只能維持水平。為什麼呢？發生了什麼事？或許是因為你有個重要的業務員離職，同時也帶走了幾個客戶；也可能是因為競爭對手推出了新產品，才會對你的收入造成影響。

這些問題的答案，將可以幫助你找到重整氣勢的策略。

SWOT 分析法

優勢和劣勢屬於內部因素，而機會和威脅則是外部因素。

優勢和劣勢與過去的表現有關，機會和威脅則預言了未來的發展。

優勢、劣勢和機會等三項分析，可能可以解釋你的銷售額為何增加、減少或維持原狀。

你只會將優勢、劣勢和威脅分析運用在競爭對手身上，因為你並不關心他們的機會。

你想把東西賣給誰？

在分析完過往的銷售狀況之後，下一步就是要確定在將來的日子裡，你想把東西賣給誰。你不能期望把產品賣給所有的人，這是不可能的，因為消費者的數量跟類型太多，而且他們不一定都有同樣的需求跟欲望。

透過將市場依照相同的特徵細分成不同部門，以及針對那些需要符合產品特色的顧客服務等方式，你就能夠實現增加銷售量和利潤的目標。

想要確定目標市場，你可以這樣做三個動作：

1. 透過人口統計、心理及利益分析，將具有相同特徵的消費者分別歸納為不同的類別（市場切割）。
2. 選擇計畫進入的首要及次要目標市場（尋找目標）。
3. 決定將產品最主要的優勢，傳達給目標客戶的最好方法（市場定位）。

在各種市場中，有幾個不同的概念可以先了解，就是大眾市場、分類市場、利基市場與客製化市場（如圖四）。

大眾市場包括所有屬於同一類別的消費者。沃爾瑪的銷售對象包括了形形色色的人，他們先找出大多數人都有的相同需求（低價），然後加以滿足。而他們的大量採購、銷售和促銷手法，則使它的產品成本得以降低。然而，即使沃爾瑪和其他企業在大眾市場中經營得十分成功，對創造銷售額來說，這卻是最困難的一個市場類別。

現在的消費者擁有更多樣化的消費管道，例如購物中心、專賣店、大賣場、郵購和網路等等。同時，他們也能從不同的管道，包括電視、廣播、印刷品、直接郵件、戶外廣告、廣告禮品、電話銷售、電子雜誌和網路廣播等等，接受各式各樣的宣傳。由於吸引大眾變得越來越困難，成本也越來越高，所以

圖四　你的市場在哪裡？

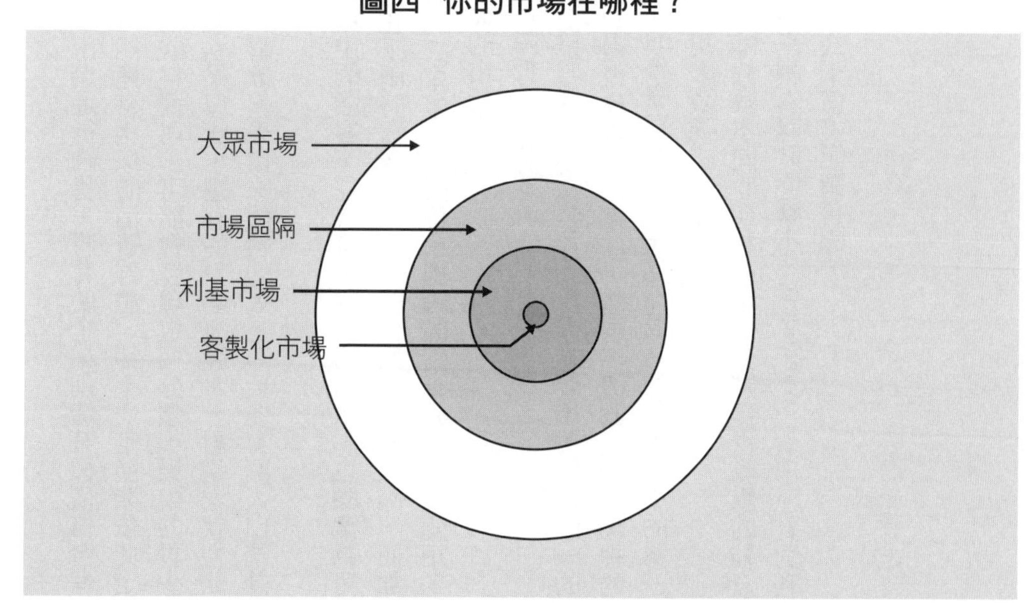

很多企業選擇對市場做出區隔，然後在這些分類市場中宣傳它們的產品。

分類市場是由一群擁有類似需求的消費者所組成的，因此針對分類市場進行銷售，將有助企業創造某種價格合理的產品，以滿足這個分類市場中的消費者需求。雖然單一分類市場中可能擁有相似的消費群體，卻不一定能夠依此定義市場的範圍。舉例來說，一家以充滿活力的青少年為目標族群的軟性飲料公司，可能會發現這個分類市場中的青少年，在選擇軟性飲料上有很大的差異。有些人需要低卡路里，有的喜歡水果口味，還有的只喝瓶裝水。對這家軟性飲料公司來說，它的分類市場應該是那些不分年齡、性別、種族或收入，喜歡水果口味飲料的人。（更多有關人口統計的說明請參見下一章）

利基市場和分類市場很相似，只是範圍更小、更窄一些。利基市場中的顧客，往往有著明確的需求，也願意為可以滿足他們需求的產品，支付更高的金額。比方說，雨傘是賣給那些在下雨時需要遮雨工具的分類市場的產品，而加大尺碼的雨傘，就是從分類市場中區隔出來的一個利基市場。貝克爾（Becher）這間位於德國的雨傘公司，就開拓了一個利潤很高的利基市場，在全球大尺碼的雨傘銷售量中，擁有五〇%的市佔率。

利基市場擁有很大的經濟優勢：競爭者少、高度的專業化導致成本降低、價格較高，且利潤豐厚。

如果你是市場中的領導者，那麼你大部分的銷售額，都應該會來自於那些直覺認為「領導品牌不可能出錯」的人。如果你不是市場上的領導者，那麼就該找一個利基市場，設法把它做得比別人的都好，讓自己成為這個市場裡的老大。或許你並不是整個芝加哥最棒的熟食店，但是你可以擁有最棒的魯賓三明治。一旦你成為利基市場中的第一名，就有資格炫耀你的熟食店。這樣一來，你的銷售額就會增加，也有更多資源去開拓其他的市場。

大型企業同樣會追求利基市場，賀曼卡片（Hallmark）將賀卡市場區分為不同的利基市場，分別提供幽默的鞋盒（Shoebox）賀卡、貼近年輕女性的新鮮（Fresh Ink）賀卡和針對非裔美國人設計的紅木（Mahogany）賀卡。針對利基市場行銷的結果是，賀曼賀卡在全球的賀卡市場之中，擁有壓倒性的八十億美元銷售額。

利基市場

由於網路新創公司的進入障礙越來越低，因此有越來越多的小公司，將目標瞄準在產品區隔更深入的利基市場。

成功的網路創業者，它選擇消費者無需親身體驗或接觸，同時又很難找到的產品做為營業項目。舉例來說，鴕鳥網路公司（www.ostrichesonline.com）提供的是與鴕鳥有關的一切產品，從鴕鳥肉到鴕鳥羽毛、相關圖書、遊戲、玩具、錢幣、化妝品和卡通等等，全都跟鴕鳥有關係。

客製化市場指的是針對單一消費者的市場。這種只針對單一顧客的市場，是市場區隔裡的最終階段。有一些服務很自然就是要客製化，比如像醫生、律師、壽險服務員、理財顧問，甚至包括你的髮型師或美甲師在內，都會針對你的個人需求提供服務。

近年來，客製化的產品變得越來越普遍，**大量客製化**產品也顯示了企業為了滿足消費者的獨特需求，客製專屬產品的能力。例如，汽車公司讓你挑選喜歡的汽車顏色、座椅材質、配件和其他配備，且只需要幾個星期，就會送到你家。另一方面，戴爾電腦則是在網路上提供客製化的電腦。戴爾電腦和汽車製造商的方式，都是在基本產品上進行調整，以適應單一客戶的需求。

個人化才是王道。如果不能滿足你的特殊需求，那麼，這些企業就無法打動你的心。

許多位居市場領導地位的食品公司，也開始客製食品和飲料上的個人喜好。你可以到寶僑的網站（www.personalblends.com）上，為自己量身打造符合你獨特口味的咖啡。只要回答你心目中最棒的爪哇咖啡，以及你對某些食物的好惡等幾個簡單的問題，就可以收到一份為你量身打造的「品味地圖」，讓你能夠享受最棒的咖啡。即使加上運費，一磅咖啡也只需要十美元。

市場區隔是指挑選你想要的顧客，也就是那些最符合產品形象的消費者。雖然，為了滿足最多消費者的需求，就必須生產最符合大眾市場的產品，這個主張聽起來似乎很合理，卻不是絕對的。如果你能明智地選擇較小的利基市場，那麼顧客可能很少，但你卻能賺得更多。與其用「霰彈槍」的方法，分散你的行銷效果，不如改用「步槍」，把焦點集中在你最有機會滿足的客戶身上。

有些很小的利基市場，會利用自我篩選的辦法來宣傳他們的產品。這些企業所採取的原則是：「如果你想要我的產品，請舉起你的手。」然後針對那些對自己的品牌感興趣的人做宣傳。例如邀請消費者回覆表格、撥打免付費電話、到公司網站，或寄電子郵件給公司等。

自我篩選：讓消費者自己找來

寶僑所生產的歡呼（Cheer）洗衣精，幾年前曾經在電視上頻繁卻短暫地宣傳過，一款針對對香味過敏的人士設計，沒有添加香料的 Cheer Free 品牌。廣告上說如果你想獲得 Cheer Free 的免費試用品，可以利用免付費電話向寶僑索取。

寶僑雖然不知道誰會對香味過敏，但是這個廣告卻吸引了那些對香味過敏，或認識對香味過敏的人的潛在客戶，自動對廣告做出回應。接著，寶僑就能轉而採取更有效的宣傳方式，例如直接寄發郵件給回應廣告的人。

市場不同，宣傳方式也要不一樣

大眾市場＝大眾傳媒（電視、廣播、報紙）
分類市場＝專門導向宣傳（有線電視、活動贊助）
利基市場＝深入聚焦（直銷郵件、電話銷售）
客製化市場＝個人銷售（一對一行銷）

便宜的市場調查法

競爭對手和你所處產業的相關資訊，可以從產業協會和產業雜誌等兩個來源取得。產業協會擁有新產品介紹、新的技術創新、新的供應商，以及新的競爭對手的資訊，能讓你跟上其他同業的腳步。

產業雜誌通常會發布該產業的年度報告，而雜誌的銷售代表往往很清楚產業現況，以及競爭對手的大小事，因為他們就是靠這個吃飯的。

你應該用心耕耘這兩個資源，因為它們能為新產品、競爭對手的宣傳計畫和新的商機，提供意想不到的豐富訊息。

利用市佔率矩陣，分析不同產品的成長潛力

你們公司是否為了滿足不同顧客的需求而提供各種不同的產品，有的產品之間甚至毫無關聯？每個獨立的目標市場，都可以被稱為一個策略事業單位，簡稱 SBU（Strategic Business Unit），而大多數的企業，也都會同時經營好幾個策略事業單位（以下簡稱為事業單位）。

事業單位有三個顯著的特徵：

1. 每個單位都必須面對不同而獨特的競爭對手
2. 每個單位的盈虧獨立，並有一個專責的經理人
3. 每個單位的策略計畫都不相同

不同的事業單位可以讓企業兼顧多元化的生意，同時也能避免企業受到單一產業的季節性效應和產業週期的影響。如果某個事業單位的銷售額趨緩，其他單位的銷售就可以彌補這個缺口。比方說，自行車經銷商可能會在冬天出

售滑雪器材，就是透過兩個獨立的事業單位，解決因季節變化所帶來的麻煩。

你該怎麼分析每個事業單位的成長潛力？這裡有一個很適合的分析工具。這是由波士頓諮詢集團所發展出來的市佔率矩陣，如圖五所示。

星星代表的是快速成長的市場領導者，星星或許會也或許不會對利潤造成非常大的影響。然而，企業通常必須在這些星星上投資很高的成本，才能跟快速擴張的市場同步。

問號是指那些處於快速發展的市場中，但市佔率較少的事業單位。這些單位會消耗大量的現金，然而企業必須在持續成長的市場上投資，也必須大肆宣傳，好讓這些單位在市場成長趨緩之前，超越那些處於領導地位的競爭對手。

牛又可以稱之為**金牛**，是最能為企業賺取現金的單位。金牛雖然處於市場成長較緩慢的區塊內，卻因為他們往往是產業的領導者，因此能夠享受規模經濟的優勢，同時擁有非常高的利潤。企業會將金牛所賺取的利潤，投入其他處於快速發展市場中的事業單位。

狗指的則是那些處於緩慢成長的市場，市佔率又不高的事業單位。管理階層必須決定，要繼續投資以增加市場佔有率，還是乾脆放棄這些事業單位。

一般而言，新興市場通常都會展現出快速成長的特徵，而

圖五　市占率矩陣圖

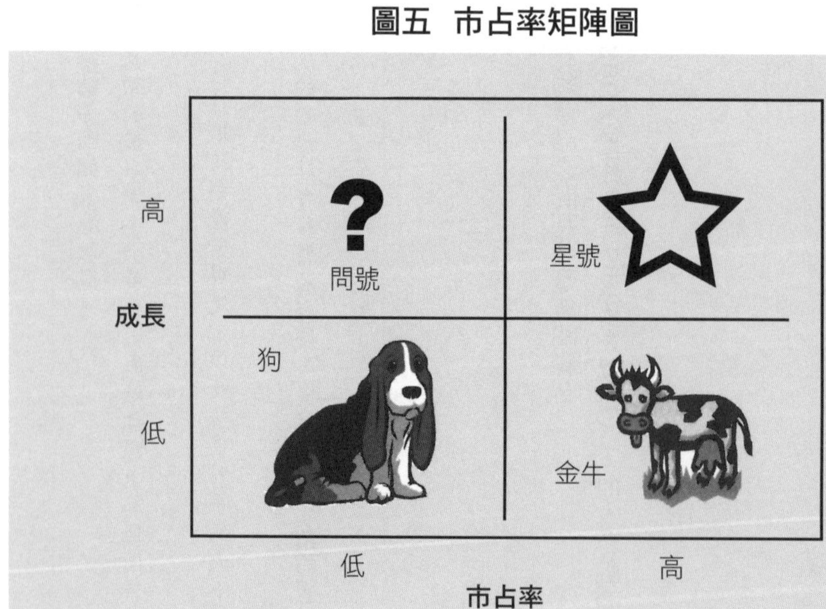

那些在新興市場中佔有較高市佔率產品（星星）的企業，就能賺取高額的利潤。但是想在市場上保持領先的地位，特別是當市場成長趨於緩慢之後，也必須花費非常高的成本。

如果你的公司沒有在快速成長的市場中佔據領導地位（問號），那麼你就必須大量投資以爭取市佔率，同時為你的基礎設施擴增做準備。你的目標應該是在成長速度趨緩之前成為產業中的領導者，也就是成為金牛。如果市場成長速度變緩的時候，你的市佔率還是很小的話（狗），那麼你就必須選擇徹底拋棄這個市場，或是尋找特別的利基市場以維持利潤。

「八〇／二〇法則」與「五分之一分析法」怎麼用？

有個法則告訴我們，八〇％的銷售額，都來自於二〇％的顧客。雖然現實狀況並不一定總是能保持八〇／二〇的比例，但是在很多不同產業裡的實例證明，這個法則的準確性確實令人瞠目結舌。

這種八〇／二〇的現象，在全球各國、各個產業和各種品牌之中，都擁有一致的結果。任何一種品牌或產業的健全和繁榮，都建立在相對少數卻能發揮巨大效益的人身上。英國最受歡迎的健力士黑啤酒（Guinness）就發現，有九〇％的啤酒，是由僅僅二％的成年人所消費的。

同樣的法則也適用於產品的利潤上，你的那些大客戶，通常也是最能為你創造利潤的顧客。由於特定的少數人擁有龐大的消費潛力，行銷人員再也不能以民主的方式對待消費者。顧客也無法被一視同仁。

八〇／二〇法則的實例

- 三〇％的家庭，消耗了七六％的軟性飲料。
- 可口可樂公司發現，有八四％的健怡可樂，是被八％的家庭所購買。
- 一六％的家庭就佔有八〇％的優格銷售量。
- 在比速食店高一級的「家庭餐廳」中，有七二％的營業額，來自於二一％的家庭。
- 豪華轎車市場在二〇〇〇年的銷售數據顯示，四％的人口就購買了將近百分之百的豪華轎車。

除了「**八〇／二〇法則**」，還有一個類似的「**五分之一分析法**」，這個看似花稍的行銷術語，事實上指的就是把客戶簡單分為五個不同的族群，然後逐一分析每個族群的獲利能力。

根據博思艾倫顧問公司（Booz Allen Hamilton）所做的一項研究發現，三〇%的顧客代表了高達二〇〇%的利潤。另外約有五〇%的消費者，能讓公司賺進一般的利潤，而位於最底層的二〇%的顧客，則是公司的錢坑。

「五分之一分析法」的應用

一九八八年時，大多數的小額金融機構，雖然對信用卡持卡人的投入成本有很大的差距，卻仍然對所有的持卡人收取同樣的費用。

當時出現了一家規模很小，也沒什麼名氣的銀行，稱為美國第一資本金融公司（Capital One）。它明確地針對那些最符合公司營利目標的顧客，也就是那些排在前二〇%的消費者，利用餘額轉移的方式，將他們從競爭者手上吸引過來。

它對那些把信用卡餘額從競爭對手轉到第一資本的顧客，提供了更低廉的利率。這個做法，吸引了那些不會每個月付清信用卡費的人，還有那些認為較低的利率充滿吸引力的人。而這些人對信用卡公司來說，正好是利潤最高的族群。

自從一九九二年起，第一資本所發放的貸款金額，從十七億美元增加到了六百億，並成為美國前十大信用卡發行銀行。

為了作業單純起見，你可以運用八〇／二〇法則來建立你的獲利能力。只要仔細觀察顧客，並找出那些值得你維護的客戶，和那些你希望能溫和鼓勵他們，去尋找更適合的品牌的客戶，你就可以獲得回報。這看起來或許有違常理，畢竟，有誰想失去客戶呢？然而逐一分析單一消費者的行為，並運用客製化的策略回應，以求獲取最大利潤的方式，卻是改善公司獲利的關鍵。

聰明的企業會放棄不賺錢的產品（上述提到的「狗」），但其實放棄那些無法提供利潤的顧客也是同樣的道理。

你該如何辨別那些「不好」的顧客呢？通常，不好的客戶會有幾種典型的特徵：

- 他們不常買東西
- 他們付錢的速度很慢（或者乾脆不付）
- 他們會提出無理的要求（好品質、好服務、價格低廉）

當然，終止任何一種關係都應該是最後不得已的選擇。因為一旦失去了這些顧客，就很難再挽回他們。你應該竭盡全力，把不好的顧客變成好的顧客。怎麼做呢？還記得品質、服務和價格的法則嗎？你不可能三者兼顧，所以只能設法調整遊戲規則，把那些不好的顧客變成能為你創造利潤的客戶。

一般而言，這代表了溢價或收取額外的費用。然而，這也可能包括服務上的變化，或產品本身的改變。例如那些通常需要額外的三十到六十天才能付款的客戶，將會被收取附加的保管費，或者是與該金額的時間價值等同或更高的服務費。

你應該給所有不好的顧客一個機會，由業務員負責，將他們變成好的客戶。當然，無論採取什麼方法，有的顧客群仍然無法為你創造利潤，那麼你就該慢慢把他們推到街上去。因為，如果你不把注意力集中在那些最能為你創造利潤的顧客身上，那麼別人就會這麼做。

這裡有個簡單的概念：鎖定**好客戶**。

運用八〇／二〇法則來建立你的事業，然後分析那些位於前二〇％的客戶。是什麼讓他們成為好客戶的？他們有哪些人口統計、消費心態和需求上的共同特徵？

請記住教訓，如果你不拋棄那些無法為你帶來利潤的顧客，那麼你將會因為在他們身上投入太多的時間和金錢，而讓競爭對手搶走你最好的客戶。這樣一來，你的成長計畫將會變得岌岌可危。所以正確的做法是緊追競爭對手的主要客戶，也就是那些和你公司前二〇％的顧客特徵相似的人。

了解客戶的下一步，是掌握他們的共同特徵。

如何從人口統計、消費心理，找出爆炸性的行銷方法

一旦確定了目標市場，或是完成了對既有客群的分析時，你會發現他們擁有相似的人口統計數據、消費心理特徵如表二。

八〇／二〇法則表示，你的企業大部分的銷售額，都是來自於相對少數的顧客。而這些顧客之間，很可能存在著許多相似的特性。

了解人口數據、消費心理特徵，可以幫你尋找其他擁有相似特徵的潛在顧客，明白該如何針對他們行銷。

人口統計數據是評估一個地區的人口資料的統計方式，這些資料的項目如表三：

預估你的潛在市場規模，挑選對你最有利的潛在顧客（例如十八到四十九歲，屬於雙薪家庭，總收入為五萬美元或更多，並居住在五個特定的郵遞區號地的西班牙裔女性）。定期分析客戶，將有助於在客戶的需求發生轉變時調整產品。

你可以花很久的時間，慢慢收集客戶及潛在顧客的資訊。最有用的資訊必須能精準地將潛在顧客，和那些根本不會購買產品的顧客區分開來。表二所提供的資料，正好可以幫你鎖定那些潛在顧客高度集中的地區。

誰是顧客？他們的年齡多大？他們住在哪裡？他們的興趣、關心的事物、理想和價值觀是什麼？知道這些問題的答案，能讓你深入了解最適當的宣傳方法，找到最好的廣告詞和宣傳媒體。

人口資訊可以幫助你優化客戶族群，找出誰才是你應該鎖定的客群，以及他們會如何隨著時間轉變。人們在不同的生活階段中，會自然產生不同的需求。離婚、同居、未婚懷孕，以及日漸成長的女性工作人口，都改變了市場的結構。

表二　人口統計數據、消費心理

人口統計數據（身體特徵）	消費心理（個性特徵）
年齡	興趣
收入	觀念
區域	信仰
性別	生活方式

表三　人口統計數據

	企業對消費者	企業對企業
規模	家庭人口數量	員工數量
年齡	個人年齡或年齡範圍	從業時間
性別	男性或女性	
種族	西班牙裔、亞裔等等	
收入	個人或家庭收入	總營收
家庭結構	已婚/單身，是否有小孩	辦公室員工還是工廠工人
教育	最高學歷	
職業	個人職業	產業（公司編號）
地址	郵遞區號或戶口普查範圍	郵遞區號或戶口普查範圍

人口統計資訊在哪裡？

你可以透過當地的商會、美國人口調查局或私人的調查機構等等，收集相關的人口統計資訊。《美國人口統計》雜誌（www.demographics.com）出版了一份市場資訊供應商指南，上面有為美國國內所有產業提供詳細人口統計資訊的企業清單。

（編按：台灣的人口統計資料可上內政部戶政司全球資訊網「人口資料庫」，即可查得歷年人口統計資料月報、季刊及年報人口統計數位化資料。）

消費者在變老，你該怎麼辦？

影響購買習慣的人口因素中最重要的一項是年齡。人口統計學家依照年齡將美國的人口分為五類：

年齡分類	出生期間
1. 銀髮世代	一九三〇年
2. 中世代	一九三〇～一九四五年
3. 嬰兒潮世代	一九四五～一九六五年
4. X世代	一九六五～一九八〇年
5. Y世代（新千禧世代）	一九八〇～二〇〇〇年 二〇〇〇年及以後

銀髮世代（有時也稱為大兵世代）經歷過經濟大蕭條時期和第二次世界大戰，這個族群約有二千二百萬個家庭，

其中大多數的家庭裡只有一個人，他們的消費金額只佔總消費額的一三%。

對大多數的行銷人員來說，經濟大蕭條時期只是一段古老的歷史，但是對這個世代的人卻有非常深遠的影響。標準普爾四百指數在一九二九年到一九三二年之間下跌了六九%，而且一直到二十四年後的一九五三年，才終於恢復到一九二九年的股價水準。出生在這樣的環境裡，銀髮世代始終保有經濟危機留下的傷痕。他們不但節儉，更十分關心財務的安全，同時由於大蕭條時期銀行的倒閉風波，他們對大多數的金融機構都抱持懷疑的態度。

大多數的銀髮世代都依靠固定的收入生活，毫無意外的，他們在健康照護，包括藥物、保險和醫療服務上的支出，比全美的平均數字高出兩倍以上。由於他們大多數的時間都待在家裡，因此在日用品例如雜貨、文具和清潔用品上的花費較多。

除了極少數的人會收發電子郵件之外，他們大多不熟悉電子產品，也對廣播裡的廣告多所懷疑。你可以寄發傳單給他們，但最好的方式還是直接登門拜訪。比方說，你可以在他們常去的教堂或生活援助機構裡，舉辦一場財務規畫說明會。這樣一來，不但參與的人會更多，也更能消除他們心中對財務安全的疑慮。

中世代是五個族群中人數最少的一群，只佔總戶數的一四%，和一四%的購買力。以單一家庭而言，中世代的人擁有比其他族群更多的可支配收入，卻很少有人花錢。他們的孩子不在身邊，他們的房屋貸款不是不高就是已經付清，而他們對健康保障的考量也很周到。

他們對買東西很隨性，口味花稍的冰淇淋、超長的假期、古董車或是第二棟房子。在這個族群之中，銷售得最好的產品就是玩具，因為祖父母在所有玩具的購買量中，擁有超過二〇%的佔有率。他們都是為孫子買的。

行銷人員對這個族群一向很頭痛，年輕的廣告文案也無法掌握這個世代的想法。他們把這個世代的人想像成「老人」，非常老的人，就像他們自己的祖父母一樣。對二十出頭的人來說，他們是拄著拐杖，坐在輪椅上的怪老人，彷彿離死亡只有兩步之遠。

中世代對印刷宣傳品的興趣比廣播更大，因為他們不相信廣播。想要針對他們宣傳，應該在廣告裡呈現出健康的中年人形象，同時引用大量的事實。另外，也可以從他們的懷舊情緒著手，讓他們重溫往日的美好時光。多多利用印刷廣告，這個族群的人很愛閱讀，最重要的是，他們相信自己讀到的東西。在五十五歲以上的人之中，有四五%的人相信他們讀的廣告，這個比例比其他年齡區段的人高出很多。

嬰兒潮世代在第二次世界大戰之後，就控制了美國的購買習慣。他們讓《史巴克博士的嬰幼兒養育》（Dr. Spock's Infant and Child Rearing），成為史上僅次於《聖經》的第二暢銷書。這個世代是在《天才小麻煩》、《老爸最知道》（Father Knows Best）和《快樂家庭》（The Partridge Family）等電視影集的陪伴下長大的。小的時候，他們會買呼啦圈、戴毛絨絨的帽子、看超人漫畫。在青少年階段，他們讓可口可樂、麥當勞和摩城唱片（Motown）發展成商業巨頭。

如今，嬰兒潮世代總共有四千六百萬個家庭，消費額更佔了全國總消費額的一半以上。他們會買新房子或改造現有的房屋。他們會把舊車換成新車，把錢花在買衣服、子女教育和家庭娛樂上，例如錄影帶、寵物、玩具、遊戲機跟開車旅行。

他們在健康方面的投資比其他的年齡區段都少，為什麼呢？因為他們認為「變老是別人的事」。這個世代的人，是在「不相信三十歲以上的人」的心態下長大的，然而，他們現在卻正以每分鐘七個人的速度邁向五十歲。因此，他們會嘗試用各種方法保持年輕，擦護膚霜、美容整形、上健身中心、染頭髮（這個年齡超過一半的女性都有染髮的習慣）。另一方面，這些曾經是嬉皮的人士，特別鍾愛天然食品、順勢療法藥物（編按：西方自然療法中的一種，主張任何天然物質會使人產生的症狀，如果和某種特定疾病類似時，這種物質經過高倍稀釋後，就可用來作為解除此疾病的藥物。）以及所有與環保有關的事物。

你會發現他們會跟孩子一起看電視，參加體育活動或朋友孩子的婚禮，因此你可以用家庭觀念的訴求來滿足他們的情感層面。

X世代（也叫迷失的一代）是整天掛著大門鑰匙，在父母離異的家庭生長，忙著上安親班的幻滅世代。他們天性保守，對廣告抱持懷疑的態度，同時退守在雙薪家庭的等級，以支持更簡約的生活方式。

作為一個族群，他們才剛開始面臨組織家庭（佔全美二千萬戶）的成年生活，成為開車接送孩子參加體育活動的父母。同時，他們也代表了一八％的消費力，而且這個數字仍在快速成長中。

他們的生活節奏很快，緊張的生活方式讓他們需要各種家庭服務，例如打掃房間、修剪草坪、準備飯菜和保姆服務等等。他們在清潔用品上的花費比史上所有的世代都少，但卻很願意在孩子身上投入大筆金錢，購買從特別設計的嬰兒車到最新的玩具等等。另外，他們也經常出入家庭餐廳。

X世代對新潮、無禮、叛逆、又能自我嘲諷的訊息特別有同感，這也就是為什麼《癟四與大頭蛋》（Beavis and Butthead）、《南方公園》（South Park）跟《辛普森家庭》（the Simpsons）等卡通，會在當時那麼流行的原因了。

Y世代（也稱之為嬰兒潮的回聲世代）是深受行銷人員覬覦，有潛力成為新一代購買大軍的世代。儘管大多數的Y世代還沒有成家，購買實力也只佔全美總消費額的五%，但是他們的人數（七千一百萬人）卻比X世代要多，僅次於他們在嬰兒潮世代出生的父母（七千八百萬人）。

他們擁有強大的力量，也跟他們出生於嬰兒潮世代的父執輩一樣，在進入人生的每一個階段時，改變了既有的生活模式。

他們對冷戰和雷根總統毫無印象，從來沒有看過不用遙控器的電視，也沒有看過唱盤，沒住過沒有微波爐

圖六　不同年齡層的購買力

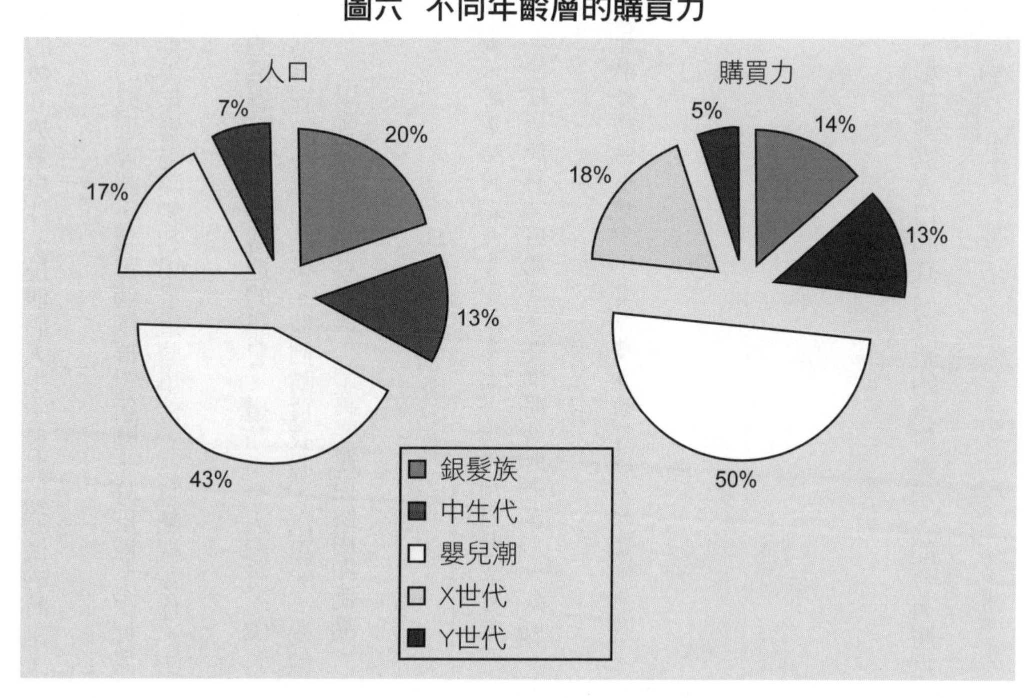

的房子。他們對電話忙線和未接電話同樣缺乏概念。哥倫拜中學的校園槍擊事件，是他們人生中最難以忘懷的時刻，其次則是科索沃戰爭，和奧克拉荷馬市的爆炸攻擊事件。

媒體處理這些事件，尤其是對哥倫拜中學和奧克拉荷馬州事件的處理方式，讓這個族群對新聞十分反感。根據馬凱特大學的調查，Y世代對主流媒體普遍都有疏離感，大多數的青少年覺得媒體利用了這些事件，並且趁機炒作。對他們來說，真人實境秀比虛構的電視劇可信。

儘管他們主張懷疑論，卻願意聆聽個人化的訊息，尤其是那些透過互動媒體傳達的訊息。這並不令人意外，因為他們畢竟是在資訊時代長大的族群。他們要的是直接的資訊，立刻得到的答案和結果。他們購買衣服、汽車、大學教育和電子設備。跟他們溝通最好的方式，是利用電視、網路和CD，以客製化的訊息宣傳，千萬要避免使用印刷品。

百事可樂改變焦點

沒有哪個品牌像百事可樂一樣，利用百事世代系列的廣告，將焦點鎖定在青少年身上。但仔細想想，可樂是嬰兒潮世代的飲料，如今的年輕人大多改喝水果口味或非碳酸性的飲料，因此百事可樂開始對老客戶大獻殷勤。

最近一則百事廣告的主角，是一個在搖滾演唱會上隨著音樂舞動的小夥子，當他轉身的時候，卻發現他爸爸也在不遠處擺動。

百事世代其實橫跨了好幾個世代！

不同族群也有不同消費特徵，怎麼看？

除了年齡之外，影響購買選擇的另一項重要人口因素是種族。根據美國人口調查局最新的資料顯示，如今有將近四分之一的美國人，也就是有大約七千萬人認為，他們並不是純粹的白種人。

從拉丁美洲和亞洲大量湧入的移民，讓美國少數族裔的數量，從一九八〇年的二〇%，成長為現在的二五%。由於較高的生育率以及社會風氣使然，這些移民中有很大的比例都是小孩。如今，在美國有三分之一的小孩不是黑人，就是西班牙裔或亞洲裔。

二十年前，大蒜還是雜貨店裡最具異國風情的調味品，如今銷售量比蕃茄醬還高的墨西哥莎莎醬，就擺在北非小米和韓國泡菜旁邊。根據喬治亞大學塞利格經濟發展中心的調查，美國的少數民族掌握了超過九千億美元的年度消費額，比一九九〇年時高出二倍以上。

以下是各個種族的概述，以及在今後的幾年中，他們將會如何影響關注美國市場的所有企業的行銷選擇。

非裔美國人

這個族群正在向上移動並快速成長，雖然美國的總人口數，從一九九〇年到二〇〇〇年的成長幅度為一三%，但是非裔美國人的成長幅度卻高達二〇%。同時他們的年收入也在逐年增加，從一九九〇年的一萬八千六百七十六美元，提高為二〇〇〇年的三萬零四百三十九美元。半數以上已婚非裔美國人的年收入超過五萬美元，更有一〇%的年收入達到十萬美元或更多。

在所有種族之中，非裔是最具有時尚意識的族群。相對於亞裔的二八%、西班牙裔的二七%和白人的二五%，有三四%的非裔表示喜歡追隨潮流。調查顯示他們各有喜愛的商店，並願意開很久的車去那裡購物，特別是那些價格合理的地方。非裔人口比其他種族的人更愛逛名牌折扣賣場。

西班牙裔美國人

隨著過去十年西班牙裔人口的快速成長，美國也正在變成一個雙文化的國家。由於移民和高出生率，讓美國的西班牙裔人口從一九八〇到二〇〇〇年之間增加了一倍。目前總人口將近四千萬的西班牙裔，已經超越非洲裔，成為美國最大的少數族裔人種。

所謂的「西班牙裔」其實包含許多族裔在內，除了超過六〇%的墨西哥裔人口，和一二%的波多黎各裔人口，還包括中美、多明尼加、南美和古巴的後裔。一如預期的，大部分（七五%）的西班牙裔人口仍然集中在美國南部和西部，但是也有不少人搬到了中西部地區，使得該區域的西班牙裔人口在過去十年成長了一倍。單是明尼蘇達州的西班牙裔人口，就成長了一六五%，從一九九〇年的五萬四千人，增加到目前的十四萬四千人。

許多西班牙裔與他們的故鄉親友有很緊密的聯繫，他們在美國習慣群居，形成一個講西班牙語，有許多家鄉味餐館和小生意的社區。他們喜歡熟悉的東西，所以有名的品牌可以賣得很好。

亞裔美國人

亞裔美國人也是一個成長很快的族群，從一九九〇到二〇〇〇年之間，人口同樣增加了一倍。他們大多住在西部沿岸，另外在紐約、波士頓和芝加哥等地也有群聚的現象，然而近幾年來已有許多人逐漸搬到郊區。

和西班牙裔一樣，亞裔美國人之間的區隔也越來越明顯。行銷人員不應該將他們全都歸為同一個類別，而是必須了解在華裔、日裔、菲律賓裔、越南裔、苗族裔、韓裔、印度裔和巴基斯坦裔人口之間，擁有的文化和語言差異。想從他們之間找到共同性是不太可能的。

一般而言，亞裔美國人的家庭要比其他的美國家庭更富裕，只占總人口二七%的亞裔美國人，卻有三九%的人口收入達到七萬五千美元。如果行銷人員能針對這個族群中的各個族裔行銷，就有機會獲得很好的回報。

美國原住民

美國原住民是少數族裔之中人數最少，卻在美國居住最久的族群。目前約有四百萬人是美國原住民的後裔。一直飽受貧窮困擾的美國原住民，當他們在賭場上的投資成功回收之際，他們的消費能力也隨之提高。去年一年的時間，在印第安保留區內的賭場就賺進了六〇億美金，而其中的大多數都被分給各個部落，以進一步促進新興中產階級的發展。另一方面，由美國原住民所經營的企業也十分繁榮，原因在於他們對企業的投資高於美國國內的平均水準。

由於這個族群喜歡群居，所以對行銷人員來說可能是最容易掌握的一群人。許多年輕的美國原住民（X世代與之後出生的原住民），都渴望接觸非部落的生活方式。但是老一輩的美國原住民，卻仍然對大部分的大眾媒體保持明顯的距離，並寧願遵循古老的風俗習慣，選擇樸素的生活方式。

多族裔美國人

一個新的少數民族正在崛起，被稱為多族裔的他們，是一群具有一種以上的種族身份的成員。有七百萬左右的美國人，擁有兩種以上的種族血統，他們之中包括高爾夫球名將老虎・伍茲、演員荷莉・貝瑞、歌手克莉絲汀・阿奎萊拉和瑪麗亞・凱莉、棒球名將德瑞克・基特（Derek Jeter）和演員馮・迪索（Vin Diesel）。

多族裔的代表人物

- 瑪麗亞・凱莉（Mariah Carey），歌手，她的父親是委內瑞拉和非洲混血的美國人，母親是愛爾蘭人。
- 娜歐蜜・坎貝兒（Naomi Campbell），模特兒，母親是牙買加黑人，父親則有中國血統。
- 老虎・伍茲（Tiger Woods），高爾夫球手，母親是中泰混血，父親則有多族裔血統。

儘管只占總人口的三%，多族裔卻是個以年輕人為主，並且正在成長中的族群（與總人口中只有二五%的人在十八歲以下相較，這個族群有四二%的人都在十八歲以下）。這些人都是新產品的早期使用者，也是行銷人員所覬覦的消費領袖。他們年輕、有衝勁、有見識、懂得街頭文化，而且不遵循任何一個種族的模式，因為他們要創造自己的模式。

他們是生長在後民權時期的X世代的縮影，沒有文化上的束縛，也沒有種族的偏見。

大多數的行銷人員，在忙著為保持新鮮感和追求時尚努力的同時，也對那些多族裔族群（和多族裔的崇拜者）大獻殷勤。在時尚界裡，許多當紅模特兒都擁有多族裔的血統，這是因為服裝界發現，血統多元的模特兒對不同文化的消費者更有說服力。

各種族之間的文化相互適應，創造了一個更符合多族裔特徵的社會。在經歷過難以捉摸的X世代之後，行銷人員將更能掌握這個族群的需求。

音樂品味往往代表生活型態

廣播應該是最能依照顧客的心理狀態，為你找出目標客戶的媒體。廣播為各種品味與生活型態，提供了各式各樣的音樂，從爵士樂到饒舌歌曲，從古典樂到鄉村樂，以及從蓄意挑釁的DJ到基督教聯盟成員都包括在內。

請想像一位開別克驕車，出入上流鄉村俱樂部的老人，他會聽肖斯塔科維奇（Shostakovich）的古典樂，還是饒舌團體G-Unit的音樂？

如果是一位滿臉鬍子、愛抽好彩香菸（Lucky Strike）、手臂上有刺青，還在郊區有一棟有三間臥室的平房的人，又會喜歡什麼樣的音樂呢？是溫頓・馬沙利斯（Wyton Marsalis）的爵士樂，還是葛斯・布魯克斯（Garth Brooks）的鄉村樂呢？

從利益分析抓住消費者的心

人口統計法是用來評量人口數據的方法，而心理分析法則是用來評量心理學、社會學和人們學的方法。心理分析的內容，包括了價值觀、信仰、喜好、習慣和生活方式等等。

雖然由人口統計法取得的資料非常有用，卻不一定能為你提供足夠的客戶資訊。舉例來說，人口統計資訊或許會告訴你，女大學生愛穿涼鞋。但是她們選擇涼鞋的原因，是為了穿起來舒服還是流行？又或者是因為涼鞋讓她們看起來比較性感？

心理分析法所獲得的資料，可以幫助我們了解消費者的購買動機。

心理分析法也可以應用在產品的用途區隔上。有的行銷人員喜歡把產品賣給主要客戶，其他行銷人員卻喜歡把次要客戶或非客戶當作銷售的目標。

你或許會想要建立一份屬於自己的消費心理區隔分析來辨別客戶，然而大部份的企業，都傾向於直接向專業的心理資訊研究機構購買這一類的資訊。

在眾多的服務之中，最有名的兩種分別是 VALS（Values and Lifestyles，就是「價值觀和生活方式系統」），和 PRIZM（Potential Rating Index by Zip Market，就是市場細分法）。

VALS 用三種價值系統區分顧客，分別是原則導向、地位導向和行為導向系統。這三種價值系統，能依照消費者的生活形態，指出他們最可能感興趣的產品。舉例來說，五十鈴汽車公司將 Rodeo 運動型多功能汽車賣給那些追求刺激的冒險者，就是 VALS 行為導向模組的一種結果。

產品是為了滿足消費者的需求而誕生的，但是這些消費者，卻不一定能用人口統計或心理區隔法進行歸類。例如，購買洗碗精的消費者，可能包括單親媽媽、非裔美國男性、需要幫狗洗澡的小孩或是需要清洗咖啡杯的小生意人。有些消費者會根據產品的優點選擇商品，或許他們在人口統計資料和消費心理上一致，但卻擁有完全不同的消費習慣。

換句話說，人口統計和心理分析資料，或許只能說明部分的購買原因，想了解顧客真正的購買動機，有時候必須要對產品利益進行分析。

企業現場

寶僑抓得住不同人的心

寶僑希望能找出那些購買他們所生產的洗碗精的客戶。根據人口統計分析顯示，女性、男性，甚至包括小孩在內，都會因為某種原因而購買洗碗精。心理分析的結果，也無法對他們的購買習慣做出定義。

寶僑進行了一項調查，期望找出顧客在購買洗碗精時最重視的利益。他們發現，有三種優點是客戶最想要的：一、去除油污，二、不傷手，三、讓餐具閃亮。

與其依照人口統計或心理分析的特徵銷售洗碗精，寶僑根據不同的利益，開發了三種不同的產品，分別是 Dawn、Ivory 和 Joy。結果，這三種產品，在各自的類別中都非常暢銷。

到二〇三〇年時，嬰兒潮世代的平均年齡將會在七、八十歲左右，而且大多已經退休；而年齡超過六十五歲的族群，將會成為整個國家的主力。這意味著行銷人員必須在掌握年輕客群的同時，尋找可以吸引年長顧客的方法。那些原本將注意力集中在年輕人身上的企業，也必須重新思考自己的策略。

人們往往會透過參加的活動而非年齡來定義自己，大學生可以是二十歲、三十歲，也可以是六十歲。儘管祖父母們的年齡可能在四十五、六十五或八十五歲，但他們卻都會為孫子輩購買禮物。生命周而復始，在不同的年齡階段，人們會經歷不同的生活方式。換句話說，人們的購買決定將會建立在他們的興趣，而非傳統的人口統計特徵上。

到西元二〇三〇年，今天所謂的「少數族裔」將會變成陳腔濫調。非西班牙裔白種人雖然仍將佔有人口的大多數，比例卻會下降到總人口的五五％（和目前的七〇％相比）。在一個不再由白種人佔大多數的國家裡，企業將需要對多族裔和多民族的混合體行銷，企業必須清醒過來，聞聞韓國泡菜跟墨西哥玉米餅的味道。而那些現在已經貼近多族裔市場的企業，將會比那些還在觀望的企業，在未來得到更多認同。

現在，你對銷售歷史、企業優勢和劣勢，以及你的目標客群都有了全面而詳細的了解，是時候對影響企業發展的外部因素進行評估了。

做競爭分析，砥勵自己

狀況分析的第二個部分是競爭對手分析。就像你分析自己企業的優勢、劣勢和機會一樣，你也應該分析主要競爭對手的優勢、劣勢，和他們對你構成的威脅。

詳細分析三到四個主要的競爭對手，將他們的優勢和劣勢，以及你該如何將對手的優勢降到最低，又該如何利用對手的劣勢的方法都記錄下來。他們對你的威脅是什麼？他們正在研發新產品嗎？還是有新的宣傳活動，會把顧客吸走？

接著，思考顧客可能還有哪些選擇。舉例來說，在麥當勞裡，我們會將漢堡王、溫蒂漢堡和哈蒂漢堡，視為漢堡市場上最主要的競爭對手。但我們也希望知道其他速食店，例如基德基、必勝客、塔可貝（Taco Bell）等等，可能會對麥當勞帶來的威脅。

你必須找出自己和競爭對手之間，所有相似和明顯不同的地方。什麼是大家都對顧客提供的？什麼是你有但他們沒有的？什麼是他們有但你卻沒有的？你該不該跟他們提供同樣的東西呢？

當你的銷售額贏過競爭對手的時候，原因在哪裡？同樣的，當你的銷售輸給競爭對手的時候，又是什麼原因造成的呢？這一類的競爭資訊，可以從產業雜誌、期刊推銷人員和貿易展覽中取得。

一份好的競爭對手分析，必須要能達到以下三個目的：

- 了解你和對手之間的差異，以準確定位你的企業和產品
- 找出顧客認為你的企業或產品的劣勢在哪裡
- 為新產品、服務或流程打響知名度，避免顧客對它們一無所知。

這並不是要你模仿最強的競爭對手，而是希望你能利用這項分析，在市場中找出一塊專屬於你的獨特領域，一個讓產品與眾不同，並且能推荐給消費者的特色。

做環境分析，你才不會被洪流淘汰

第三個部分是對你所處的產業環境進行分析，這個部分的分析可以再細分為五個單元：

1. **技術因素**——技術的改變會使產品、價格和銷售方式落伍
2. **政府政策**——政府的政策可能會影響你的企業經營
3. **經濟因素**——經濟因素對你的企業的影響
4. **原物料與勞動力**——可能會影響你的企業的供應鏈
5. **產業趨勢**——可能會改變顧客購買習慣的文化因素

技術因素

技術的改變會對你的生意造成什麼影響？更新設備是否能提高你的產量？改用機器是否能夠調整每單位的勞動力成本比？電子掃描器是否改變了你的產業使用現金的習慣？科技是否改變了你和競爭對手的企業，影響了你的市場策略？

政府政策

政府的哪些新政策會對你的生意造成影響？政府和其他監督部門都會密切監控金融服務業、公共事業、醫藥業和交通業，這些產業特別要注意政府有關的新政策。

更大範圍來看，政府的政策對任何產業都有影響。如果政府突然調整你的供應鏈中某個產業的進口關稅，就會對銷售產品的方式造成很大的影響。

經濟因素

利率（借貸的成本）的調整，可能會影響你的擴張計畫。當你在訂定行銷計畫的時候，通貨膨脹率、失業率、庫存量和信貸政策等因素，都會影響你的決定。

原物料與勞動力

你所處的產業可能面臨原物料或有經驗的勞動力上的短缺。供應成本的急劇增加，可能會讓競爭對手以其他替代產品搶走顧客。在千禧年危機即將發生的一九九九年，沒有人能找到稱職的資訊科技專家，工程公司不得不暫停許多專案，直到人力市場較為寬鬆為止。你的行銷計畫雖然可能會為你帶來新的銷售機會，但是如果你找不到能滿足訂單需求的勞動力，反而會讓顧客感到失望。

產業趨勢

你所處的產業發展趨勢是什麼？產品的需求是增加了，還是減少了？流行和時尚對產品銷售有影響嗎？

產業協會和產業雜誌的業務員，都能為你提供將會對趨勢造成影響的產業發展內線消息。

企業現場

觀察環境，就能找到商機

Briess 麥芽及原料公司（Briess Malt & Ingredients Company），長期為美國大多數的啤酒釀造商和許多其他國家的啤酒釀造商，提供釀酒用的麥芽。但是由於啤酒的銷售在近幾十年來，一直面臨成長緩慢的狀況，因而阻礙了公司的發展。

Briess 研發了許多產品以打入新的市場，包括家釀啤酒、零嘴和寵物食品等等。然而截至一九九八年為止，公司只有不到二〇%的營業額是來自食品相關產品。

當中美洲部分主要的糖類出口國遭遇嚴重的洪水災害時，蔗糖的價格開始飆漲，於是 Briess 就開始進行以麥芽精作為蔗糖的天然替代品的行銷活動，將麥芽精銷售給食品業。

麥芽精豐富而美味的口感，對早餐穀片、麥片棒和健康的減肥零食而言，是最理想的甜味劑。

Briess 的銷售額開始成長，這項產品的收入，也已經佔有將近五〇%的總收入。

知道你是從哪裡起步的，就跟決定你想達成什麼目標一樣重要，而對現況的分析正好能告訴你這些。如果仔細考慮這個部分，它很可能會為你指引一條通往成功的康莊大道。

這裡有個簡單的測驗（畢竟我是個老師），可以幫你了解狀況分析中有關銷售、競爭對手和環境等三個部分之間的不同。

你跟不跟得上市場，做個測驗就知道

假設你是一家名為混合零件公司的經營者。以下所列舉的因素，將會在未來的一年中影響你的行銷投資，因此你必須在進行銷售評估的時候，將這些因素列入考慮。

這些因素分別屬於狀況分析的哪個部分呢？請在對應的因素旁寫下正確的字母。測驗的答案將會隨後提供。

A＝銷售　　B＝競爭對手　　C＝環境

1. 人口老化導致對零件的需求量下降，整個產業的銷售額都受到了影響。
2. 聯合零件公司降低了產品售價以提高銷售量。
3. 混合零件公司內部的派系鬥爭影響了企業在銷售上的努力，也導致公司和顧客之間的關係惡化。
4. 新的政府政策要求廠商必須使用零件數位保護裝置，一種由混合零件公司所生產的產品。
5. 《華爾街日報》報導了小零件產業的貪汙醜聞。
6. 頂點發明零件公司正在策劃新的廣告宣傳。
7. 利率上漲影響了產業對新設備的添購。
8. 去年混合零件公司開設了廣受歡迎的訓練課程，贏得客戶的正面評價。
9. 在華盛頓為產業遊說投入的努力獲得了正面的成果。
10. 新的電腦系統提升了混合零件公司在製造過程上的效率。
11. 阿根廷零件市場的醜聞導致美國對零件的控管更為嚴格。
12. 混合零件公司的新網站吸引了很多新顧客。
13. 產業雜誌發表了新的「零件破壞者」，可能會使零件的使用成為過去式。
14. 幾家大企業的裁員行動，顯示產業可能即將面臨萎縮。

狀況分析測驗答案

1. C　這是會影響你的企業所處產業環境的事件。
2. B　競爭對手降低了售價，可能會導致顧客流失。
3. A　你的銷售額因為內部問題而下滑。
4. C　政府的政策可能會對你的企業帶來正面的影響。
5. C　即使並非針對混合零件公司，對產業不利的報導仍然會影響銷售量。
6. B　競爭對手所發動的廣告大戰可能會影響你的銷售量。
7. C　經濟因素對你的產業造成影響。
8. A　顧客的正面評價可能會對銷售產生正面的影響。
9. C　遊說活動將會影響整個產業。
10. A　新的電腦系統可以減少產品運送的時間，提高顧客滿意度，並推動銷售成長。
11. C　國外的相關醜聞會對整個產業帶來不良的影響。
12. A　你的新網站有助提高銷售量。
13. C　如果技術的創新讓你和競爭對手的產品遭到淘汰，那麼它就是個壞消息。
14. C　經濟指數的下滑對你所處的產業來說是個壞消息。

為了將企業推向另一個高峰，你必須了解市場以及你的企業定位。因此，包括銷售分析、競爭對手分析和環境分析在內的狀況分析，會是迅速壯大你的企業的關鍵。當你完成了狀況分析之後，就該將焦點轉移到企業的目標上，也就是你想讓企業發展到什麼程度。

目標要符合三個條件，成功機率才會高

給我一個有目標的庫存管理員，我可以給你一個能改變世界的人。給我一個沒有目標的人，我就只能還給你一個庫存管理員。

——JCPenney創辦人詹姆士・凱許・彭尼（J. C. Penney）

沒有哪一家成功的企業會欠缺銷售目標，少了目標，你的企業就會像一艘沒有舵的船，沒有計畫、沒有方向，只能隨波逐流。

無論是銷售目標、財務目標，或資本負債比率目標，你的目標越清楚，員工們就會越積極，企業成功的機會也就越大。

儘管沒有什麼方案可以確保你一定能實現目標，但是這裡還是有五個步驟，可以幫助你提高勝算：

1. 從銷售評估開始

這個流程的第一項任務，應該從建立銷售目標開始，它是每一個事業單位第一個應該設定的目標。讓業務員制定自己的目標，這一點非常重要，因為他們更有機會實現自己設定的目標。但如果某個人喊出的口號不切實際，就很難收到同樣的效果。重點在於沒有誰該為別人訂定目標，想要獲得真正的成功，我們就必須親自設定目標。

只要業務員的目標與企業的目標一致，就讓他們自己設定目標。這樣一來，他們會更清楚知道你對他們的期望是什麼，也會更努力工作，好達成這個目標。

請每一位業務員詳細解釋該如何實現每個目標。舉例來說，如果某位業務員表示：「在未來的三年之內，我要從新顧客那裡賺到一百萬美元的銷售額。」就要請她詳細說明顧客會從哪裡來，她要如何界定這些顧客，她什麼時候打算號召他們，她將會需要哪些宣傳上的協助，和她是否需要公司裡的人為她提供什麼樣的資源等等。

不要只設定長期目標（比方說年度銷售目標），就像企業需要訂定長期和短期目標一樣，你和你的銷售團隊同樣也需要設定這兩種目標。另外你也該設定一些中期目標，來評估他們的進度，並鼓勵他們繼續前進。

2. 明確定義你的目標

目標越明確，你就越可能完成它們，因此應該儘量讓你的目標**可以被計算、測量，而且能夠實現**。不要只用「增加銷售和利潤」的說法，而是詳細解釋「在未來的十八個月之內，在保持既有利潤的同時增加一二％的銷售額。」

- 不要只說「提高市佔率」，應該說「在未來的十二個月之內，增加九％的市佔率。」
- 不要用「增加一倍的收入」，請改用「在未來的五年中，每年提高一二％的收入。」

這種方式能夠將目標量化，也能讓它們更易於測量。至於目標是否確實可行，則將取決於你在進行狀況分析時所做的研究是否完整。

有的目標可能跟銷售或利潤無關，但也必須詳細說明。舉例來說，對中小企業而言，最常見的目標就是讓老闆有更多時間負責管理和規畫，而在例行公事上少花點時間；或者是更簡單的目標，讓老闆必須待在辦公室裡的時間變少。這些都是明確的目標，可以被測量，也能夠實現。

3. 確立中期目標

當你在設定目標的時候，除了應該考慮長期目標，也該規畫短期目標。創業者往往不夠有耐心，他們希望宣傳能立刻產生立竿見影的效果，然而安排能夠讓生產過程更有效率、運作更順利的機械設備和方案，卻必須要花時間。

為了避免這種狀況發生，你可以規畫相對的短期目標並隨時監督，這樣一來，就可以保證你的事業能朝正確的方向前進。很多管理者只想設定長期目標，用美式足球來比喻，他們希望一次就能達陣成功。然而在大部分的情況下，一次達陣往往需要幾次成功的首攻做基礎，因此，確立中期目標也是必要的步驟。

短期目標能提供許多優點，當你完成了這些短期目標之後，你就會對自己的計畫更有信心，更確定它可以實現。計畫的進度變得更容易測量，而中期目標的達成，也可以避免因為離最終目標的距離太遠而感到挫折。

4. 要有計畫

設定目標只是個開始，如果想把一名庫存管理員變成能改變世界的人，你還需要一個行動計畫，一張實現目標的藍圖。沒有計畫，你就不可能實現目標，即使是巧合也不可能（當然啦，中樂透並不包括在內）。

如果你訂定了目標，卻缺乏實現目標的計畫，那麼你的目標就只是個願望。比方說「我想要發財」只是個模糊的願望，一個沒有計畫就註定會失敗的期待。而當我們在某個目標遭遇失敗之後，往往就會讓我們對設定其他目標感到挫折，「為什麼要計畫呢？」我們會問自己，「反正這一次我也會失敗。」

企業目標一般可以怎麼設定呢？有個「**十五一法則**」可以參考。試想你的企業在十年後的樣子，你期望公司達到什麼樣的規模？你的銷售目標是什麼？你的利潤目標又是什麼？你希望能擁有多少市場佔有率？你希望在市場上樹立哪種形象？你想在產業裡擁有什麼樣的聲望？你期望在社會上擁有的形象又是什麼？

一旦你對十年後的企業發展有了願景，請你問問自己：「我們應該在五年後發展成什麼樣子？為了達成目標，我需要完成哪些事？」

先確定你的長期目標，記得內容必須包含具體的描述。接下來，請你思考為了實現目標必須執行的工作。一年後，也就是明年的這個時候，你應該要完成什麼事？請記住，所有的內容都必須詳細說明，你的目標要可以量化、能夠測量，並且能夠實現。

5. 按照計畫進行

如果不照計畫進行，計畫就失去了意義。

一旦你完成了銷售預估，你就可以準備實踐接下來的五大商業策略了。

銷售評估

設定銷售目標的步驟如下：

步驟一：記錄去年的銷售額。

步驟二：減去所有的銷售誤差，包括那些你不期望會再度光臨的一次性客戶的銷售額，和那些你不希望他們再購買產品的既有客戶的銷售額。

步驟三：減去損耗的部分（大約五％到一〇％），比方說搬家、破產或過世的客戶。記得把被競爭對手搶走的顧客也算進去。

步驟四：檢查你的狀況分析，然後根據產業局勢、供應鏈的變化、技術、政府政策和經濟因素進行調整，並了解它們可能會對整體產業造成的影響。

步驟五：加上由宣傳活動所製造的正面效應而提高的銷售額。

步驟六：計算既有客戶的額外銷售額（照顧老客戶）。參見第七章。

步驟七：計算新客戶帶來的額外銷售額（招攬新顧客）。參見第六章。

步驟八：如果你有新產品或服務上市，記得把它們加到你的銷售額裡。參見第八章。

步驟九：考慮合併或收購其他公司嗎？把這些銷售額也加上去。參見第九章。

步驟十：把它們全都加起來，就是你對銷售總額的評估。

這將會是你最可能達成的結果。為了編列預算，你應該謹慎地重新思考每個步驟，找出最壞的可能；當然，你也應該根據最好的可能編列一份預算。（備註：在你設定行銷計畫之前，請先看完這本書，因為接下來要介紹的五大策略，將會讓你深入了解你的企業的銷售潛力）。

第二部

想把營收與獲利做大，你有五個方法

Chapter 4

擴大營收、贏得客戶，就這五件事

本章將概略介紹這五大增加營收的策略，告訴你該如何利用它們幫助企業迅速拓展，而在接下來的第五、六、七、八、九各章，將會分別詳細說明這五種策略。

現在，你已經做好準備，了解了產業的局勢，分析了競爭對手，並且確立了你的目標。你期望自己在十年之後擁有什麼樣的成就？五年後該達成哪些目標？一年後的現在你必須做到哪些事？

你對自己已達成的目標感到滿意，所以決定放鬆並慶祝一下。你已經完成了很多工作，也從中學到許多事，你的確該對自己的成績和所學到的知識感到驕傲。

接下來呢？

有很多人就是在這個時候發現自己遇上了難題。他們對自己所處的產業擁有全面性的了解；也找到了目標市場，決定了銷售目標；他們只是不知道該怎麼實現自己所設定的那些崇高目標。

事實上，只有五種策略能幫助你拓展事業，也只有這五種策略能幫你提高銷售額，它們是：

1. 將更多相同的產品賣給同一群人（購買市佔率）
2. 將更多相同的產品賣給不同的人（招攬新顧客）
3. 將更多不同的產品賣給同一群人（照顧老客戶）
4. 新產品研發和上市（推出新產品）
5. 合併或收購其他企業（合併或收購）

1. 購買市佔率

將更多同樣的產品或服務賣給既有目標市場的行為，通常被稱為**購買市佔率**。這麼稱呼不是沒有道理的，想要賣更多產品給同一群人，你就必須從競爭對手那裡爭取到更多顧客。

這麼做非常花錢，而且通常代表你必須降低產品的售價，同時提供高品質、好服務和低廉的價格。或是你必須投入更多的廣告和宣傳經費，吸引更多人放棄現在所使用的產品，轉而嘗試你的品牌。

2. 招攬新顧客

想要把更多的產品或服務賣給不同的市場也很花錢。每當你想**招攬**新顧客的時候，就必須在新的市場裡，為你的企業和產品創造知名度與信譽。

假設你現在的服務範圍在北達科他州，但是也想把業務拓展到南達科他州的話，你就必須讓所有南達科他州的人都知道你是誰，你代表了什麼，產品特色和功能又是什麼。你可能需要教育南達科他州的人，讓他們知道，為什麼北達科他州的人都會聰明地選擇產品，並且讓你成為當地的領導品牌。

3. 照顧老客戶

這是最簡單也最省錢的一種策略。

儘管招攬新顧客對維持企業長期的銷售業績非常重要，但**照顧**老客戶卻是個更有效的方法。統計顯示，招攬新顧客的銷售成本，要比銷售給老客戶的成本高出十二倍。因為你的老客戶已經很了解你，所以不需要對他們創造知名度和信譽。他們已經非常信任你了。

4. 推出新產品

新產品對維持企業體質的健康非常重要，它們取代了那些銷售量下滑的產品，從新的市場為你賺取利潤，同時能讓你的企業成為產業創新者之一。

但是它們也有風險，根據統計，每年都有一萬種以上的新產品問市，然而大多數在第一年就會失敗，產品推出前三年的失敗率也超過八〇％。

5. 併購或結盟

合併或收購可能會帶來許多新的機會，為你的企業增加收入。透過合併或收購其他企業的方式，你往往可以同時實施其他四種策略。

收購競爭企業能確實提高你的市場佔有率，將更多相同的產品賣給同一群人。它還能拓展你的市場，將更多同樣的產品賣給不同的人。或者，它也能為你提供一個將不同的產品賣給你的老客戶的好機會。

一旦你對企業的目標有了明確的認識，而你也想知道該怎麼實現這些目標的話，你就已經掌握了實現目標的工具了。

讓我們在接下來的五個章節裡，逐一進行詳細的分析。

Chapter 5【擴大市占率的方法】

成為市場龍頭，
你的利潤會比同行高很多

在森林裡，大猩猩統治著它的王國。在市場上也一樣，如果你可以成為某個產業的霸主，就能享有許多優勢。然而，你該如何成為市場上的領導品牌呢？你需要花錢，而這就是為什麼我把它稱為「購買市佔率」的原因。想要購買市場佔有率，有兩種方法：

1. **大打折扣**
2. **大肆宣傳**

還記得關於品質、服務和價格的原則嗎？假設你提供了優質的服務，以及高品質的產品，根據品質、服務和價格原則，產品售價就必須提高，否則將會造成虧損。

現在，假設你繼續提供優質的服務和高品質的產品，卻降低了產品的售價。是的，這麼做一定會虧本，但是你卻能贏得許多新的客戶。沒錯！你剛剛為自己「購買」了市場佔有率。

或者你也可以採取另一種做法，把產品的保證期從一年延長到三年。這個方法能夠吸引潛在顧客，並且把他們從競爭對手那裡搶過來。但是這個方法對你的企業的長期發展來說，也同樣會造成成本上的負擔。

無論什麼形式的折扣，例如降價、延長保固期限、提供折扣或提供更好的信用付款條件等等，都是「購買」市佔率的方法。

現在，請假設你大幅增加了宣傳經費。你在產業雜誌上展開宣傳活動，每隔一個月刊登一次廣告，並且伴隨一系列的直接郵寄廣告，以及電話銷售活動。

突然間，你發現自己開始大受歡迎。那些過去不曾考慮使用產品的顧客，現在卻爭相吸引你的注意。猜得到嗎？你剛剛「購買」了市場佔有率。

雖然你的銷售額出現大幅成長，但是你知道你花了多少經費嗎？所有的宣傳費用都會削弱你的利潤。不用緊張，這些都只是暫時的影響。從長遠的角度來看，這麼做還是值得的。

領先品牌可以大賺兩倍

儘管購買市場佔有率需要很多資金，但**市場的領導者卻往往能擁有無窮的優勢。市佔率最高的企業，通常能累積最多的市場經驗，和市佔率較低的企業相較，也能因為規模經濟的優勢而節省下更多成本**。領導者往往能在市場上享有極高的聲望，除了經常是產品售價的主導者，還能輕鬆找到銷售管道、涵蓋廣大的區域，也能自由選擇拓展新市場。

研究證明，擁有最大市佔率的領導者，能為企業帶來豐厚的利潤，因為相對較低的成本和高銷售額，都能夠提高利潤。**在某個領域中的領先品牌，通常能夠賺到其他類似品牌兩倍左右的利潤**。

這意味著只要能成為小森林裡的「大猩猩」，你就可以賺得更多。不過，雖然較大的市場佔有率擁有許多優勢，市場領導者的生活卻並非總是充滿歡樂和榮耀。領導者必須面對各種危險，並始終保持警覺。

大猩猩經常會遭到來自競爭者的挑戰，它們就像成群結隊的蜜蜂，每一隻都會攻擊大猩猩，因此大猩猩必須作出最快的反應。這些威脅包括了產品的革新，例如諾基亞和愛立信的數位手機技術，取代了摩托羅拉的類比電話王朝；產業趨勢，例如Levi's的嬰兒潮形象，被湯米‧希爾費格（Tommy Hilfiger），和凱文‧克萊（Calvin Klein）等流行品牌所超越；或是對競爭對手的估計錯誤，例如席爾斯百貨（Sears）低估了折扣商店Kmart和沃爾瑪（Wal-Mart）的競爭力。

最早進入新市場的產品，通常能獲得最多消費者的關注，並成為市場的統治者。但是，如果你不是最早進入市場的產品怎麼辦？

想要在成熟的市場中取得更多市佔率最有效的方法，就是同時提供好品質、好服務和好價格。而這通常代表了你必須在價格上提供折扣。

折扣通常包括以下幾種形式：

- 降低售價（例如特賣活動）
- 提供動機（例如贈品）
- 提供折扣（例如優惠券和折扣）

- 提供產品保固和售後服務（例如將四年五萬英哩的產業標準維修保固期，延長為十年十萬英哩）
- 放寬信用付款條件（例如現在購買明年再付款）

做一隻大猩猩

- 想要賺取更高的投資報酬率，可以在許多較小的市場區隔中佔據領導地位，而不是成為某個較大市場中的小廠商。
- 一項研究發現，市場佔有率超過四〇%的企業，能夠賺取三二%的投資報酬率。
- 相反的，那些只擁有二〇%到四〇%市佔率的企業，投資報酬率則會降至二四%。
- 而市佔率低於一〇%的企業，平均的投資報酬率則只有一三%。
- 這個規則也同樣適用於企業的單一產品市佔率。

資料來源：行銷科學協會（Marketing Science Institute）

企業現場　市佔率攻防戰

D&S / Davians 食品公司，是由大衛・卡瓦夏尼（Dave Kwarciany）和薇薇安・卡瓦夏尼（Vivian Kwarciany），在約五十年前所創辦的一家自動販賣機服務公司。這家現在由他們的子女所經營的公司，為威斯康辛州東南部的企業提供自動販賣機租賃和供貨的服務。

司機會在凌晨四點抵達公司，將卡車裝滿當天客戶訂購的氣泡飲料、三明治和糖果，然後按照路線為顧客的自動販賣機補充商品。

D&S / Davians 是當地自動販賣服務的領導品牌，擁有約二〇%的市場佔有率。

當一家大型的全國連鎖企業決定進入這個市場時，D&S／Davians就開始為爭奪市佔率做準備。這家全國連鎖企業能夠提供和D&S／Davians相同的糖果和氣泡飲料（品質），以及同樣的服務水準（服務），然而它所開出的兩年產品合約價格，卻比市場價格低了約一〇％（價格）。

簡而言之，這家全國連鎖企業能同時為顧客提供品質、服務和價格優勢。

在激烈競爭的威斯康辛州東南部，這家大型的全國連鎖企業，一度佔有六％的自動販賣機服務市場。它低廉的價格，和極具競爭力的品質和服務吸引了許多顧客，D&S／Davians的市佔率因而下跌了三個百分點，成為一七％。

兩年之後，當這家大型全國連鎖企業的合約逐漸到期，它試著提高新合約的價格，以便能從既有的客戶身上賺到錢。

D&S／Davians乘機展開一波積極的宣傳活動，強調他們的服務品質，以及身為「當地替代廠商」的特點。市佔率因而上升到二二％，比連鎖店剛進入市場時還高出兩個百分點。

在此同時，大型連鎖企業的市佔率卻開始逐漸下滑，雖然它的市佔率最後維持在四％左右，然而卻也比剛進入威斯康辛州東南部時的零市佔率多出了四％。它在這兩年裡承受損失的能力，讓這家大型連鎖企業在市場上站穩了腳跟，而它那極富侵略性的宣傳技巧，也讓它成為威斯康辛州東南部的自動販賣機服務供應商之一。

什麼時機辦特賣活動最有效？

對零售商而言，特賣活動是最能提高產品銷售量的方法之一。無論是對一般消費者還是對企業的銷售，無論產品是日常商品還是需要客製化的服務，特賣活動對任何企業來說都是一種很有效的手段。特賣活動可以吸引顧客，提高產品的流動率，對現金流也很有幫助。

市場競爭使特賣活動成為爭取市場佔有率非常重要的因素之一，當賣方採取更積極的行動以降低庫存量並提高收入的時候，顧客就會變得對價格和特賣活動特別敏感。

特賣活動在以下的幾種狀況時舉辦最有效：

1. 競爭對手正在舉行特賣活動

這會在顧客的心中形成一種「特賣心態」。如果你所處的產業中，有好幾家企業都在進行特賣活動而你卻沒有的話，那些潛在顧客可能會問：「為什麼你不舉行特賣活動呢？」並認為產品是以原本的價格銷售。因此除非當你舉行特賣活動，否則他們將會對購買產品有所遲疑。

2. 你願意接受較低的利潤，以換取更多的銷售量

有的時候，市場佔有率比利潤更重要。如果你能利用特賣活動招攬到新的顧客，你就有機會販賣更多的產品，除了能用來支付宣傳成本，還可以賺到不少收入。想利用這個辦法，你可以從供應商那裡得到幫助。透過大量採購的方式，你將能從供應商身上取得較大的折扣，接著在舉辦特賣活動的時候，你就可以將這些折扣轉移到顧客身上。

3. 你想減少庫存，提高淡季的銷售量

你的貨架都堆滿了，倉庫裡也全是貨物，而你不久前又訂了一批新貨，因此你希望能趕快把那些庫存處理掉。較大的折扣（至少要打九折，當然打到八折或七折會更好）可以讓這些存貨快速流通，因為將這些貨物堆在倉庫裡往往需要更多成本，也代表你把可以用來購買更多、流通量更大的商品的資金，全都綁在庫存上了。

4. 你企圖吸引新的顧客

這是你擴大市佔率真正的機會。特賣活動能夠引起注意，讓潛在客戶認識產品，也可能會吸引一些在其他情況下不會購買產品的潛在顧客。特賣活動的廣告和宣傳，是讓消費者更了解你的品牌的另一個好方法。而品牌認知正是消費者購買產品最重要的原因之一。

舉行特賣活動或大打折扣時：

1. 請確定你的折扣商品有足夠的庫存。如果商品庫存不足，也應該為顧客提供可以延期使用的折價券。
2. 你必須大肆宣傳特賣活動以吸引原本不屬於顧客，因為你不只想為那些經常向你購買產品的老客戶提供折扣。特賣活動最主要的目的，還是在吸引新的顧客，好為企業增加市場佔有率。
3. 所有的特賣活動都必須要有理由。單純的舉行特賣活動不但無法讓顧客覺得他們佔了便宜，相反的，他們會認為那顯示了你原本的定價過高。

找個好理由，讓消費者願意買單

為了提高市佔率而對產品或服務提供折扣特賣，將會對消費者造成重要的誘因，讓他們放棄原有的品牌，轉而購買產品。但是無論你的廣告多麼精彩，也不管你招攬了多少顧客，如果產品賣不出去，這個特賣活動就算失敗。

不可否認的，你必須把產品賣出去，否則就浪費了宣傳經費。只有當顧客覺得他們佔了便宜的時候，產品才可能賣得出去。因此當你進行特賣活動時，一定要找一個值得讚歎的理由，讓顧客相信這是一次難得的機會，藉此刺激他們向你而不是競爭對手購買產品，並且讓他們立刻採取行動。

這裡有五個舉辦特賣活動的理由，可以幫助零售商招攬顧客，賣出更多產品。對非零售商來說，這些理由也同樣適用。

1. 整車特賣活動

這個零售概念，同樣也適用於企業對企業銷售的廠商。你要做的，是跟你的主要供應商合作舉行這種特賣活動。在你的店裡的停車場上停一輛大貨車，然後在貨車周圍堆放一些印有供應商名稱的紙箱。同時，你也該在店裡展示該項商品，當某位顧客決定購買這項產品的時候，你甚至可以請他到貨車停放的地方去取貨。

你可以立一個大看板，隨時顯示每種商品的剩餘數量。同時也應該透過媒體廣告、郵件廣告和大量的廣告看板，來宣傳你的特賣活動。你還可以租一輛廣告拖車，然後把它停在路邊。

顧客會認為你是因為一次購買了大量的貨物，所以降低了進貨成本，而你的特賣活動，則是將你得到的好處分享給他們。

2. 淡季特賣活動

每個企業都有淡季，在這段期間裡，顧客的數量非常稀少，讓你覺得不開門做生意反而可能比較好。這種情況可能出現在星期四，也可能出現在某個季節，比方說整個夏季。

你可以在淡季裡辦點特別的活動。你的「週四大特賣」或「暑期大特價」可以對某些特定商品提供特別的優惠，或者是直接對你所有的產品打折。

你可以利用櫥窗和店內看板宣傳你的「週四大特賣」，寄發郵件到老年中心、家長會，和其他有空在淡季購物的團體。

舉辦「暑期大特價」可以鼓勵習慣提前購物的消費者，在價格上漲之前先買好需要的物品。這個方式不但能在淡季增加產品的流通率，也有助現金的流動。

3. 生日大特價

另一個適合零售商的想法是，在客戶的生日當天或生日的那一周，為他或她提供優惠（比方說打九折）。這個方式可以提高消費者對企業的好感，也有助產品的銷售。

你可以利用店內的看板宣傳這個特價活動，或是將廣告摺頁跟購物收據一起裝進購物袋裡，甚至特別在你的廣告裡強調這個活動。

生日大特價的另外一個版本是「生日俱樂部」。讓顧客填寫一份包括他們的出生日期在內的表格，然後在他們生日的前一周左右寄一封邀請函給他們，請他們到店裡領取一份免費的禮物，或者是享有特別的折扣，同時強調這是專門為他們提供的折扣。

免費宣傳：設法讓當地報紙的一位專欄作家加入生日俱樂部，然後讓他寫一篇關於他如何在生日當天，在你的店裡獲得免費禮品的故事。另外，你也可以寫一篇關於哪一天過生日的人最多的文章。

4. 本週／本月特價商品

你可以在每一週或每個月份，選擇不同的商品進行特賣活動。請記得對特賣商品提供非常深的折扣，好吸引顧客一週接著一週，一個月接一個月不斷上門採購。

這種做法通常可以創造出很高的產品銷售量，因為上門的顧客往往會在購買這些打折產品之外，順便購買許多其他商品。

你應該大肆宣傳特價商品，同時也一定要記得在你的廣告和直接郵件裡，強調每週或每個月的特賣商品和它們的超低價。

5. 銀髮族特價日

你想不想把注意力集中在一個擁有相當積蓄，又經常被忽略的目標市場上？銀髮族通常擁有較多的彈性時間，因此最適合成為淡季時的目標客群。在銷售淡季時，你可以選擇每週的某一個早晨，為年長的顧客提供折扣。

你可以在銀髮族俱樂部、老人中心和銀髮族刊物裡宣傳這個活動。在五月（銀髮族月）時，你也可以請當地的報紙寫一篇報導，宣傳你富有「人情味」的忙碌銀髮族大特價日。

打折是購買市場佔有率的方法之一，但如果你並不想降低產品的價格，卻還是想提高企業的市佔率，就必須為顧客提供一些理由，讓他們離開競爭對手，改選產品。

贈品有用，但不能當萬靈丹

每個人都想得到免費的東西。贈品可以營造出免費的感覺，並且為購買的行為，創造出一種超越產品本身價值的理由，這就是一種提供購買動機的方法。

因為你提供了一些額外的贈品，所以贈品也算是一種打折的手段。「買一送一」真正的用意，是吸引你同時購買兩件同樣的商品。如果你真的買了，那麼你在每件商品上的花費就只有原本的半價，也就等於享有了折扣。

贈品（通常也稱為促銷）為顧客提供了直接的誘因，透過額外的贈品，創造出立即的銷售，因此聰明的行銷人員，會把它當作大眾媒體廣告的另一種替代方案。由於目標市場的區隔程度不斷提高，附贈贈品也提供了一個將顧客、經銷商或你的企業本身的業務員，全都聯繫在一起的機會。

贈品是宣傳中成長最快的一種形式，比媒體報導、廣告行銷或直銷宣傳都要快。導致這種情況的原因可以分為好幾種。

首先，消費市場的區隔程度越來越高，使用贈品宣傳行銷不僅能細分出各個市場區隔，也提供了更精確瞄準目標市場的方法。

其次，贈品比在媒體上打廣告更可靠。使用貨品條碼掃描技術的零售商，能夠迅速而精確地追蹤宣傳成效。同時，製造商也非常喜愛在零售時使用贈品，因為在品牌不斷增加（每年都有兩萬個新的消費者品牌被引進市場）的狀況下，媒體廣告的影響力也正在下滑。

從日常用品到齊特琴，贈品和行銷宣傳在所有的產業裡面，都已經存在了好幾個世紀。然而最早的優惠贈品，卻是從失敗中誕生的。早期所有的肥皂都沒有包裝，雜貨店在賣肥皂的時候，會從一整條肥皂上切下一塊一塊的肥皂出售。後來有一位肥皂製造商班傑明・巴比特（Benjamin Babbitt），決定要用紙來包裝他生產 的Bab-O 肥皂。但是女性並不接受巴比特這種多此一舉的做法，因為她們不願意花更多的錢買包裝紙，所以有包裝的肥皂賣得並不好。

因此，巴比特決定讓包裝紙和肥皂一樣有價值。他開始提供將二十五張肥皂包裝紙寄回公司，換取一張吸引人的彩色印刷卡片的方案，產品的銷售量也因而提高。不久之後，他開始要求使用者額外加寄一筆費用，而這筆費用正好可以用來支付彩色印刷的成本。

十九世紀後期時，包括高桅橫帆船到劇院的演唱者的圖案在內，印有任何圖樣的卡片都被用來做為促銷的贈品。隨後在二十世紀初期，優惠券開始取代贈品，成為最主要的促銷形態，而且直到現在為止，仍是各家廣告商最常使用的促銷方式。另一方面，從一九五〇年代開始，雜貨店開始利用贈品兌換券做為建立市佔率，維護顧客忠誠度的工具。而在一九六〇年代，儲蓄和貸款業務也擴大了優惠的運用形態，藉此招攬更多的新存戶。

現在，你可以在任何地方找到促銷活動。企業會將促銷活動和其他各種宣傳方式結合，大眾媒體廣告裡可能會包括優惠券，或寄回給製造商換取折扣的廣告。直接寄送的廣告郵件裡面，可能包含了一份免費的試用品。廣告禮品會在貿易展覽上免費贈送；而雜貨店裡的貨架上，則擺滿了各種優惠商品。

寶僑公司在網路上架設了一個互動網站，用來重新宣傳它的飛柔洗髮精。寶僑首先建立了一個新的網站（www.pertplus.com），以提升品牌的知名度，同時發送免費試用品，藉以進一步了解該網站的使用者。在兩個月之內，共有超過十七萬人次瀏覽了這個網站，並且有八萬三千人索取了飛柔的免費試用品。

電影也同樣很受搭配銷售的促銷方式青睞。玩具和各種電玩遊戲往往會根據賣座電影的角色進行設計。由迪士尼動畫所製作的電影《怪獸電力公司》，就從和麥當勞、百事公司，以及家樂氏玉米片（Kellogg）的搭配行銷中，創造了八千萬美

表四　贈品行銷範例

對顧客而言	對貿易商而言
樣品	樣品
優惠券	貿易展
優惠	貿易補貼
競賽/抽獎	競賽
折扣	折扣
超值組合	銷售點展示
培訓/研討會	培訓/研討會
廣告禮品	廣告禮品

元的銷售額。

儘管行銷宣傳和贈品的優點很多，卻不能用來取代其他的宣傳手法。事實上，這兩種促銷方式往往被當視為其他宣傳形式的輔助工具，原因在於促銷所帶來的收入只是暫時的。廣告、直銷和個人銷售等方式，可以在顧客的心中建立品牌意識，樹立品牌的信譽，為產品或服務帶來長遠的正面效應，而促銷活動則是希望為顧客提供立即購買的理由。換句話說，促銷的目的，是在很短的時間之內，讓你的企業的銷售額能迅速提高。

促銷的短期效應，會讓企業的銷售額迅速增加，然而在這些賣出的產品或服務之中，有許多仍然出自無論有沒有促銷活動，都會購買該項商品的客戶貢獻。他們只是利用促銷的機會，提早採購原本就需要的東西，因此他們將會有更長一段時間，都不需要再採購相同的商品。你的企業銷售額，也就因而遭受影響，在促銷活動結束之後，下降到比促銷前更低的水準。

你舉辦促銷活動的期望之一，是希望它也能為你吸引新的顧客，並進而將他們轉變成老客戶。在圖七的例子裡，銷售量從原本每單位時間的五十件商品，因為促銷活動的舉辦而快速增加到每單位時間七十五件商品，當促銷活動結束之後，銷售量又很

圖七　促銷活動的典型效應

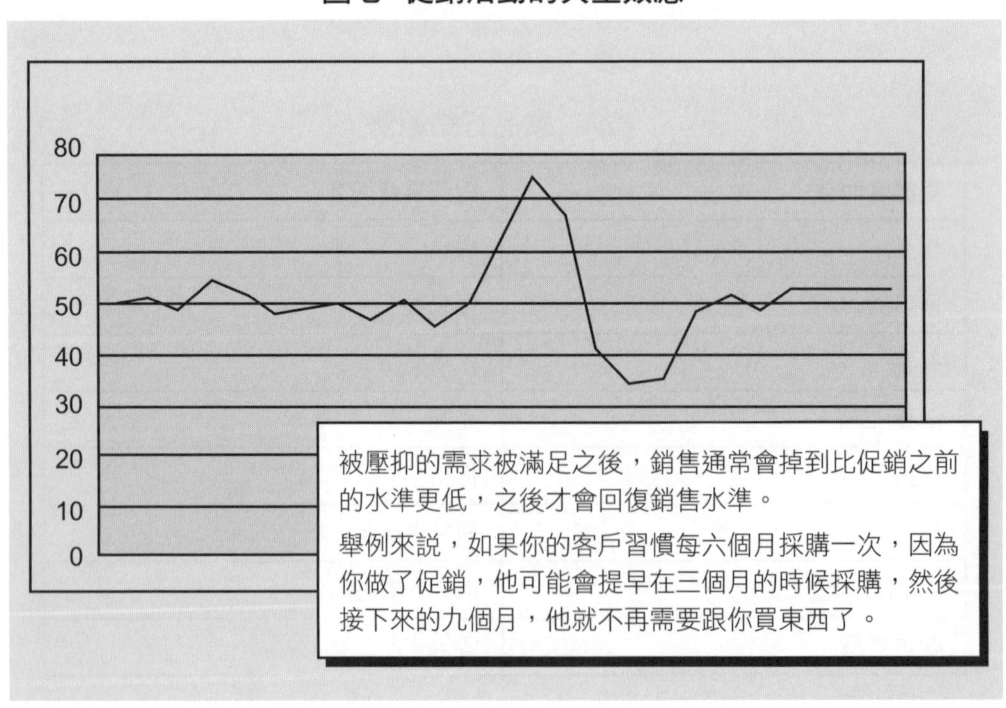

快降到比促銷之前更低的水準。經過一段時間，部分消費者再度購買了該項商品，使銷售量提升到每單位時間五十五件的水準，也就是說有部分新顧客變成了老客戶。

廣告禮品

廣告禮品是指那些印有你的公司名稱和商標，被稱作小玩意、便宜貨或小擺設的鋼筆、筆記本、鑰匙圈、咖啡杯和體育用品的配件等等。

廣告禮品與優惠贈品不同的地方在於，優惠贈品要求購買的動作，而廣告禮品則是免費贈送的物品。

交叉宣傳

你可以和非競爭對手進行品牌合作，宣傳其中一個品牌，或同時宣傳兩者的品牌。

舉例來說，為當地的體育賽事門票支付印刷費用，並在門票的背面印上你提供的優惠，例如「憑門票送小擺飾」，或「光臨我們的網站參加抽獎」等等。

試用品與樣品，讓消費者很難對你說「不」

試用品或樣品是讓顧客對你的商品產生興趣，並且幫助你取得市場佔有率最主要的方法之一。

試用品可以把產品直接送到你希望接觸的顧客手裡，也是讓顧客熟悉產品非常有效的方式。同時，試用品也是幫助使用者了解產品優勢的理想選擇。

行銷人員都知道，與其光靠打廣告或提供折扣宣傳某項商品，對目標客群提供免費的試用品更能提高消費者購買該產品的意願。為什麼不呢？試用品能讓顧客立刻感到滿意，使用這種方法，也可以讓消費者無需負擔任何風險，就能決定是否喜歡某項產品或服務。

根據**研究顯示，消費者認為試用品是評價新產品的最佳途徑**，比口碑、優惠券、廣告、遊戲或比賽更有效。如果試用過的人喜歡某項產品，十個人之中通常有七個會因此而改變購買的品牌。

試用品能夠為產品創造極大的信譽，因為顧客們明白，如果企業並非全力支持某項產品，他們就不會把產品做成試用品送給消費者。試用品所代表的意義是：「我們推出了一項新產品，它非常的棒！因此我們希望你也能試用一下，感受它的優良品質。」

試用者的罪惡感

每個人都希望拿到免費的東西。然而出人意料的是，大多數的人都會為此感到罪惡。我們的潛意識認為，如果我們獲得免費的東西，就似乎有責任應該花錢來購買它。因此當我們收到免費的試用品時，就會忍不住要求自己購買該項產品，以此作為補償。

想想你最後一次在賣場裡接受試吃品時的情形。東西的味道不錯，遞試吃品給你的女士也很親切，所以你決定買下那樣產品。你可能原本並不想買它，也或許它並不是你經常購買的品牌。但是因為你接受了試吃品，所以基於禮貌，你還是把它買了下來。

許多企業會透過試用品測試市場的反應，以決定是否推出新產品。寶僑不會在沒有讓試銷市場測試過試用品之前，就讓新產品上市。當然，並不只有新產品才能提供試用品，在以下的五種情況之下，你也應該考慮贈送試用品：

1. 當你需要吸引新的顧客時

許多年以來，高能量的穀物棒一直都是背包客和運動員的主食之一，但是當製造商開始積極提供試吃之後，這些穀物棒也從健康食品店走向了超市的貨架。

2. 當你需要改變顧客的觀感時

當你面對一位冷漠、抱持懷疑的態度，甚至懷有敵意的消費者時，你或許可以提供免費的試用品。你有機會藉著試用品的贈送，讓消費者認識產品，並且改變他們對產品某些先入為主的看法。

你是不是剛剛才進入這個市場？讓潛在顧客試用產品，將有助於降低他們對產品的疑慮。產品可能因為價格過高而無法提供試用品嗎？何不讓潛在顧客試用一個月。我自己不久前才在考慮是否該換一張新的床墊，店經理告訴我他願意把床墊送到我家，而且我無需付款，也沒有非買不可的義務。一個星期之後，我發現了兩件很重要的事，首先，我的確需要一張新床墊，其次，這張新床墊太軟了。店經理的回答是沒問題，而且還幫我換了一張比較硬的床墊。再過了一個星期之後，我買下了那張床墊。

3. 當你需要創造客流量時

一般而言，贈送試用品最好的時機，是在顧客已經打算買東西的時候。你的供應商或許很樂意為你提供試用品，因為他們知道，這麼做更容易讓顧客的回報心理轉化成實際的購買行動。

你可以連絡幾家供應商，詢問他們是否可以提供一些試用品。對你來說，這是一種可以增加客流量，又不必對你的正常商品大打折扣的低成本方案。同時也是一種招攬新顧客，提高市佔率的簡單方法。

4. 當你需要展示產品的新用途時

當銷售食鹽替代品的黛西太太（Mrs. Dash）品牌，希望鼓勵顧客將產品做為披薩的調味料選擇時，它為波波里（Boboli）所出售的披薩麵團，提供隨麵團贈送的免費試用品。這樣一來，顧客就有機會在他們購買的披薩麵團上使用這種產品，讓達西太太和波波里兩家品牌，在產品知名度和銷售額上都出現了顯著的提升。

5. 當你想鼓勵顧客購買更高價的產品時

「現在你已經擁有了免費的基本積木組合，你想要購買這一套豪華組合，或是這個可以輕鬆攜帶的積木箱嗎？」

樂高玩具公司經常把它所生產的積木，包裝成簡單的初學者組合贈送給消費者。它希望在你玩過一陣子的基本組合之後，會有興趣購買那些更複雜的組裝玩具（當然，你也必須支付相對複雜的金額）。

如果你想透過試用品來吸引新的顧客，就一定要向消費者宣傳這件事。因為把試用品提供給那些已經會購買產品的客戶，並不能達到宣傳的目的。你當然應該給那些老客戶一點獎勵，但是你最終的目的，還是希望能吸引新的顧客。

企業現場　麥當勞迎戰溫蒂

當溫蒂漢堡推出知名的「牛肉在哪裡？」廣告時，麥當勞立刻感受到了它帶來的影響。這個聰明的宣傳手法，讓溫蒂的業績出現顯著成長，而麥當勞的銷售量則急速下滑。

但是，麥當勞也有賣百分之百純牛肉的漢堡，因此公司的管理階級必須找到方法，消除顧客心中只有溫蒂漢堡裡才有牛肉的觀念。

麥當勞希望讓顧客明白，它的百分之百純牛肉漢堡到底有多棒。因此我們決定在店裡烤一爐漢堡，把它們切成一口大小，然後插上牙籤，請顧客免費品嚐。

隨後的調查顯示，麥當勞漢堡在品質的觀感和顧客滿意度兩方面，都出現大幅度的提升。當溫蒂漢堡還在問：「牛肉在哪裡？」的時候，麥當勞已經為顧客提供了純牛肉漢堡。

讓顧客放心，他才會掏錢

在市場上建立信用的方法之一，是當顧客對產品不滿意時提供全額退費保證，或者是在產品的表現不如顧客預期時，為產品提供維修等售後服務。這個動作表示，這是你對顧客所做的明確或含蓄的承諾，用來向顧客保證他們將會對產品感到滿意，否則你將會為他們解決問題，或是將購買產品的款項退還給他們。

一般而言，產品保固會有一定的時間限制，例如「五年五萬英哩」就是典型的新車保固期。如果某輛車在五年之內，或車輛行駛到達五萬英哩之前（無論哪種情況先發生）發生了任何問題，車商就會免費為顧客解決。

當現代汽車進軍美國市場的時候，消費者對韓國汽車的品質仍然抱持懷疑的態度。為了克服這種疑慮，現代汽車提供了前所未見的十萬英哩保固期，現代汽車的銷售量也因而大幅提高。雖然在前幾年裡，有許多汽車需要在保固期內進廠維修，然而現代汽車不但實踐了承諾，也贏得許多滿意客戶的信任。

產品保固和售後服務能在產品發生問題時為顧客提供保護，並且為使用者提供一種安全感，讓消費者明白一旦產品出了毛病，他將可以獲得全額或部分的退費。這兩種方式雖然有助於說服挑剔的顧客，但如果產品經常出問題，你的企業也將會面對很高的維修成本。

售後服務還有另一項優點，就是能取得顧客的資料和回饋。買家通常需要填寫一張保證卡，然後寄回給製造商以獲得售後服務。保證卡上除了詢問產品的購買地和購買價格，也會詢問與品牌相關的問題、顧客的使用習慣，以及人口統計資料和消費心態等問題。聰明的行銷人員隨後將會利用這些資訊，為顧客提供更好的服務。

比方說，當蓋茲能源產品（Gates Energy Products）公司推出新的可充電電池時，就利用提供二〇美元製造商折扣的方式，鼓勵消費者寄回保證卡。這些由購買者所提供的資訊，隨後成為行銷的利器，讓蓋茲能源跳過零售商，直接將產品銷售給顧客。由於減少了中間成本，不但使產品得以降價，也為蓋茲能源創造了更大的市場佔有率。

放寬付款條件，讓消費者心動馬上行動

信用付款條件是利用錢的時間價值來提高市佔率。如果一美元在今天的價值，比一年後的同一天值錢的話，那麼付款的時間當然是越晚越好。

企業隨時都在利用信用付款條件的優點。管理現金流的經理人會告訴你，只要將付款時間從三十天延長到六十天，就能幫你大幅鞏固企業的獲利。

對許多消費者和企業來說，放寬信用付款條件，可能比小幅的產品折扣更有效果。其中又以不善管理自己的現金流的消費者，特別喜歡這種付款方式。「十二個月後再付款」的付款條件，可能比「打九折」更有吸引力，即使未來

支付產品金額時的最低優惠利率是八%也一樣。

放寬信用付款條件也是你的行銷利器之一，可以用來增加你的企業收入。比方說，當你發現某位顧客的現金流出現問題時，你可以為他提供較靈活的信用付款條件，而非降低產品售價。透過這個方式，你將能維持產品在消費者心目中的價值感。妥善維護價格正當性非常重要，顧客就不會養成期待產品價格下降的習慣。

無論是產品保證、售後服務、製造商折扣、放寬信用付款條件、優惠、競賽、試用品、還是促銷活動，全都是折扣的不同形式。簡單來說，它們都是將顧客從競爭對手那裡吸引過來的方法。這些折扣方案，全都是行銷人員用來將更多相同的產品，賣給同一群顧客，以購買更多的市場佔有率的辦法。

信用付款條件

很多供應商都會提供「十天內賺二%」的條件，也就是說如果你在十天之內付款，就可以享受二%的折扣。

假設你的帳單通常需要在三十天之內付清，如果你提早二十天付清的話，你就可以享受等同於三六・五%的折扣（二十天的二%折扣，相當於一年三六・五%的折扣）。

這對供應商的現金流來說也很有幫助。

如果不採取降低產品價格的策略來購買市場佔有率，另一種購買市佔率的方法，就是增加宣傳經費。事實上，越多人知道你的企業和產品，產品的銷售潛力就越大。

如果你投入的經費比競爭對手多，市場就會開始注意到你所傳達的訊息，最後，產品就會變成消費者「心目中的首選」。當消費者需要做出購買決定的時候，那些他們「心目中的首選」，就會成為衡量消費者是否能「先」想起你的品牌的重要指標。

在麥當勞，我們希望自己的品牌在九〇%甚至更多顧客心中，佔有首選產品的地位。這個數字代表了在進行電話調查時，每當調查人員請消費者舉出一間速食餐廳的名稱，在十個人之中應該會有九個人回答麥當勞。

還記得購買的流程嗎？增加宣傳經費，能讓潛在顧客在進行資料搜尋的時候，首先注意到產品。而在評估其他商品的時候，也會把那些產品跟產品做比較。

提高目標市場的媒體佔有率，能夠幫助你提高產品的市佔率。市場佔有率越高，就越能降低成本，而越低的成本，將會為你帶來更高的利潤。換句話說就是花得越多賺得越多。

現在來了解一下，宣傳的幾種類型：

1. 大眾媒體廣告
2. 媒體報導／公共關係
3. 贈品
4. 直效行銷
5. 個人銷售

大衆媒體廣告，怎麼用最有效？

你該怎麼使用宣傳經費？當企業需要創造更大的曝光量時，大多數的人都會想到大眾媒體廣告。媒體廣告可以讓消費者更容易認出、並記得你的企業名稱，也能提高產品信譽，為你的行銷人員或直銷管道打好基礎。

大眾媒體廣告是由印刷媒體（例如報紙和雜誌），以及傳播媒體（例如廣播和電視）所組成的。相對於傳播媒體，印刷媒體能提供一項重要的優勢，在印刷媒體上，你能夠提供與企業的產品或服務有關的詳細資訊，另一方面，廣播和電視的播出時間則只有六十秒或更短。印刷媒體通常會留在我們身邊，並且在辦公室或家裡逗留很長一段時間。它可能不只被翻閱一次，而且不只被一個人翻閱。

在所有的媒體之中，雜誌是最具有針對性的一種媒體型態。雜誌的種類之多，幾乎包括了你我所能想像的一切類別在內，有針對美食、象棋和玩具收藏家出版的雜誌，也有針對矮個子、高個子，甚至雙胞胎出版的雜誌。

雜誌廣告比電視廣告的回響會更大，因為讀者閱讀雜誌時往往會更專心，而且由於花在閱讀雜誌上的時間較長，讀者會對雜誌產生一種認同感。除此之外，大多數雜誌的再製能力都很強，所以你刊登的美食照片，在雜誌上看起來同樣能令人垂涎三尺。

要注意的是，雜誌也有它的局限性，就是它能接觸到的人比其他媒體少，即使是全球發行量最大的雜誌之一的《電視指南》，在美國也只有一三%的家庭訂閱。另一方面，雜誌的前置期比其他媒體要長，你往往必須在雜誌出版的四十五天之前，就要將需要刊登的廣告完成並交給雜誌社。大部分的雜誌，甚至會要求你在七十五天之前提供你想刊登的廣告。

報紙能成為最常被使用的廣告媒體之一，在於它擁有較強的滲透力，超過七〇%的家庭會閱讀至少一種以上的報紙。

報紙可以提供準確的地域性選擇。除了全國性的報紙、區域性報紙和地方性報紙之外，還有日報、週報，以及針對特定讀者群發行的報紙，另外，它也可以被夾在雜誌裡當作附屬刊物。

展示性的廣告佔據將近七〇%的報紙廣告量，其他的廣告內容，則是由二〇%的分類廣告，和專業廣告與夾頁式的廣告所組成。

由於報紙廣告的前置期很短，因此如果你的廣告訊息必須經常改變，報紙將會是你的最佳廣告途徑。分類廣告通常最短只需要二十四小時的前置期，而展示性的廣告也往往能在四十八小時之內更新。

報紙擁有很高的信譽，人們經常會說：「這是真的，我今天早上才在報紙上看到消息。」

不幸的是，報紙的壽命也很短，沒有什麼是比昨天的報紙更過時的東西了。同時，報紙的印刷品質也不好，報紙使用的紙張會吸收油墨，讓你的廣告出現「暈染」的情形，使照片看起來有些模糊，甚至難以辨識。如果產品是需要吸引人們眼球的食物或汽車等等，那麼這樣的廣告就很難引起注意了。

報紙廣告還容易造成「混淆」，因為日報的內容之中，大約有六五%都是廣告，所以你的廣告必須跟數十則，甚至上百則其他廣告競爭。因為競爭激烈，如果想讓你的廣告與眾不同，可以用大量留白的方式突顯你的廣告，並確保它有豐富的視覺效果。

報紙和雜誌都屬於被動的媒體類型，在這兩種媒體上做廣告的企業，往往假設讀者原本就對自己的產品有興趣。然而對忙碌的讀者來說，如果他們不知道自己需要某樣產品，就很容易忽略這一類的廣告。正因為如此，你需要更具侵略性的廣告媒體，也就是廣播或電視。

廣播是傳播媒體中最受誤解的類型，雖然廣播缺乏電視的視覺效果，但是卻能為有創意的構想提供無限的想像空間。著名的廣播主持人加里森・凱勒（Garrison Keillor），就靠著生動的故事和簡單的音效，創造出一整個小鎮。而且，**廣播最能夠把目標鎖定在特定族群的身上**，因為每一家廣播電台都有一群屬於自己的忠實聽眾（參見第三章消費心理的部分）。而從事收聽習慣調查的公司，也能準確地掌握誰在什麼時候，收聽了哪一個廣播節目。

當然，廣播同樣有它的局限性，有許多人並不會專心「收聽」廣播，而是單純地「聽到」了廣播的聲音。在這種情形下，廣播通常會在人們工作或開車的時候，被當作是一種背景雜音。所以除非你的廣告內容夠精彩，能夠抓住聽眾的注意力，讓他們成為「收聽者」，否則你就必須小心使用廣播。

最具侵略性的媒體類型就是電視。你正在收看一個節目，然而節目卻突然被一段廣告打斷，於是你也看到了廣告的內容。

當然，也有很多人會在這種時候拿著遙控器把電視轉到其他的頻道去，或是把電視調到靜音模式。但是電視仍然是讓產品或服務，在顧客心中留下印象的最佳機會。

當你準備推出一項新產品，或是想把顧客還不明白自己需要的產品或服務推荐給他們時，電視廣告往往能為你提供最好的宣傳效果。如果你有能力負擔大量重複播放的費用，或者能使用容易記憶的口號和廣告歌曲，人們將更容易記得你的電視廣告。

廣告黃頁是一種具有指向性的媒體，換句話說，黃頁不是用來創造顧客的品牌認知，卻能在顧客對你所屬的產品類別感興趣時，提供你的確切地址和電話號碼。在美國有超過六千五百種黃頁，而且數量仍然在持續成長之中。那些新成立的競爭品牌黃頁，為黃頁廣告創造了一個區隔化程度更高的市場。

至於戶外媒體例如公共運輸系統、體育場和戶外海報等，在廣告的效果上互有利弊。相對於許多傳統媒體較低的媒體成本，戶外媒體的優點，包括可以接觸目標客群，增加曝光頻率（想像一下你貼在公車車廂外的廣告，會隨著那輛公車每天在城市裡巡迴，一遍又一遍的重複曝光），而且可以提供更多創意發揮的機會。缺點則包括了覆蓋率的浪費（你的公車廣告可能總是被潛在顧客以外的人看到），廣告文字的空間有限，容易被磨損，和印刷品質不佳等等。

廣告與宣傳

訊息資源公司（Informaion Resources, Inc., IRI）曾經針對廣告和促銷兩種模式，進行過提升顧客對特定品牌支出成效的比較。

ＩＲＩ分析了各種促銷手法，包括店內展示、優惠券活動、免費贈品、競賽、摸彩券、超值組合和包裝等等，與廣告的效果。在總結將近四百項研究調查時，ＩＲＩ發現廣告對銷售量有較長期的影響，而促銷只能對銷售造成暫時性的影響。

其他研究調查也證實了ＩＲＩ的結論。在一項研究中，廣告的邊際成本每增加一美元，只能在短期內增加五美分的銷售額；然而它的長期邊際收益，卻能達到短期邊際收益的三倍以上，也就是一點五美元以上。換句話說，廣告的長期效益往往能證明你的投資是正確的。

媒體宣傳形式清單（部分）

- 宣傳手冊
- 商務卡片和信封信紙
- 時事通訊
- 廣告郵件
- 電話行銷
- 印刷和廣播宣傳
- 廣告製作
- 大眾媒體
- 個人銷售支出（包含訓練在內）

- 貿易展覽
- 銷售點展示
- 廣告促銷
- 黃頁
- 廣告禮品
- 行銷系統資料庫
- 目錄
- 媒體報導和公共關係
- 網站架設和營運成本

- 會員費（貿易協會、商會等等）
- 刊物訂閱（貿易期刊、顧問報告等等）
- 顧客調查問卷和回覆卡
- 慈善捐助
- 贊助體育賽事
- 高爾夫球聚會
- 制服

覆蓋率×頻率＝總收視率

所有的媒體都建立在覆蓋率和頻率兩個基礎上。

覆蓋率是指在觀眾或聽眾群中，有多少百分比的人看過或聽過你的廣告。

頻率則是指他們看到或聽見你的廣告的平均次數。

一般經驗法則指出：覆蓋率能創造知名度，頻率則有助於提高銷售額。

在比較不同媒體的效益時，可以使用以下的公式：

覆蓋率×頻率＝總收視率

這是評估媒體效益的標準。

發揮媒體的長處

讓廣告在媒體上重複曝光，有助於讓潛在顧客記住產品。如果你在報紙或雜誌上刊登了一篇大版面的廣告，記得把它影印下來，然後寄給客戶和潛在顧客。參加貿易展覽時，也請記得把這些廣告放大，並且掛在你的攤位上。當然，也別忘了掛在你的店裡。如果你不經常讓你的企業名稱曝光，它就會像去年的美式足球超級盃聯賽冠軍一樣，迅速被人們遺忘。

在直接寄送給顧客的廣告郵件裡，請重複你的廣告詞。單純的廣告小冊子或企業文化說明，或許很難達到傳播媒體的宣傳效果，但是當你的廣告內容和顧客在傳播媒體上看到的廣告相同時，它不但能強化你的企業的信譽，更大幅提高了重複曝光的次數。顧客越常看到你的廣告，廣告的效果就會越好。

所以，當你對不斷看見相同的自家產品商告感到厭煩時，並不表示顧客也厭倦了這些廣告，因為他們不像你一樣，會經常看到這些廣告。不要害怕一遍又一遍地重複播放你的廣告，當你實在厭煩到無法忍受、想要大聲尖叫的時候，請再把廣告播放一次。

不管你選擇哪一種媒體，你都可以透過有效運用媒體的方式，來擴大廣告的影響力。

舉例來說，如果你有能力負擔連續十二個星期、每週播放二十次，也就是總共播放二百四十次的廣播插播廣告。那麼與其每週播放二十次插播廣告，不如每隔一週，再播放四十次的插播廣告。利用這個方法，你會在顧客心中營造出一種錯覺，彷彿你無時無刻不在他的身邊，並因此提高你的廣告效益。聽眾並不會發現你每隔一週會完全不播放廣告，反而會認為那是因為他們剛好沒有聽到你的廣告。

另一種有效的媒體採購方式被稱為前期投入，也就是在你開始打廣告的前幾個星期，大量重複播放你的廣告訊息，然後再逐漸減少播放的次數。

舉例來說，你可以在前幾個星期裡，強力播出一百次的廣播插播廣告，然後在接

圖八　媒體播放策略

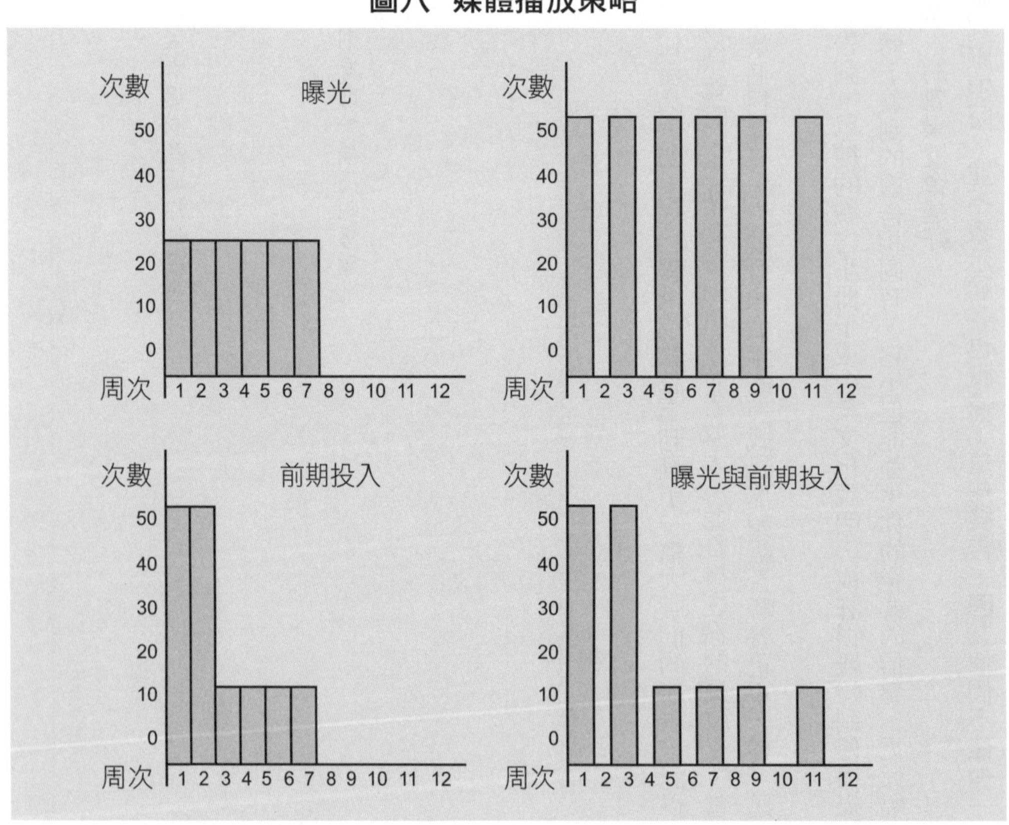

下來的八個星期之中，每週播出兩次廣播插播廣告。或是在前兩個月裡，購買整版的報紙版面打廣告，接著購買四分之一版的報紙版面，再連打六個月的廣告。這兩種做法，都能夠提高你的廣告效益。

媒體報導就是你的免費廣告

無論預算多有限，好的媒體報導往往能為你帶來意想不到的宣傳效果。媒體報導是免費的，而且因為它是以故事的形式存在於報刊中，所以比付費的廣告更有說服力。

如何創造媒體報導的機會呢？因為，編輯和專欄作家必須依賴產業所提供的相關資訊，才能夠掌握最新的發明、設備和方法。所以，你可以透過新聞稿的方式，為他們提供重要的產業訊息。

要想讓你的新聞稿有機會刊登出來，最好的辦法就是幫編輯節省麻煩，把所有的重點（誰、什麼、哪裡、為什麼、什麼時候）放在稿件的第一段，編輯需要調整的內容越少，就越可能會刊登。

永遠要把「即時發布」或「資訊發布」的字樣，和故事發生的日期放在頁首，同時也要記得用大標題總結你想表達的重點。

由於編輯必須依賴你所提供資料的準確性，所以它們必須正確，也不能帶有廣告的色彩。刪除你用來宣傳企業的修飾語或客戶證言，以及那些稱讚自己的形容詞，因為編輯絕對不會把這些東西登出來。編輯明白你發新聞稿的目的是為了宣傳你的企業，但這些資訊**也必須對讀者有好處**才行。

在新聞稿的最前面，一定要註明你的姓名和電話，因為編輯可能需要聯絡你，以確定稿件裡某些資料的準確性。另一方面，編輯也可能對你的故事感興趣，因此想做一篇更詳盡的報導。

別忘了在新聞稿裡附上一張彩色照片，最好是五乘以七吋的大小。跟據市場調查機構蓋洛普的研究顯示，比起沒有照片的文章，有照片的文章的閱讀人數通常會多上八倍。另一個小技巧是，當你提起某個人的姓名時，不妨也標上他的年齡。

什麼事應該透過媒體報導讓公眾知道呢？如果你的公司裡發生了有趣的事，就可以寄一份新聞稿給你們這一行的產業期刊。

- 大部分的產業期刊，都有專門報導新產品或新服務的版面，為顧客提供有用或重要的資訊。
- 如果你有一台可以大幅改良產品的品質或提升運輸效率的新機器，那麼當你將這個訊息告知產業期刊的編輯時，對他們來說，你事實上是為他們提供了一個非常重要的資訊，讓他們可以把消息提供給讀者。
- 新公司開幕、企業擴大規模或是店面重新整修完成等等，都是很好的媒體曝光機會。只要你的公司準備擴大規模，都應該發布新聞稿，提及擴大規模能帶來的便利性和更多的移動空間，以及對讀者，也就是潛在顧客的好處。
- 當你的企業增加一名新員工時，你也可以發布新聞稿。新執行長上任的第一個任務，就是提供一份個人簡歷和一張照片（這些也是員工檔案裡必備的資料）。你所發布的新聞稿裡，應該包括這位新人是誰，他的職務為何，他所期望達成的目標有哪些（你可以在這個部分宣傳公司的專精領域），以及他的詳細學歷、經驗、所屬協會和家庭成員等資訊。
- 當你簽下一份金額很高的新合約時，只要合約的對象同意，你也應該發布一份新聞稿，讓所有的人都知道這個好消息。這是在大眾面前提起你的企業名稱的另一個機會，同時也可以提升你在產業中的信譽。從事相關產業的人會認為你是這一行的專家，否則XYZ公司的亨利不會跟你購買產品。

如果實在沒有什麼事，那就製造一點新聞吧。

有關產業的「預測」通常會是不錯的新聞。例如沒問題電腦設備（Okey Doke Computer Supplies）的總裁喬・多克斯過去曾預言，西元二〇一〇年將可以真正達到辦公室無紙化的理想。「人們將透過傳真機和數據機進行溝通，」多克斯表示，「而電腦將能夠管理我們的家庭，負責醫院的營運等等。」

使用這種新聞的秘訣，是讓新聞稿的聲明聽起來很迷人，甚至有些荒謬，但絕對有其可信度。這種新聞稿也會為稿件中提及的人名塑造出立即的專家形象，因為他做了一項公開的預言，所以他一定是個值得尊敬的智者。每個人都想跟這麼有聲望的先知所領導的企業合作。

另外一種攻占媒體版面的方法，是評論當前的經濟狀況：目前的經濟狀況雖然很好，但是將來卻可能會變差；雖然現在的經濟狀況不佳，但是將來可能會出現轉機。利用一些正確的數據支持你的觀點，並且將大環境和你所處的產業相連結，這樣一來，你就有一份有趣的新聞稿了。

請記住一件事，媒體報導和廣告不同，你無法確定你所提供的故事是否會被採用。你可能花了好幾個星期，甚至好幾個月準備一篇文章，然後把它寄給適合的雜誌或報紙編輯，但是基於某些難以掌控的理由，你的故事卻無法在預期的時間出現在讀者面前。

請保持耐性，因為這是件值得努力的事，由於媒體報導的可信度較高，所以**社論的價值通常比那些付費廣告高出十倍以上**。再說媒體報導的版面或內容的播出，完全不需要你負擔任何成本，這不是太棒了嗎。

直效行銷，讓你收入倍增

每年都有超過三分之二的美國成年人，會使用郵購、電話訂購或網路訂購的方式購買產品，約佔國內銷售總額的六%。

資料來源：直銷協會

電話行銷、廣告郵件、商品介紹節目、購物頻道和亞馬遜網站等等，全都是直效行銷的方式。

當你不想透過經銷商和零售商等中間廠商，希望能直接跟消費者接觸的時候，你就應該採用直銷的模式。透過包含姓名和住址的資料庫，直效行銷運用富有創造力的廣告詞，創造需求，並負責提供服務。

自從蒙哥馬利華德（Montgomery Ward）公司在一八七二年開始提供郵購服務起，郵購服務就成為吸引特定顧客，卻不必把錢浪費在媒體廣告支出上的主要方式之一。此外，媒體廣告是用來塑造人們對產品的態度和看法，直效行銷的目的卻不是如此。直銷能促使顧客做出確切的反應或行為，因此常用「立刻撥打免費電話」、「立刻寄回這張優惠券」、「立刻購買」等溝通訊息。

一個完整的直效行銷活動，有幾個元素：

1. **產品或服務承諾**
2. **客戶名單**
3. **回覆方式**
4. **滿足需求**

產品或服務是你用來交換金錢，或特定消費者行為的一種承諾。這個承諾會讓消費者經歷一連串的決策過程，從關注演變成需求，再從需求轉換為行動。由於這項承諾往往具有一定的時效性，因此也創造出一種急迫感。

在企業對企業的直效行銷中，完成這個承諾通常還需要第二個步驟，「歡迎索取免費的教學錄影帶，並獲得一份精美小禮物」，「到我們的參展攤位參觀，並填寫資料贏新車」，或是「免費試用三十天，並且在下次的訂單中獲得折扣。」

產品或服務承諾，必須要讓顧客無法拒絕。雖然「免費！」永遠是最有效的一種方式，但無論如何，都要記得在大標題中註明產品優勢。

客戶名單對任何一種直銷模式的成功都擁有關鍵性的影響力。你可以利用資料庫系統編輯自己的客戶清單，也可以向專業的調查公司，購買與你所需的顧客人口統計資料和消費心態相符合的名單。

客戶名單的價格，通常以每千名客戶資料為單位，名單資料越詳細，成本就越高。舉例來說，一份美國國內十八到三十四歲的女性名單，每一千個名字可能要花二十塊美金。然而一份包括美國國內十八到三十四歲、居住在特定區域、使用信用卡、同時訂閱至少兩種以上女性時尚雜誌的單身女性名單，每一千個名字的取得成本就可能高達一百美元。

時效性、頻繁性和消費額度（recency, frequency, monetary, 簡稱 RFM）等三種因素，是客戶名單的品質測量標準。一位不久前才透過郵購或其他直銷方式購買產品的顧客，再度使用類似形式購買產品的機率就越大。顧客以直銷的方式購買東西的次數越頻繁，再次購買直銷產品的時間間隔就越短。同樣的，如果顧客花的錢越多，購買產品的預算也可能會越高。如果一份客戶名單的ＲＦＭ越高，你就需要支付越高的金額購買這份名單。

回覆方式也有很多種，包括撥打免付費電話、瀏覽網站、加入會員、向慈善機構或慈善事業捐款、拜訪參展攤位和許多其他行為在內。

但是，你必須準備好接受顧客的回應，因為你不希望讓打電話的人，也就是潛在顧客，在電話線的另一端等太久。同時，你也必須保證行銷活動中的促銷商品，有足夠的庫存量。另外，你還需要一群專業的客服人員，隨時準備回答顧客的任何問題。

直效行銷的最後一個步驟是**滿足需求**，也就是將產品、使用手冊和相關資訊等按時送到顧客手中。滿足需求的商機十分龐大，它的營運據點必須遍布全國，才能為那些缺乏能力將產品、印刷品或資訊運送到客戶手中的企業提供服務。儘管由企業自行提供滿足需求的服務，可以嚴格控管服務的品質，但是將這項服務委外，卻能節省許多成本。

大多數的直效行銷都採取一步法，也就是說服消費者直接下訂單，「立刻撥打**********（一組電話號碼），訂購你的商品！」

但是也有部分企業會採取兩步法銷售產品。第一步的接觸，可能是用來篩選潛在顧客，或是告知消費者企業的發言人希望與他們取得聯繫。比方說，在業務員登門拜訪過顧客之後，通常會再打一通電話，確認顧客對產品是否感興趣。

型錄銷售

有的零售商單純依靠直銷的方式銷售產品。這些廠商並沒有任何實體的店面。如日用服飾品牌 Land’s End，和管理叢書出版商 800-CEO-READ。

另外有些企業會將郵件型錄或線上型錄作為主要的銷售模式，如戶外用品品牌 L.L.Bean，和戴爾電腦公司。

還有一些企業，會把直銷和網路行銷當作店面銷售的輔助銷售管道。例如高價品牌百貨公司 Nieman Marcus，和時裝品牌 Eddie Bauer 等等。

和其他的宣傳方式相較，直銷擁有一項十分明顯的優勢，那就是它的效果是可測量的，回覆率的算法如下：

回覆率＝寄出的郵件數量 ÷ 回覆的數量

如果寄出十萬份郵件，能夠得到一萬份的回覆，回覆率就是一〇％。

如果使用一步法的直銷模式，只需要再加上郵寄的成本，然後減去從訂單賺取的利潤，就能確定你的廣告郵件是否成功。

如果採用的是兩步法，你就必須先把回覆轉換成訂單，單純的詢價如果不能被轉成訂單，詢價的動作就毫無價值可言。假設在一萬份的回覆當中，有兩千份最後變成了訂單，也就是有二〇％的轉換率的話，你的銷售數據就會產生很大的變化。銷售率的算法如下：

銷售率＝寄出的郵件數量 ÷ 訂單的數量

直效行銷最有效的時候，是和其他宣傳方式一起使用的時候。比如說，你先做了媒體廣告，媒體廣告可以提高顧客對產品的認知，所以當宣傳手冊或型錄出現在顧客桌上的時候，她會打開來看而不是隨手扔掉。

直銷非常適合用來維護和拓展既有的客戶。資料庫系統的出現，讓追蹤顧客的行為，例如喜歡的產品、購買的頻率，以及消費的模式等等成為可能，也讓確認每個顧客所能帶來的利潤變得更簡單。

直銷最大的優點在於可解釋性。由於消費者的回應本身就是測量的工具，因此行銷人員能在很短的時間之內，就得知某項產品或服務是否有吸引力、執行的過程是否有創意，以及客戶名單的品質高低。此外，每一項變數都可以單獨進行檢測，因此可以提高成本的效益。最後，由於客戶名單上的消費者是那些最可能回應的人，因此你可以避免支付過高的媒體廣告費。

直銷的缺點之一是，每位潛在客戶的接觸成本很高。廣告郵件的成本，或許會高達每千人三百美元，然而媒體廣告的每千人成本，卻往往只需要二十到三十美元。資訊的混淆也可能造成問題，特別是當消費者必須面對大量的垃圾郵件、泛濫的廣告訊息，以及商品介紹節目和電視購物頻道的無聊內容時。

如果你的目的是不讓經銷商或零售商篡改你的廣告，直接與顧客接觸的話，那麼能獲得直接回應的行銷方式，將可以為你提供許多機會。假設你的廣告是水，大眾媒體就是會把大家都淋濕的水管，而直銷則像是一把水槍，只會把你的目標淋濕。

直效行銷的效益

以下是一個電信產業的直銷效果案例。

某家製造商決定進行兩種不同的宣傳活動。活動A利用主流媒體做行銷，活動B則透過傑出的直銷和電話銷售方式做行銷。兩項活動的成本各為十二萬五千美元，但是活動B的行銷效果不但更好，每一單位的銷售成本也比活動A低很多。

預算分配（千美元）

	活動A		活動B	
廣告	70%	$90	10%	$12
廣告郵件	30%	$35	25%	$32
電話行銷	—	—	65%	$81
總預算	100%	$125	100%	$125

媒體行銷成果

	活動A		活動B	
廣告	219	35%	188	10%
廣告郵件	406	65%	375	20%
電話行銷	—	—	1,312	70%
總效益	625	100%	1,875	100%

大眾媒體廣告通常很難創造明顯的領先狀態，因為它們能傳達的資訊有限。廣告郵件或電話行銷等方式，則因為不受時間（例如六十秒或三十秒的廣告時間）或空間（例如四分之一版面、半版或全版）的限制，反而能傳遞非常多的資訊。

宣傳預算，該怎麼抓？

你所有的宣傳活動，包括廣告、促銷、直銷、公共關係和個人銷售等等都需要花錢。然而，你該花多少錢呢？想知道答案，你就必須了解宣傳預算的不同計算方式。

你該投入多少經費來宣傳？這是個經常被提及的問題。

正確的答案當然是：夠多。

但「夠多」究竟是多少？就必須取決於競爭有多激烈，和你所期望達到的目標了。整體而言，你可以用四種方式決定預算：

1. **可負擔法**
2. **銷售額百分比法**
3. **目標任務法**
4. **媒體佔有率法**

有半數以上的企業，都採用**可負擔法**決定預算，這是指他們會檢查自己的資金，然後再決定有能力負擔的預算金額。接著當下一位伶牙俐齒的媒體業務員，帶著充滿誘惑的報價上門時，企業就會把當月的宣傳經費交給他處理。說實話，這種做法沒有計畫也缺乏策略，只是單純的把能夠動用的經費花光。這樣的宣傳不但缺乏效率，也起不了任何作用。但這卻是多數企業設定廣告預算的方法。

另外業界常見的**銷售額百分比法**就是，將年度銷售額中的部分資金運用在行銷宣傳上。每一年編列預算的時候，企業也可能會比較支出的金額，然後根據去年的行銷支出，來確定明年度的預算。這種確定宣傳預算的方式，就稱為**銷售額百分比法**。

大部分的產業協會，都會刊登根據銷售額百分比法所計算的產業平均廣告宣傳支出。舉例來說，許多製造商在廣告上的支出往往只佔銷售額的二％到四％。而批發商和經銷商的預算，則約佔銷售額的四％到八％。

由於零售商需要接觸更多的消費者，因此會編列較高的廣告預算，一般而言，他們的預算金額約佔銷售額的一〇％到一二％。而麥當勞在全美和各個區域的宣傳和廣告預算總和，甚至高達總銷售額的一六％。

當然，這些比例並非一成不變，那些注重地位和時尚的產業，往往必須在宣傳和廣告上投入更多經費。舉例來說，一家流行牛仔褲的製造商，可能必須將銷售額的二五％花在廣告費上。香水製造商甚至會投入五〇％或更高的銷售額，做為廣告宣傳的費用。就連一般的運動鞋製造商，也會花二〇％以上的銷售額打廣告。

當企業使用銷售額百分比法時，它的行銷預算編列必須依據未來而非當年的銷售額。假設你的企業目前的銷售額是兩百萬美元，但是由於產業的發展非常迅速，因此你預估自己的企業銷售額將會在明年左右成長到三百萬美元。如果你的廣告預算佔銷售額的五％，那麼你應該以三百萬美元為基礎，規畫五％的宣傳預算（相當於十五萬美元），而不是兩百萬美元的五％（或十萬美元）。用這個方式評估預算，你可以將五％的銷售額投資在宣傳上，並且達成三百萬美元的總銷售額。

為了維持你的市場佔有率，你可能必須在宣傳方面投入和主要競爭對手相等的經費。如果想進一步提高或購買市佔率的話，你就必須加強產品的行銷宣傳，而宣傳經費也必須遠高於市場的水準。

如果你想在一個新的區域拓展業務，就不能只依據銷售額的百分比編列預算，因為你還沒有在這個新的區域裡建立起任何業務。在這種情況下，你應該合理地評估在這個新區域裡，你一年的銷售額大約會是多少，然後再依據預估的數據編列適當比例的預算。

另一方面，如果你想引進新產品或服務，也無法按照銷售額百分比法編列預算，因為這個市場還不存在。在這種狀況下，你應該先評估新產品或服務的市場規模，同時合理地預估你在新市場中的市佔率目標。接著再根據銷售額百分比法，來確定你的基本廣告和宣傳預算。

但是，這種計算方式只能為你提供最基本的預算金額。當你推出一項新產品的時候，要記住還沒有人聽說過它，因此你必須編列相當多的宣傳預算（通常應該高達五〇％），來為新產品或服務造勢。

以銷售額計算預算支出百分比

儘管不同的產業對行銷預算佔總銷售額的百分比各有不同的看法，然而行銷支出仍然有其特定的模式。

製造商支出＝二％到四％

經銷商支出＝四％到八％

零售商支出＝八％到一二％

由於製造商的顧客較少，所以不需要花太多廣告預算。零售商在各個目標族群中都有許多顧客，因此行銷預算往往會佔有較高的銷售額百分比。

基本上，所有的人都可以使用銷售額百分比法編列宣傳預算，然而，在決定預算的方式之中，**目標任務法**是最受學者和大型企業廣泛採用和青睞的辦法，以下將進一步說明。

首先，規畫你的銷售目標。接著確認為了達成這些目標，你需要完成哪些任務（這就是它被稱為目標任務法的原因）。你必須詳細列出每一種宣傳方式以及個別的成本，然後再將所有宣傳方式的成本加總，估算出達成目標所需要的預算總金額。

假設有一個銷售額為一千萬美元的零售商，希望能增加一〇％的銷售額。為了達到這個目標，大家都同意這家企業必須對居住在某個區域，原本不屬於它的服務範圍的居民宣傳，提高他們對當地分店的認知度。

這家店回顧了過去的廣告和宣傳預算，並決定把新區域的宣傳重點，放在增加媒體報導和廣告郵件上。這家分店接著設定了必須執行的任務，並分別規畫預算如下：

- 媒體廣告　八十萬元
- 製作成本　六萬五千元
- 廣告郵件（新區域）　七萬六千元
- 當地的媒體報導（新區域）　四萬兩千元

- 調查費用　四萬三千元
- 突發事件預備金（一〇％）　十一萬四千元

總金額　一百一十四萬元

這家企業的宣傳預算總額，由於新區域內的廣告郵件和媒體報導的增加（總計為十一萬八千美元）而有所成長。大致而言，這家企業增加了約一〇％的宣傳費用，希望能促使銷售額提高一〇％。

企業在廣告費用上的支出，將被轉換為該企業在市場上的媒體佔有率。而所謂的媒體佔有率，是指某個品牌針對特定的市場類別，所佔有的媒體支出百分比。三五％的媒體佔有率，指的是在某一段特定的時間之內，各品牌對某一類產品的宣傳費用總和之中，有三五％來自於其中某個品牌。

> **媒體佔有率**
>
> 假設百事公司決定，將明尼亞波里斯市訂為它的下一個行銷目標，並且在當地的軟性飲料市場中提高百事可樂的宣傳費用，使它的媒體佔有率增加到七〇％。這樣一來，如果可口可樂不做出相對的回應，可口可樂在當地的市佔率就會開始下滑。
>
> 政壇的候選人特別重視媒體佔有率，他們會千方百計募得更多的經費，好讓自己的競選廣告曝光率高於競爭對手。

讓我們接下來看看表七的例子。

B公司在市場上的媒體佔有率為三〇％。如果B公司的產品經理，希望提高它的市場佔有率（購買市佔率），就可以考慮利用增加該品牌的宣傳成本的方式，來提高媒體佔有率。

媒體佔有率會讓你的企業直接面對競爭對手，也是在提高市場佔有率的方法之中，最常被採用的模式。其目的是在市場上創造比直接競爭對手更強的聲勢，以及在媒體中擁有更高的媒體佔有率。

無論你用什麼方式決定預算，都應該為突發事件和可能的經費超支預留備用資金。在一年之中，總有某些偶然的機會是你無法放棄的。千萬不要放棄，把你的備用資金用在這種大好的機會上。一般來說，備用資金的百分比，應該佔總預算的七%到一〇%左右。

備用資金還有其他的用途。你應該隨時監控宣傳活動的效益，以確認它是否能協助你達成目標，如果沒有的話，你就可能需要動用備用資金。

你也可能希望用這些資金，來應付某些特殊狀況，例如消費者的需求有了改變，你必須和競爭對手的宣傳抗衡，或是需要實施一項新的市場策略等等。

用戰爭遊戲來預測對手的動作

戰爭遊戲是一種既不符合調降產品價格，也不依靠增加宣傳成本，來擴大市場佔有率的獨特方法。這個詞跟中東問題無關，它之所以被稱為戰爭遊戲，是因為它用來預測的方法論，和軍事上所使用的方法論很相似。

為什麼不呢？企業也有自己的疆土和使命，他們會擬訂各自的策略和戰術，向敵人的領土發動閃電攻擊，好獲得更多的市場佔有率。經理人會訂定作戰計畫，同時下達指示，交由下屬負責執行。他們利用遊擊行銷的戰術，在將產品銷售大軍送上戰場之前，先透過廣告和宣傳活動舖出一條平坦的道路。

聽起來就跟打仗一樣。

表七　宣傳成本與媒體佔有率

品牌	年度宣傳成本	媒體佔有率
A	1200	30%
B	1200	30%
C	800	20%
D	500	12.5%
E	300	7.5%
總類別支出	4000	100%

我們的確在比喻商場的時候，使用到非常多的戰略術語，也許這就是為什麼戰爭遊戲會是如此有效的策略計畫工具。在增加市佔率和阻止他人侵略你的市場方面，它的確是非常有效的工具。

戰爭遊戲讓經理人得以評估顧客和競爭對手的活動，並為展開適當的反擊做準備。它讓你可以針對不同的回應，測試各種不同的可能狀況。戰爭遊戲就像水晶球一樣，可以幫助你預知未來。

大型企業會根據宣傳經費或顧客對價格調整的反應等因素，利用複雜的電腦模擬模型，找出市佔率的可能變化。然而電腦模擬系統的價格十分昂貴，從幾千美元到三萬美元不等。對規模較小的企業來說，一般的非電腦模擬方式，可能更符合預算。

首先，要盡可能把問題描述得很明確。「我對利潤感到不滿意」的說法太過含糊；「有競爭者正在透過新產品侵略我們的市場，」就顯得更確切一些。

接下來，小心組織你的團隊，讓每個團隊同時具備擁有創意的人才和擁有邏輯分析能力的人才。同時，也必須對你的團隊成員提供包括可供支出的費用、市佔率、產能和分銷技術在內的所有實際資料。

模擬所有可能的情況，並鼓勵你的經理人用新鮮、出其不意的方式思考。當你身處在一個奇特的新世界時，你的團隊就可能會找到一種奇特的新解決方案。將你最優秀、最明智的隊員的奇思異想集中起來，共同解決最關鍵的問題。

如果方法使用得當，戰爭遊戲將會擁有非常強的預言能力。這方法也是保衛你的市佔率，或從競爭對手手中奪取市佔率的理想途徑，可以讓你的思考方式變得與眾不同，並協助你在迅速變化的市場中建構並測試相對應的策略。最重要的是，戰爭遊戲能夠讓你在面對未來時充滿信心。

做為五大商業策略之一，購買市佔率是一項需要耐心和足夠資金的策略。同時提供優秀的品質、出色的服務和低廉的價格，是一項非常昂貴的事。降低售價可能會把顧客從競爭對手那裡吸引過來；而增加宣傳行銷的支出，則會讓更多的顧客注意到產品的優點。但是同樣的，你必須為花費大筆支出做好準備。

這麼做值不值得？看你想不想成為產業裡的老大。成為產業裡的領袖擁有許多優勢。只要能成為市場上的領導品牌，你就能輕鬆獲得供應商和經銷商的支持，享受規模經濟、高額的利潤和長期的穩定。

在你盡全力購買市佔率之前，請記得一定要分析長期的收入是否大於付出的成本。

如何進行戰爭遊戲

當A公司聽說從其他州來的B公司，準備在威斯康辛州推出一項新產品時，A公司在威斯康辛州的市佔率為四〇％。A公司決定進行一場戰爭遊戲的模擬，以確定最適當的防衛方式。

A公司將包括員工、顧問，以及熟悉公司的家庭成員在內的人員分成兩組，第一組扮演B公司，第二組則必須設法和競爭對手的優勢進行對抗。

第一組以大規模的宣傳活動展開攻勢，並強調在B公司的總公司所在地，使用B公司品牌產品的人要比購買其他產品的人都多。在經過仔細的評估之後，第二組認為第一組的策略可能會很快威脅到A公司的市佔率。為了和第一組的策略對抗，第二組設計出一個能夠減弱B公司聲明的回應。他們選擇使用「先發制人」的策略。第二組的廣告內容明白表示：「在威斯康辛州，選擇我們的產品的客戶，要比購買別的產品的消費者多。」

A公司立刻在廣告中運用了這個策略，使B公司的產品在威斯康辛州完全失敗。後來A公司從一位媒體銷售代表那裡得知，B公司原本打算採用的策略，正是他們在戰爭遊戲中所預測的策略。

Chapter 6【招攬新顧客的方法】

不斷增加新顧客，保你基業長青

招攬新顧客對維持企業的健康發展十分重要。儘管你已經努力滿足既有的顧客，好拓展你的事業，你仍然必須招攬新顧客。現在的顧客總有一天會棄你而去，無論是因為價格、新的技術、某些不合邏輯的原因（為了能跟打高爾夫球的朋友一起工作，或是為了追隨一位在當地教會工作的執事），或只是單純地因為他們關門了、搬家了或者離開了人世。

每一位顧客最終都會離開，因此，每一家企業都必須招攬新的顧客。

在傳統的觀念裡，打獵是指出門尋找捕捉獵物以養活家人的行為。古人可能需要離家很遠，並運用各種聰明才智尋找獵物。同樣的道理也適用於商業市場。我們尋找新的市場，吸引那些原本向其他供應商購買產品的顧客，藉以維持企業的發展。

利用人口統計資料，幫你找出新市場

在選擇新市場時需要使用到人口統計準則，也就是包含年齡、性別、種族、家庭收入、教育程度、居住地、家庭人口數量等資訊。如果你的企業是為第蒙市的女性提供便宜的商品，那麼你也可以考慮為香柏灘市的女性（不同居住地），提供同樣的低價商品。

同樣的，你也可以考慮把這些便宜的商品，賣給居住在第蒙市的男性（不同性別）。地域和性別分別代表了不同的人口統計準則，而這些準則中的任何一項，都能做為招攬新顧客的標準。

寶僑家品公司的管理階層，面臨必須為它的幫寶適紙尿褲尋找新市場的挑戰。因為幫寶適最主要的年輕媽媽市場不但已經達到飽和，寶僑更發現自己陷入與金百利克拉克的好奇紙尿褲，以及其他領導品牌的高成本市場爭奪戰之中。

於是，寶僑決定投入一個全新的族群：銀髮族市場。寶僑對幫寶適的設計做了適度的調整，並且將產品重新命名為「Depends」，銷售給有大小便失禁困擾的老年人。

同樣的方法也適用於企業對企業的銷售型態，企業對企業銷售的人口統計準則包括員工數量、公司地址、總營收、產業、開業時間、業別（製造商、服務商、零售商等等）。如果你一直都把小型機器賣給那些小型的建築公司，不妨考慮把目標放在大型的建築公司或工程公司上。你是個把鋁合金零件銷售給造船產業的公司嗎？何不試著把它們賣給雪車製造業，以及自行車製造業呢？

在招攬新顧客的時候，記得運用人口統計準則刪除無法獲利的市場區塊，仔細分析該市場區塊（我們的市場、他們的市場，以及大環境）的獲利程度，並依照這些分析的結果，宣傳產品的差異性。

在進入一個全新的市場時，要避免使用：「我該怎麼幫你？」等等開放式的問題，因為它等於是在告訴消費者，你並不了解這個市場。你應該這麼問：「你所面臨的困難是什麼？」這種詢問的方式，能讓你更容易了解問題的關鍵，以及你的企業所有可能提供的解決方案。

一份簡單的市場調查，往往能為你提供打開意想不到的新市場的大好機會，揭露有關競爭對手的大量資訊，更能幫助你進一步了解顧客的需求。剩下的工作，就是如何設法滿足他們的需求，並且將它們轉化成銷售額了。

挖掘新市場，你可能需要新的業務團隊

想成功獵捕到食物，就必須要有好的獵人。然而，因為繼續賣東西給現有的顧客是一件相對簡單的任務，所以有很多業務員都會變成純粹接訂單的人，不斷拜訪相同的顧客，從他們的訂單中賺取佣金。這些業務員並不願意在充滿拒絕的世界裡，冒險打推銷電話給新的顧客。

招攬新顧客或許會需要新的方法，這些選擇包括：

- **聘請獨立銷售代表**
- **雇用獵人**
- **培訓並激勵既有的業務員**

聘請獨立銷售代表

大部分的小型企業，往往請不起有經驗的業務員來幫助自己開拓市場，如果遇到這種狀況，不妨考慮聘請獨立的銷售代表。

一位優秀的獨立銷售代表就像是一個好搭檔，他或她為自己工作，通常代表了包括你的企業在內的許多家企業（這些企業之間並沒有直接的競爭關係），並且為你可能從未見過的顧客服務。

假設你是一家在懷俄明州出售小裝備的企業，當你決定在科羅拉多州招攬新的生意時，你就必須雇用一批業務員，在他們接受訓練的同時付他們薪水。隨後，當他們在新的區域打電話連絡潛在的顧客，試圖說服他們改用產品的時候，你還必須支付一大筆經費，供業務員旅行和交際使用。

另一方面，你也可以雇用一個銷售公司，一位獨立業務員，或是一個已經得到顧客信任的團體，把你銷售的小裝備，加進他們已經在科羅拉多州銷售的商品清單裡。

好的銷售代表就像你在市場上的眼睛和耳朵，他們了解你的新市場、顧客和當地的領導品牌。事實上，你將會成為銷售公司的顧客，以一定的銷售佣金（一〇%的佣金並不少見，某些特定的商品還必須支付更高比例的佣金），購買他們的專業服務和受人信任的名號。

作為一名顧客，你必須了解該如何分辨好的銷售代表公司。有些公司的銷售代表會為了快速賣出產品而敷衍了事，但是優秀的銷售代表，卻會跟他們的顧客建立夥伴關係。

和獨立的銷售代表成為搭檔，可以為你帶來許多好處。他們通常是產業資訊的來源，擁有非常多的策略點子，而且能幫你在不熟悉的領域中招攬新顧客。

成為銷售代表公司的好客戶的四條途徑

1. 選擇優秀的銷售代表公司

你可以從製造商的銷售機構目錄（www.manaonline.org）網站上，找到獨立銷售代表公司的清單。從中挑選幾家公司，然後發一封郵件給他們，詢問他們是否對銷售產品感興趣。接著向那些做出回應的公司索取推荐資料，並聯絡幾家他們服務的知名客戶。最重要的是，你必須跟他們面對面交談，了解他們的個性，以確定他們是否能成為你的企業的優秀銷售代表。

2. 分享資訊

你必須確定銷售代表不但了解你的企業和產品，也知道產品與眾不同的地方在哪裡、什麼賣得好、什麼賣得不好。

3. 讓銷售代表成為規畫時的夥伴

大多數的銷售代表在一個星期裡會見到的顧客，比你一年甚至超過一年的時間見到的還要多，因此你應該藉由他們的眼睛和耳朵，了解顧客的需求。

4. 表達你的感謝之意

你可以偶爾向他們提供一些出其不意的資訊，例如「我剛剛看到這一篇有關我們的競爭對手的文章，我想你可能也有興趣……」

每個夏天，我的父親都會在家裡辦野餐聚會，招待那些為他的小公司做銷售代表的人。這是我父親對過去一年中幫助過他的人表達感激之意的方式，而我父親的另一個目的，則是讓銷售代表們有機會跟其他的銷售代表進行交流，並了解他們之間仍然存在著競爭關係。

雇用獵人

有的業務員會在工作了一段時間之後變得自滿，因為他們的業績已經到達穩定而理想的水準，每年都能賣出足夠的產品，賺取令人滿意的薪水。他們跟最好的顧客之間擁有良好的關係，而那些顧客也對他們的服務感到滿意。這些業務員對招攬新顧客不再感興趣，覺得沒有理由放下容易的生意不做，去打電話招攬新顧客。

你覺得他們的行為很荒謬，於是你決定減少他們負責的區域！把他們的顧客派給其他的銷售代表！調整他們的佣金！

不行！千萬不要跟他們的錢開玩笑。

請記住，是這些業務員幫助你把企業拓展到現在這個規模的。他們是讓客戶對你的企業和產品感到滿意的原因，你最不應該做的事，就是讓你的銷售明星離開，同時帶走客戶。

你還有更好的解決方式。例如像前面說的考慮聘請獨立的銷售代表，但是如果你想在同樣一個地區擴展業務，這種方法就可能不太適合。

你也可以採取另一種方式：有的業務員是靠電話拜訪新顧客成長茁壯的，這種人往往具備某些特質，能夠一次又一次接受顧客的拒絕。總是會有一些業務員，非常享受在終於聽到顧客說「好」的時候的刺激感，並且樂此不疲。

尋找好的獵人可能並不像你想像的那麼困難。你不妨考慮曾經做過電話業務員的求職者，有經驗的電話業務員，通常是招攬新顧客的最佳人選之一。美國國內所推行的拒絕電話銷售名單行動，導致許多優秀的電話業務員因此而失業，不久之前密爾瓦基市的一則招聘內部銷售代表的廣告，就吸引了超過一百位前電話銷售員的應徵。

無論你打算雇用誰，都應該非常小心。你可能有最棒的產品、最吸引人的價格，同時提供業界最佳的售後服務，並且擁有全美最好的銷售地點，但是如果你雇用了一個很差勁的業務員，你還是可能會失敗。

客戶不只應該對業務員感到滿意，他們還必須能感到放心，因為業務員對所銷售的商品瞭若指掌。業務員必須要能隨時準備好出現在你的賣場裡，必須跟你一樣了解產品，也必須在銷售產品的時候，跟你一樣有說服力。你向業務員傳達產品知識的能力，將能左右你是會失去顧客，還是能跟顧客建立起長久的關係。

聽業務員的話

業務員可以為新產品或服務提供無窮的創意，建議你該如何增進客戶服務品質。同時，也能為你提供更好的方式，以幫助他們自己輕鬆達成銷售目標。

我認識的一位業務員發現，她賣給辦公用品中心的三孔活頁夾，有許多是被當地的照相館給買走的。經過調查，她發現照相館把這些活頁夾當成相簿出售。於是我們迅速地針對相簿市場推出一些廣告，接下來，一個全新的市場就此誕生了。

企業現場

業務員不願開發新客戶時……

福雷爾商務空間公司的業務員，花費了許多時間和公司的大客戶培養良好的關係。這些客戶都是美國最大的企業，對福雷爾來說，他們都非常重要。

然而這些大企業的員工人數並沒有成長，也不需要經常更換新的辦公家具，成長最快的企業，反而是更年輕、規模更小的公司。那些將銷售目標放在中、小型企業的競爭對手，因而搶走了許多生意，對福雷爾造成嚴重的打擊。

福雷爾的業務員享有很優厚的待遇，也怕當他們的長期大客戶需要服務的時候自己沒有空處理，所以並不願意打電話招攬新顧客。該怎麼辦呢？

福雷爾商務空間公司雇用了新的業務員，以及一位新的銷售主管，讓他們專心致力於新業務的發展。同時，福雷爾也開發了一條新產品線，販售針對中小型企業所設計的低價辦公家具。

銷售的結果非常令人滿意。當舊的銷售代表們繼續為利潤豐厚的大型企業服務，新的銷售隊伍則將目標放在中小型企業上。福雷爾的銷售額連續三年出現將近二〇%的成長，而這些成長幾乎全都來自於新的業務。

銷售不是一門科學，沒有什麼簡單的方法能夠讓一個人成為優秀的業務員。然而做為一門藝術，銷售卻是一門受到大量研究和關注的藝術，因為它對所有企業的成功都有非常重要的影響力。這些研究顯示，想要培養優秀的銷售人才，必須做到這些事：

1. **明智地雇用人才**
2. **訓練**
3. **激勵**
4. **支持**

明智地雇用人才

這不是一件簡單的工作，有很多成功的主管都承認，自己曾經雇用過不合適的業務員。你可以問自己以下幾個基本的問題，增加用人的成功機率：

問題一：他喜歡銷售的工作嗎？（雖然這個問題看起來很簡單，但是卻很少有業務經理考慮過這件事。）
問題二：他可靠嗎？是否每天都能準時上班，並且打扮得乾淨俐落？
問題三：無論是對顧客還是同事，他是否真心喜愛幫助他人？
問題四：他有什麼理想嗎？他是否期待有一天能坐上你的位置？或是自己開一家公司？
（更多有關聘雇員工的資訊請參見第十二章）

培訓、激勵和支持

培訓通常分為兩種類型，分別是對產品知識的培訓，和對銷售技巧的培訓，兩者都很重要。

在進行針對產品知識的培訓之前，你應該為業務員提供大量的產品資訊。你可以請製造商或經銷商提供相關的錄影帶、產品手冊或其他的銷售培訓工具。另外還有一個很方便的方式，就是請公司裡其他的業務員，為每一條產品線開一堂課。這麼做不但可以激勵員工，營造團隊合作的氣氛，更能確保每個人都至少對一種產品瞭若指掌。

接著，你應該將新雇用的業務員，指派給一位資歷較深的業務員，或是親自管理他們。讓他們熟悉公司產品、過去的宣傳狀況和標準的操作模式，同時也讓這些新雇用的員工，有機會觀察培訓者的銷售技巧。在經歷幾次成功的銷售之後，就可以讓新員工試著獨立銷售，並且由培訓者在一旁觀察，以便在需要時提供相關的產品資訊。你應該經常鼓勵新進員工，同時避免當著其他人的面批評他們。

激勵法是成功管理銷售團隊的必要因素之一，然而對某個人有效的方法，並不一定適合另一個人。

金錢的獎勵似乎對所有的業務員都很管用，但有的時候，你的一句鼓勵往往也有相同，甚至更好的效果。有的業務員喜歡收到禮物，有人追求的卻是榮譽，因此你必須了解什麼樣的獎勵對業務員最有效。

激勵性質的獎勵

不同的業務員，需要不同的獎勵模式。使用正確的激勵方法，你會很驚訝地發現某些原本表現普通的業務員，也可以成為銷售明星。

你可以嘗試對那些在一定時間之內，賣出最多特定產品的業務員提供獎勵，例如一台電視、政府公債或餐廳的禮券等等。透過這種活動，你往往能發掘員工真正的能力。

附加銷售能為企業利潤成長帶來極大的幫助。你可以透過提高周邊商品抽成比例的方式，激勵員工，鼓勵他們推銷周邊商品。

如果你準備獎勵他們，不妨考慮以下幾種選擇：

- 個人獎勵
- 團隊獎勵
- 公司獎勵

同儕之間的競爭壓力，往往會讓團隊獎勵和公司獎勵產生很好的作用，但是當大家看見自己的某個同事獲得獎勵時，卻更能激勵大家做得更好。你該如何選擇獎勵的方式呢？當然，銷售業績最好的員工，似乎理所當然應該得到獎勵。但是你也可以邀請顧客參與提名「本月最佳業務員」，同時大肆宣傳公司的「年度最佳業務員」獎。

多利用銷售性的獎勵，可以提高特定商品，例如那些利潤較高的周邊商品的銷售額。因此你可以對能在某一段時間裡達成銷售目標的員工提供獎勵，例如，能夠在十月份銷售最多小型機械設備的員工，就可以獲得免費前往位於加勒比海沿岸的坎昆旅遊的機會。

讓業務員對顧客的需求做出回應，同時找出並鼓勵那些為了滿足顧客，而願意隨時付出額外努力的員工。例如他或她會依照顧客的要求，為了展示某項產品而工作到很晚；或是親自到顧客的家中或公司為顧客安裝新產品。業務員對你的企業成功與否造成很大的影響，因此他們絕對是你的行銷計畫的關鍵。

記得要明智地雇用業務員，好好培訓他們，經常稱讚他們，並且在他們達成被指定的目標之後給予適當的獎勵。畢竟，他們的成功就是你的成功。

業務員是最需要激勵與關懷的人種

業務員都愛錢，因此金錢往往是最能激勵他們工作得更賣力，銷售業績更亮眼的方式。但是，他們同樣也需要你的關懷。

業務員必須每天和拒絕及抱怨共處，同時討好那些暴躁的代理商，應付那些不懷好意的顧客。同時，他們也經常必須長時間遠離舒適的家和該做的家事。

除了收到佣金的支票之外，他們還需要得到管理階層的認可，比方說上司拍拍肩膀稱讚他們在工作上的表現，來獲得自我的滿足感。而且，這種認可的動作，還應該被其他同事看見。

這也是召開業務會議的主要原因之一，透過公開場合表揚業務員，對業務員來說非常有激勵效果。因為他們需要知道，當他們在外面努力奮鬥的時候，公司裡其他的員工其實都很關心他們的想法、感受和需求。

業務會議能夠讓業務員產生歸屬感，覺得自己是團隊中的一份子，更重要的是，它能讓大家知道公司的生意很好。

你應該經常召開業務會議，如果不能保證每個月開一次會，至少也應該一季開一次會。在早晨開會是最好的選擇，可以趁大家的思路最清晰的時候，把他們召集在一起。會議的時間要短，最好不要超過一個半小時，因為你希望業務員都能出門去推銷產品，不是嗎？

你每年都應該舉行一次帶有獎勵和娛樂性質的盛大慶典，例如晚宴、高爾夫球聚會或供應商的參訪等等。如果你有足夠的經費，你甚至可以選擇一些有異國情調的地方召開年度業務會議，把會議辦在熱帶旅館裡面，或是租一艘遊艇帶大家一起度假。至於那些預算較少的小型企業，召開業務會議最常用的兩種方式，就是請大家一起飛回企業總部開會，或是在年度的貿易展上開會。

在總公司召開業務會議有許多優點，首先，你的企業內部員工將有機會看到那些在外負責銷售的同事，並和他們連絡感情。其次，業務員也能趁機參觀工廠，和生產線上正在被組裝的產品，跟產品部門的同事討論運送時程的問題，了解公司的行政程序，並與各部門的負責人一一接觸。

由於業務員經常在外爭取業務，因此通常只關心他們的客戶和自己的佣金。但如果讓他們了解總公司的運作和挑戰，他們就會明白為什麼有的時候，訂單無法照他們所期望的時間和方式抵達。

將業務會議安排在年度的貿易展上同樣可以節省開支，因為大部分的業務員原本就需要參展，所以何不趁機讓他們聚在一起，順便召開你自己的年度會議呢？貿易展提供了一個邀請演講嘉賓的好機會，那些已經在展覽會場的業界專家們，將能為你的會議提供許多寶貴的見解。

你可以考慮邀請一到兩位供應商或產業界的領袖人物，來向業務員演講。儘管很多人非常樂意無償擔任你的嘉賓，你仍然必須記得贈送包裝精美的紀念品，因為這個做法，可以表現你和公司對他們的感激之意。

說到禮物，你也應該為業務員準備一些禮物，一些用來表達感謝的紀念品。即使只是一件簡單的運動衫，或是一個印有公司商標的馬克杯，都能讓他們感受到你的關懷。

然而這些紀念品並不能當作年度銷售或季銷售的替代獎品，你的獎品必須是有意義的東西，足以代表企業對表現優異的員工最真誠的肯定。

有時候，實際的東西例如電視、錄影機或雙人度假旅館兌換券等等，往往比簡單的現金獎勵更有效。因為這些實際的東西可以隨時提醒獲獎者企業的感激之意，而現金卻經常被用來支付乾洗費和帳單。

企業現場　寓教於樂的培訓活動

標準電力供應公司是一間位於密爾瓦基市的電器及自動化產品經銷商，在過去的八十五年以來，標準電力一直是威斯康辛州最主要的電器用品及解決方案供應商，為當地的客戶提供服務。

這個產業的競爭非常激烈，企業必須隨著技術快速變化，唯有精確的產品知識培訓，才能確保銷售團隊與時俱進。標準電力的業務員除了定期參加研討會，還會閱讀產業科技報告，同時參加各種課程。

在經歷了一段特別長的延續性培訓課程之後，行銷部門的主管派特・勞勒需要找一個方法，向被公司視為命脈的銷售團隊表示支持和敬意。

標準電力供應公司的專業工程師們，是業界能為顧客提供專業技術建議的最頂級人才。不過公司的重點仍然放在銷售團隊身上，而管理階層「像愛自己一樣熱愛銷售團隊，他們就會為你勇往直前」的態度，也在他們的業務會議中得到了驗證。

經過幾個星期緊張的產品訓練和技術指導之後，勞勒雇用了一群演藝人員來教授溝通技巧。這批演藝人員被譽為能夠提供富有教育意義的頂級娛樂活動，他們帶領業務員表演即興短劇，模擬銷售電話的內容，以及只靠手勢和肢體語言來說故事等等。

所有的人都贊成，這個學習經驗讓大家在經歷了長時間的培訓課程之後，獲得了充分的休息。

業務會議

每個業務會議都應該有一份議程表。

業務會議應該由老闆的「簡短」演說開始（很高興見到大家，今年我們的成績非常優秀，讓我們期待明年能有更好的表現。接下來讓我們歡迎瓊安），然後交由業務經理展開正式會議。

業務經理就像是足球隊或者籃球隊的教練，必須同時扮演老師、啦啦隊隊長、告解神父，以及最重要的鼓勵者角色。他或她的發言必須包括積極向上、振奮人心和令人激動的內容，並且讓員工對美好的未來充滿信心。

但是如果去年的銷售額真的很差，業務經理也必須誠實地面對問題，解釋該如何解決這些問題，同時呼籲大家對美好並充滿行動的未來抱持希望。

業務會議的節奏一定要緊湊，不要讓充滿激情的業務員，因為對會議感到無聊而有任何機會發呆。記得要不斷保持議程向下進行。

業務會議的議程中，應該將企業目前所供應的最新產品服務、生產過程中遭遇的困難和運送的時間表，以及新的行銷方案或其他的銷售支援納入議題。這也是你宣布最新的銷售競賽規則與獎勵辦法的好時機。

為「新的生意」預留一些時間。讓業務員有機會告訴大家，他們的客戶提出了哪些需求，畢竟他們才是每天跟客戶碰面的人。業務員不但是你創造新產品或服務的無窮創意來源，也能告訴你該如何提升客戶服務的品質，以及達成銷售目標更好的方式。

盡可能經常邀請產業界的專家在你的業務會議上發表演說。何不邀請重要的賣方業者、業界的領袖人物、頂尖的激勵演說家，甚至請服裝業務員告訴大家正確的打扮習慣呢？或是請一位英語老師，協助業務員增進銷售郵件和報告的用詞遣字？業務員可以從這些專家的演說中獲益，你也能藉此表現出你對他們的重視。

每一次的業務會議都應該包含娛樂在內，一場壘球賽、高爾夫球聚會或是當地某場表演的門票等等，都是用來鞏固團隊精神，協助你達成下一個的財務目標的好方法。更重要的是，這些活動同時也在告訴業務員，在總公司裡的人真的很關心他們的想法、感受和需求。這個舉動能讓他們明白大家的關懷。

成功的業務會議

1. 要準備議程
2. 邀請外界的專家
3. 為新生意機會預留時間
4. 節奏要緊湊
5. 要安排娛樂活動
6. 須發榮譽獎項

大家都錯過的市場：祖父母市場

這是個錯過招攬新顧客的機會的典型案例：祖父母市場。

很少有製造商和零售商能在快速成長的祖父母市場裡，推出有效的行銷方案，真是可惜。

祖父母是個很大的市場，隨著平均年齡的提高，這個市場的人數每天都在增加。目前全美擁有七千八百萬出生於嬰兒潮世代的人口，他們之中較老的人口，正在以每天一萬人的速度成為祖父母。換句話說，每年都有將近四百萬人成為祖父母。

現代的祖父母們，在孫子輩的生活中扮演了越來越重要的角色。單親家庭數量的增加，意味孩子在家裡接受家長影響的機會越來越少，而照顧孩童的任務，就成為祖父母們的責任，有的祖父母甚至因此成為家中食品和衣物的主要採購者。

祖父母的平均壽命變長了，大多數還有相當可觀的可支配收入；他們大部分都有不少空閒時間；而且都非常疼愛自己的孫子。另一方面，由於現代有許多混合家庭的存在，使得小孩在某些特別的狀況下，可能會有六個或更多的祖父母。

假設你是一個滿足孩子千變萬化想像的玩具製造商，你的廣告（和其他製造商的廣告）會在星期六早上的電視節目裡播放，並且會付很高的權利金給某些好萊塢大片，期待電影的賣座可以帶動你的玩具銷售量。然後你在辦公室裡坐著，期待看到好的結果。

事實上，你剛剛錯過了一個招攬幾乎還沒有被開發的新市場的機會。你知道祖父母們購買的玩具，佔全美玩具銷售額的二五%嗎？有誰針對這個族群做過廣告？根據紐約市的競爭媒體報導所提供的資料顯示，針對玩具、遊戲和各種嗜好的廣告投資高達十億美元，但是幾乎沒有任何經費投入針對老年人所製作的廣告中。

這裡所說的並不只限於玩具，祖父母也會為他們的孫子們購買旅遊、電腦、理財服務和各種娛樂設備。比起他們的子女，祖父母們的經濟更充裕，因此他們有能力採購、旅遊和進行各種孫子的父母們沒錢做的事。

並非所有的企業都錯過了這個龐大的市場商機，不久前已經有一些企業察覺到了祖父母市場的潛力。迪士尼為限量版的小飛俠彼得・潘錄影帶打廣告時，廣告詞是這麼寫的：「讓孫子飛翔的最快方式。」而在密蘇里州的布蘭森市上演的羅倫斯・韋克秀，更直接在廣告看板上這麼宣傳：「請帶您的小孩……算了，帶他們的小孩來看秀吧。」

郵寄目錄公司直接起源（Genesis Direct），利用它所出版的「給孫子的禮物」型錄，提供各種休閒娛樂和遊戲。它的行銷策略包括了每季發送的通訊刊物，和一個類似個人購物助理服務的孫子生日俱樂部。

格蘭旅遊旅行社針對祖父母和他們的孫子們的特殊需求，提供涵蓋全球十九個地點的旅遊服務，其中大部分的旅遊地點都很有教育意義，所有的行程也都經過精心的安排。在這些地點中，阿拉斯加是旅遊的首選，緊接在後的則是肯亞。

玩具反斗城最近也推出了一個針對銀髮族設計的計畫：祖父母反斗城包括了一個內容豐富的網站，能夠向銀髮族推荐受小孩歡迎的玩具，其中還包括許多廣受喜愛的經典玩具，例如模型火車、培樂多黏土和變形金剛等等。

願意花時間和祖父母們溝通的企業正在不斷增加，而那些推出能夠吸引他們的廣告的企業，將能在這個迅速成長的市場中獲利。如果你有一款針對孩子設計的產品，不妨考慮招攬一個全新的市場區隔，把這個產品推荐給孩子的祖父母。

祖父母市場：一個被錯過的機會

- 在美國國內，每三個成年人之中就有一個當了祖父母。
- 他們每年平均會在孫子輩身上花六百美元（一九九二年時的數據是三百二十美元）。
- 在過去的一個月裡，有五五％的祖父母曾經為孫子們購買過禮物。
- 在美國，每四個賣出的玩具中，就有一個是由祖父母所購買的。

資料來源：羅伯斯塔奇調查（Roper Starch Poll）

主動寫產業白皮書，潛在客戶將自動上門

你是否難以接觸到潛在顧客的決策者？想在全新的產業中為自己的企業建立信譽嗎？

這裡有一個贏得潛在客戶好評，並且為企業樹立專業形象的特別方式。當你想要招攬新生意的時候，它將能成為你最有效的殺手鐧。

這就是人們所說的產業報告，或者稱為產業白皮書，它幾乎對所有的產業都適用，並且可以成為讓潛在顧客認識你的理想工具。

企業現場

產業報告幫企業贏得知名度

當韋德・泰勒（Wade Taylor）的老闆決定退出醫療設計市場的時候，泰勒決定成立自己的建築事務所，韋德・泰勒聯營公司，專門為醫院和診所提供建築設計。

不幸的是，在競爭激烈的門診手術中心的設計／建築領域裡，韋德・泰勒聯營公司並不是一間廣受決策者認識的公司。

韋德・泰勒聯營公司發出一份調查問卷，並且對產業的領導者進行訪談，然後針對門診手術中心發表了一份白皮書，同時免費贈送給全美的醫生、健保諮詢顧問和醫院的行政人員。

韋德・泰勒聯營公司成功的在那些主要決策者的心中，為自己的公司建立了知名度和信譽。

產業白皮書的運作方式如下：產業白皮書的目的，就是針對產業（潛在顧客所處的產業）的現狀，所完成的一份詳細研究報告。你應該在報告裡提供最新的資料，引用受人尊敬的產業先進的言論，同時包括最新的產業訊息。你的報告應該充滿統計資料，讓它的內容豐富，甚至具有爭議性。

最重要的一點是必須保持客觀，因為影響產業白皮書成功最關鍵的因素，就在於它是否客觀。產業白皮書並不是肆無忌憚的行銷文章，你的企業名稱除了被印在贊助商的欄位上，甚至可能完全不會在產業白皮書中被提及。

把你的企業定位成產業中知識淵博的資訊來源，那些收到這一份充滿訊息的報告的業者，就會把你的企業視為業界的權威。當然，每個人都想跟專家合作。

你的產業白皮書並不需要面面俱到。

一份封面印刷精美、文筆流暢、同時搭配圖表的簡單十到十五頁文件，是最適合的白皮書樣式。你可以採用從圖書館、網際網路和出版刊物上取得的二手調查資料，結合業界幾位知名學者所提出的論點，做為你的白皮書內容。

然而，你該怎麼取得那些知名學者的資訊並且加以引用呢？這就是一個讓你跟這些關鍵人物和決策者進行交流的大好機會。你可以打電話邀請他們接受訪問，不過這並不是你賣弄行銷手段的時候，你應該向他們請教對產業成長趨勢、新產品的創新、懸而未決的法案或其他對整體產業有影響的事件的看法，並且將這些內容寫進這一份重要的研究報告裡。

幾乎所有的主管都認為被當成受人尊敬的先知，和產業中的意見領袖，是一件非常榮幸的事。因此，大多數的人都願意奉獻一些意見。他們的參與將會為你的產業白皮書增添許多客觀性和信譽，而他們也將成為你的產業白皮書的忠實讀者，極積地尋找他們和他們的同事們，在文章中所提供的意見或建議。

當產業白皮書完成之後，你應該大量發送這份報告，讓它為你的企業帶來最大的利益。

首先，將產業白皮書連同一份新聞稿發送給當地所有的商業刊物、報紙，以及鄰近的小鎮週報，讓所有的人都知道可以免費索取這份報告。然後，將白皮書連同一份宣傳資料，一起寄給來信或來電索取的人，同時將他們的姓名、地址登入你的資料庫裡。

接著，對你在該產業中所有的潛在顧客寄發一份通知，同時附上一份貼有郵票和收件名稱、地址的回函。記得在通知裡附上一封讚揚這份報告為客戶提供的效益的自我推荐函，以及這份報告最重要的發現的摘要，好讓他們對你的產業白皮書的內容產生興趣。

最後，將你的產業白皮書提供給業內所有的貿易雜誌刊登。大多數的貿易雜誌都非常歡迎調查詳細、文筆流暢的產業文章。而在產業期刊上發表文章，也將進一步為你樹立良好的企業聲譽。

出版產業白皮書有許多優點，它能幫助你提升企業在產業中的知名度，為你和你的企業塑造出該領域的專家形象。同時，它也能讓你得以跟潛在顧客名單上的重要顧客接觸。

當你打算招攬新顧客的時候，這又是一項重要的利器。

在招攬新生意時，最大的困難往往在於顧客並不了解你的企業和產品，新市場或許對你一無所知，或許不明白產品能夠滿足他們的需求。將現代科技和一些基本的心理戰結合，你就能讓自己（包括你的企業和產品）在市場上威名遠播。

運用產業白皮書的企業例子

1. 一家會計公司，免費為醫院、護理中心或醫療管理機構，提供了一份針對衛生保健產業的迅速變化所做的產業分析，以藉此吸引新的顧客。
2. 一間辦公家具經銷商，免費提供針對工作場所的人體工學所進行的職業安全與健康法規分析，做為對潛在顧客企業的設備經理的服務項目。
3. 一家投資公司對有關繼承稅的爭議性討論提供免費的投資建議，藉以吸引年長者與資金雄厚的投資人。
4. 一間居家裝潢中心為客戶提供了一份防止室內能源流失的免費資料，這份資料鼓勵屋主安裝新的門窗，以加強房屋的防寒能力。自然而然的，顧客會在看完資料之後，要求那間廠商為他們提供一份估價單。

產業白皮書與顧客的關連

產業白皮書為聯繫潛在的顧客提供了四個機會：

1. 對潛在的顧客提出要求，請他們為這份報告的內容提供相關的產業評論
2. 向潛在的顧客宣布產業白皮書已經出版
3. 將產業白皮書寄送給潛在顧客
4. 在將報告寄出之後，再次與潛在的顧客聯絡

幫你的產品製造口耳相傳的機會

最好的廣告是哪一種？答案是口耳相傳（word-of-mouth）。

人們會在各種情況下請朋友、親戚或商業夥伴，為他們推薦醫生、水管工人、旅館、餐廳，或是好看的電影。

如果我們信任那些提供建議的人，我們通常就會按照他們的建議採取行動。而某些幸運的企業，也就因此在無需增加廣告或宣傳經費的狀況下，又多了一位顧客。

口耳相傳是唯一一種出自客戶本身，被客戶所利用，並且讓其他消費者受惠的宣傳方式。而每一個老闆，都夢想著擁有如此忠實又滿意的客戶，能向其他人推荐自己的產品。他們不但是你的老客戶，也是你的企業的活廣告。

口耳相傳最大的優點在於它的成本非常低廉，甚至是所有宣傳手法中成本最低的一種。和那些喜歡產品的客戶保持聯繫，並鼓勵他們為產品說好話的成本雖然相對較低，但這些客戶卻能有效地幫你招攬新顧客。

雖然有許多創業者都明白口耳相傳的價值，卻覺得自己沒有能力將它納為己用，因此很多人只是按兵不動，一心指望那些對他們的產品感到滿意的客戶，能夠向他們所有的朋友推銷自己的產品。當然，這麼做有時候的確有用。傑夫・貝佐斯（Jeff Bezos）是亞馬遜網站的創始人，當他剛成立亞馬遜的時候，並沒有資金可以用來打廣告。他相信出色的服務能夠贏得客戶的心，並且帶領口耳相傳的流傳，因此他特別重視客戶服務的品質。貝佐斯表示，如果你讓一位顧客感到不滿，那麼他可能會告訴五個朋友，但是如果你讓一位顧客在網際網路上失望，那麼他就可能會告訴五千個甚至五萬個人。因此，服務是亞馬遜最重要的工作。

> **口耳相傳的傳播速度很快**
>
> 調查顯示，當我們經歷了一次好的體驗之後，我們平均只會告訴三個人。然而在經歷過糟糕的體驗之後，我們卻會把這件事告訴五個人以上，而且由於電子郵件的普及，這個數字仍然在持續增加之中。
>
> 因此，當業務員面對抱怨的時候，他們的回應應該是：「我該怎麼做才能讓這位顧客開心地離開？」

最重要的就是，提高口耳相傳的發生機率。這裡有五個關於口耳相傳的小訣竅，可以幫你建立推荐者的人脈網絡，擴大客戶基礎。

1. 邀請客戶參與

鼓勵客戶參與產品或服務的製作或運送過程。這種個人式的經驗，能讓他們對你產生夥伴的感情及正面的態度，促使他們將你的公司推荐給他們的朋友。

美國加州的丹麥村是個著名的旅遊勝地，當地擁有至少一打以上的糖果和軟糖店。其中生意最好的一家店，在店裡的展示櫥窗旁邊擺放了舖有大理石檯面的工作檯，現場示範糖果的製作過程，藉以吸引路過遊客的目光。許多其他的店家，也會在展示櫥窗做同樣的表演。

但是，讓這家店特別與眾不同的地方，在於負責製作糖果的人是孩子。遊客會看到許多小朋友捲起袖子，帶上塑膠手套，並且在塗滿奶油的大理石桌面上，將香濃的巧克力、軟綿綿的焦糖和剁碎的核桃混合起來。猜猜看哪一家軟糖店得到最多的免費口耳相傳呢？

2. 你幫我的忙，我也會幫你

如果你的公司獲得其他企業的推荐，你就應該做出回報。你可以將推荐你的企業推荐給別人，或者是為那些推荐者提供一些折扣。

如果我為我的鋼琴調音師介紹其他客戶的話，那麼下一次當我的鋼琴需要調音的時候，他就會為我提供半價的折扣。這是一筆很好的生意，我可以用很合理的價格，讓我的鋼琴維持良好的音準；我的朋友們則可以接受專業人士為他們的鋼琴調音；而我的調音師也能透過我的介紹，從我彈鋼琴的朋友那裡得到更多生意。

3. 講故事

故事可以用來解釋某個特定的概念或賣點，而由於故事是透過情感層面進行溝通，因此也是一種傳播企業聲譽的有效方法。如果你的企業有製作通訊期刊或宣傳手冊的習慣，不妨在上面加上一兩篇關於你的企業的故事，為讀者提供容易傳播出去的題材。

美國 Nordstrom 百貨公司所提供的優秀服務，一向在業界擁有傳奇般的聲譽。前 Nordstrom 百貨公司副總裁貝西．桑德斯，曾經在她的《傳奇的服務》一書中，提到一個關於一位衣著襤褸的女性的故事。當這位女士走進

Nordstrom 百貨公司時，她和周遭富麗堂皇的裝潢之間產生了鮮明的對比，吸引了一位正在附近購物的當地牧師的注意。

當這位流浪婦女走進銷售特別場合禮服的部門時，她並沒有像那位牧師所想像的一樣，被禮貌地請出百貨公司，相反得到熱情的接待，並試穿了一件又一件華麗的禮服。業務員不但非常有耐心，還適時為那位女性提供建議，協助她尋找合適而出色的禮服。最後，那位上了年紀的女士帶著輕快的腳步，抬頭挺胸地走出了百貨公司。

這位牧師被她所看到的情形深深打動，並且在一場聚會上將這個故事告訴了所有的與會者。隨後，這位牧師的佈道《Nordstrom的福音》被紐約時報刊登出來，並因此廣為流傳，教堂裡還因而開始出售這場佈道的錄音帶。

4. 教育客戶

有些企業發現，教育自己的客戶不但可以提高企業的聲譽，還能培養出一群死忠的客戶。你不妨挑選一個適合你最棒的客戶的議題，讓自己成為有關這個話題最具權威性和時效性的消息來源。

有一家律師事務所利用這個方法獲得了很大的效益，這家事務所在每一份通訊刊物中，都提供了一個專門討論可能對法律界造成影響，不管是已經通過，或是正在修法中的法案的專欄。

調查發現，這個專欄的閱讀人數最多，因為包括公司最主要的客戶律師在內，都希望能夠獲得相關領域的最新立法資訊。這個專欄不但為律師們提供了即時的相關訊息，也讓這家律師事務所的名號，在它的主要目標市場中越來越響亮。

5. 迅速解決問題

沒有什麼是比慢吞吞地回應問題更讓人生氣的事了。快速的回應是防止負面口碑的關鍵，因為人們對產品或服務的負面感受，往往會影響一個人很長一段時間。

想想那間餐點非常難吃，或服務態度非常差的餐廳，你大概不會向朋友推荐它。更可能的是即使在很多年之後，你還是會警告他們不要去那間餐廳，因為你曾經在那裡有過不愉快的經驗。

最好的廣告方式就是口耳相傳，而獲得正面的口碑宣傳最好的方法，就是為顧客提供能夠滿足他們的需求，貨真價實的產品或服務。

當然，你還有其他的方法可以讓喜歡客戶幫你說好話。

怎麼操作口碑行銷？

在狹窄而混亂的市場上，相互競爭的創業者往往會發現，讓顧客透過其他人的正面推荐了解自己的產品，不但是效果最好的方式，也是最便宜的一種方法。你可以將關於某項特定產品或服務的正面口碑灌注到市場中，然後運用縝密的規畫和微妙的策略推動這些宣傳。這樣一來，你就能夠製造出一批有關產品或服務的正面傳言，而它們也會像野火一樣，在潛在顧客族群中延燒。

有好幾種常見的流行術語，都可以用來描述這種行銷現象。**遊擊行銷**主要是指使用迅速、非傳統的廣告形式，為產品創造正面評價的行為。而**病毒式行銷**則是透過網際網路，傳播關於產品的評論。因為這種在網路上散布評論的方式，跟病毒傳染的途徑相似，所以這種行銷方法才會被稱為病毒式行銷。

然而，當索尼・愛立信這間由兩家電子產業龍頭所組成的合資企業，第一次引進一款附有數位相機，並且能透過電子郵件發送照片的新手機時，他們卻採用了一種特別的宣傳手法，也就是大家後來所熟知的**口碑行銷**（Buzz Marketing）。

索尼・愛立信雇用了兩個二十多歲的模特兒，偽裝成一對衣著整潔又富有吸引力的夫妻，並且請他們像遊客一樣在紐約的時報廣場擺出各種姿勢拍照。同時，這一對夫妻也會不時拜託他們的目標客戶（十八到三十九歲之間的人）來為他們拍照。

當那些不疑有他的目標客戶幫這一對夫妻拍照的時候，會同時接收到這兩個模特兒所傳播的低調廣告詞，宣傳這款新手機的酷炫功能。這些路人可能會因此對這款新手機產生興趣，然後根據理論，開始把新手機的消息告訴他或她的朋友們。

為什麼索尼・愛立信不使用傳統的大眾媒體，比方說報紙或電視廣告宣傳呢？真正的原因有好幾個。

首先，大眾媒體的廣告費用早已成長過度，在過去的十年之中（以數據資料最新、最完整的一九九〇到二〇〇〇年為準），電視廣告的成本增加了三四○％，而報紙廣告的成本也不甘示弱，總共成長了二八八％。

其次，這款手機的目標市場並不容易接觸。在過去，你可以輕鬆透過三大電視網接觸到全美三分之二的人口，但是，即使現在的有線電視台和各類型的頻道數量大增，能夠接觸到的人口卻仍然低於三○％。

這種情況在十八到三十九歲的目標群體中更為嚴重，因為這些出生在X世代和Y世代的人擁有太多的媒體選擇，而使群體變得更加零散。

最後，利用口碑行銷的方法也能降低成本。索尼・愛立信雇用兩個模特兒的費用，絕對要比在紐約市購買電視廣告時段的成本少很多。

儘管網際網路的普及擴大了口碑行銷的效果，然而口碑行銷的方法，卻早已經存在了幾十年了。包心菜娃娃（Cabbage Patch dolls）、情緒戒指、神奇寶貝、豆豆公仔和魔術方塊等玩具，以及電影《厄夜叢林》都是口碑行銷的獲利者。

口碑行銷為什麼會這麼有用呢？原因之一在於網際網路的興起，大幅提升了言論傳播的速度。和從前相比，人們現在跟朋友或專業人士保持聯絡的方式，早已變得更簡單方便。

在過去，我們跟朋友見面或連絡的機會少得可憐，往往只有在每年過節的時候才可能。然而自從電子郵件出現之後，我們只需要按一下滑鼠，就能把想說的話或者是笑話和圖片，寄給遠在地球另一端的朋友。

林肯公園的口碑行銷

口碑行銷可以在介紹新產品時帶來很好的效果。

當麥克・篠田（Mike Shinoda）和他的朋友們在一九九八年剛組成樂團時，並沒有受到太多的關注。於是他們透過網路，到許多當紅的樂團，例如科恩樂團（Korn）和林普巴茲提特樂團（Limp Bizkit）等的網站聊天室中，假裝成自己的歌迷，大肆宣傳他們的樂團和音樂。比方說他們會講：「告訴大家一個很酷的新樂團，這裡有他們的歌曲檔案可以下載。」

> 當那些感興趣的歌迷寄信索取更多音樂檔案時，他們就會同時回傳好幾首歌的試聽版本，並且請他們把歌曲轉寄給所有有耳朵的人。
>
> 當他們在一九九九年底終於跟華納唱片簽約時，篠田和他的樂團林肯公園的樂迷，早就已經遍布全球了。他們同時還有好幾千名的免費宣傳者，為他們的音樂進行口碑行銷。
>
> 二〇〇二年時，他們的唱片銷售量也遠超過任何其他樂團。

你該如何在市場上為自己創造口碑行銷呢？產品不必非常前衛，也無需和主流文化背道而馳，就可以從口碑行銷中獲利。而且即使目標市場並不包括二十多歲的年輕人，你仍然可以利用口碑行銷，為產品或服務創造正面的評價。

假設你生產的一款汽油添加劑，能夠提高引擎的使用哩程數，而這款添加劑對柴油引擎特別有效，於是你將目標客戶鎖定在卡車司機和大型的卡車公司上。

或許你認為開卡車是一件很孤獨的事，很難找到為產品建立口碑的機會。實際了解卡車司機的生活型態之後，你會發現，休息站的用餐區域和民用無線電等等，都是很適合進行病毒式行銷的媒介。只需要幾個卡車司機，在主要的卡車停靠點和他們的民用無線電中大談產品，那麼只需要幾天的時間，產品就會立刻全國知名。

同樣的，口碑行銷在企業對企業的商務中也很適合。貿易展覽是為產品創造口碑行銷，引起顧客興趣最理想的場合。你可以挑選幾位產業界的關鍵領袖，為他們提供新產品資訊，然後，就可以等人來問你是否聽過有關那個出色的新產品了。

口碑行銷是一種威力強大的宣傳工具，原因在於它具有一定的可信度，根據研究顯示，口碑行銷比電視或報紙廣告的效力要高上好幾百倍。畢竟誰不想購買那些自己相信的朋友所推荐的產品，而要去相信那些花大錢做的電視廣告呢？

專家也認同口碑行銷的效力，因為它並不需要尖端科技，也不需要特別吸引X世代的注意，就能創造出驚人的成果。

口碑行銷的力量

有一份歐洲的研究調查，曾經針對來自六個國家共計七千位受訪者，詢問最具有左右他們購買決定的影響來源，並列出業務員、專家或家人朋友等三個選項。

有超過六〇％的人表示，家人和朋友對他們的購買決定影響最大。而這一點在決定購買那些價格昂貴、風險性高、很少購買或能夠代表購買者的品味與地位的產品時，影響更為明顯。

以下是幫助你為企業創造正面口碑行銷效益的幾種方式：

培育先鋒部隊

大學校園是很多聰明的行銷人員推展口碑行銷的理想場所，因為有許多的國內流行趨勢，都是由大學生所帶動的。每個大學校園之中，都會有一批人是大家徵詢意見的第一個對象，他們是潮流的創造者、領導者，同時也是最新產品的早期使用者。

限量供應，製造對需求的錯誤認知

在捲心菜娃娃最流行的時候，製造商決定控制供應量，讓它的需求變得更高。

運用名人或潮流領袖

當 Palm Pilot 掌上電腦在網路上，公布了一張微軟創始人比爾・蓋茲使用 Palm 的照片時，Palm 的銷售量立刻大增。畢竟，誰不想擁有那個買得起任何東西的人，所使用的最新產品呢？

謹慎廣告

很多人認為，如果將口碑行銷和媒體廣告互相結合，應該可以造成更大的效果，但事實上結果卻往往相反。如果媒體廣告使用得過早，或者用得太多，都會在口碑行銷的效益發酵之前將它扼殺。

當你開始招攬新顧客的時候，網路可以用比傳統媒體更低的成本，為產品創造一定的知名度。但是仍然有許多企業接受這種技術的速度太慢，還有部分企業完全無法察覺顧客需求的轉變。

環境在改變，你的行銷手法跟得上嗎？

為了成功地招攬新生意，你必須要預測產業未來的發展趨勢，當你需要新顧客的時候他們會在哪裡，以及他們為什麼選擇你而不是別人的產品。

有的行銷人員就像擁有特異功能一樣，他們能夠預測產業的未來，預知目標客戶的喜好。雖然我很崇拜他們的這種能力，然而絕大多數的行銷人員都只是平凡人，所以我們只能靠努力的研究，和從經驗累積的常識，來獲得正確的資訊。

讓我這麼說吧：我不是個算命師，我沒有辦法預測未來。我也沒有水晶球，或是有能力靠解讀茶葉預言未來。然而，就像很多優秀的行銷人員一樣，我也會仔細研究科技的演變，可能會對我的客戶的生意造成的影響。

我們的競爭對手正在開發什麼樣的新產品？有哪些創新發明會讓我們的產品被淘汰？有哪些新科技會改變我們的工作方式？又有什麼創意能幫我們賣出更多的產品？

了解經營環境的變化，對企業長遠的成功非常重要，同時，這也是成為一位招攬新顧客的好獵人所不可或缺的知識。

一個好的獵人，必須學習如何將那些可能會在未來影響他的事業、影響顧客的購買習慣或改變他的經營方式的事情，包括想法、人才和科技等等結合起來，以實現各種「可能性」。

連結科技

問題：你能想像在電子掃描器出現之前的超市，在信用卡出現之前的購物情景，以及在電子郵件出現之前的生活嗎？現在，試著把這些想法和技術聯結起來。

答案：一台你可以利用刷卡付費，就買到加熱即食餐點的自動販賣機。同時，你的購買資訊會透過網際網路傳送到自動販賣機廠商的資料庫裡，讓他們能隨時檢查庫存，並且及時補充產品。

這種技術確實存在，而目前自動販賣產業也正在測試具有這些功能的自動販賣機。

現代的消費者正在經歷一種**注意力短缺的經濟**，由於廣告訊息的泛濫，消費者的注意力便成為各種廣告爭取的目標。各行各業的行銷人員會利用海報、標籤、門把吊牌、廣告歌曲、競賽、晚餐時間的行銷電話和電腦螢幕上的彈出式廣告等方法來宣傳自己的產品。我有一次在把球輕輕推進第十一洞之後走向洞口撿球，把球撿起來的時候，驚訝地發現球洞底印著「暢飲百事」。看起來是，只要想得到，行銷人員會做任何事來吸引你的注意。

注意力短缺經濟

最有價值的商品不是時間，而是注意力。

漸漸的，我們的注意力可以被購買、出售或交易。

青少年可能是最擅長同時進行好幾件事的族群，儘管我們認為這種過動的行為可能需要藥物的治療，然而，這卻是青少年對世界所能做出的最佳回應。畢竟在這個世界上，隨時都有一萬件事情同時在發生，而且每件事都在要求他們的注意。

不妨想像一下，你該如何把這種思考模式，應用在你和客戶的關係上。是否有什麼方法，可以讓你控制甚至管理他們的注意力？

為產品或服務創造知名度只是第一個步驟，例如讓他們注意到你的廣告，就是代表他們給了你最寶貴的資源，也就是他們的注意力。

最讓人感到害怕的一點是，科技的進步讓地點變得不再重要。無論你的公司在哪裡，只要透過手機和網路，就能和所有人、任何地點取得聯繫。因此，你的企業將不再受到地域的限制。

由於疆界漸趨模糊（例如歐元或北美自由貿易協定），人們不再擁有多種文化，而是正在迅速融合，組成一種全新的國際文化。你在某地的供應商的客服中心設在新加坡，而你的網站設計者住在委內瑞拉的首都卡拉卡斯。至於你開的汽車，則是由分別生產於印第安那州、印度和印尼的零件所組成的。

你必須擁有國際獵人的思考模式，想想你所賣的產品，是否會對居住在俄亥俄州的托雷多市、加拿大的多倫多市或撒哈拉沙漠中的廷巴克圖市的居民有價值？在這個嶄新的未來市場上，任何東西都有標價（想想 eBay 的例子）。無論是在世界上的任何地方，任何一樣的東西都可以被購買、出售或交換，換句話說，世界上任何一家店，都可以是你家附近的小店。

人們對未來的期許很高，然而未來並不會出其不意地發生，畢竟，它也是一種演進的過程。

我們仍然會需要食物、衣服、住所、愛、尊重，以及自我實現等等，各種馬斯洛的需求金字塔中最基本的需求。我們仍然必須找工作，仍然需要追求進步和受啟發。同時，我們也將永遠都像今天一樣，不得不面對同樣單調、平凡的問題。

數位化並不等於更好，只是可能會讓問題看起來更嚴重，更令人捉摸不透；而問題的答案，也不會從人們所預期的地方出現。我們能從已知的事情中學到的知識將會更少。我們應該學習將科技和創新與過去的優良傳統結合，讓變化更容易為人所接受。

人人都是專家

資訊時代的到來，讓所有的人都能成為專家。雖然我們都可以變成權威，但這卻可能是件危險的事，因為經過操作的事實，可能會傳達錯誤的訊息。

舉例來說，你知道在大多數的家庭裡，都有一種名為一氧化二氫的有毒化學物質，每年都能造成上千人的死亡嗎？它具有高度的腐蝕性，而且對幼童特別危險。

聽起來很危險，對吧？事實上，這種化學物質就是水。

雖然關於水的資訊是真實的，但以上的描述方式卻不夠客觀。在這個例子裡，問題的關鍵仍然是時間，儘管我們能隨時掌握資訊，卻不見得有足夠的時間去驗證資訊的真實性。

未來的行銷趨勢，你看懂了嗎？

為了維持利潤，你必須和足以影響產業的技術變化保持同步。同樣的，聰明的行銷人員也應該對市場上的變化隨時保持警覺。因為在過去的數十年之中，市場機制早已產生了非常大的變化。

在一九五〇到六〇年代之間，行銷是一項非常簡單的工作。市場上並沒有太多的產品類別，同類型的產品品牌也很少。另一方面，當時的媒體也不多，電視才剛剛被發明，市面上只有兩打左右的主流週刊，而FM調頻電台根本還沒出現。

一九七〇年代時，替代性電台、超高頻電視廣播、針對特殊興趣出版的雜誌，以及越來越複雜的郵件廣告等等，都加強了市場的複雜性。行銷人員開始關注利基市場，而成功的企業則開始不斷拓展自己的產品線。當消費者要求更多的社會變革時，也開始希望他們的生活之中，能變得更多樣化且獨特，因此，新產品類別幾乎經常在一夜之間誕生。

一九八〇年代的特色，是行銷產業開始邁向整合，並產生了諸如麥肯世界集團（McCann Worldwide），和陽獅集團（Darcy McManus Benton and Bowles）等超大型廣告代理公司。結果那些被小型廣告代理公司裁員卻非常優秀的主管，就開始專注於自己的獨特宣傳才華上，使利基市場變得更加專精。

一九九〇年代為行銷和宣傳提供了更複雜的選擇：數百個有線電視頻道，從震撼低俗到基督教聯盟在內的廣播電台，針對每一種興趣、職業或不良嗜好出版的雜誌，以及最令人吃驚的選項，也就是網際網路。

如今行銷人員所面臨的挑戰是：怎麼把招攬新顧客這件事，從是因為你想做這件事，演變成是因為他們希望被你招攬？

這種變化，代表你對待顧客的方式必須從根本改變，也代表媒體對它的讀者、聽眾或觀眾的基本態度必須有所轉變。

行銷時間表

一九五〇年代	商業電視臺（特高頻）、AM調頻廣播、地方報紙
一九六〇年代	超高頻電視、FM調頻廣播、專業目錄、超市
一九七〇年代	郵寄廣告市場成長、符合特殊興趣的雜誌、利基市場
一九八〇年代	大型市場、有線電視、促銷的迅速成長
一九九〇年代	網際網路、電子郵件、產品線增加
二〇〇〇年代	部落格、衛星廣播、病毒式行銷

比方說，為了獲得與潛在顧客交流的機會，你可能必須放棄某些內容。換句話說，你可能需要告訴消費者：「如果你同意讓我跟你交流，我就會免費寄送我們公司每個月出刊的時事通訊給你。」

如果你是一位零售商，就可能會用：「每個星期我都會送你價值十美元的優惠券，讓你在我的店裡購物使用。」的方式吸引消費者。然後再對供應商說：「這些人都會在我的店裡消費，而且他們想要看到你的廣告。」

在與新技術打交道的過程中，傳播媒體是遭遇最多困難的一種媒體類型。銷售節目預錄設備的 TiVo 和 Replay TV，讓電視廣告變成可有可無的選擇；衛星廣播則讓聽眾可以自由選擇想收聽的節目，而且永遠都不必被廣告打擾。也就是說，除非觀眾和聽眾自己選擇，否則他們永遠不必接觸任何廣告，傳播媒體可能會因此成為一種可以完全「自主選擇」的媒體。

拿電視的轉變當例子。假設你打算買一輛汽車，那麼你只需要在接近無限多的有線電視頻道中，把電視轉到通用汽車的頻道，然後收看專門介紹汽車種類的商品介紹節目；或者是轉到二手車頻道，去研究各種廠牌和型號的二手車。

需要買衣服嗎？轉到服裝頻道就行了。想買香水嗎？不妨試試香氛頻道。你只需要看你想看的東西，選擇這個頻道或不選這個頻道，全都由你自己決定。

相對來說，網際網路可能是目前互動性最高的行銷工具。如果說口碑行銷是最好的廣告形式，那麼不可否認的，是網路的世界擴大了它的效果。

首先，每個人現在都比以往認識更多的人。你可以透過電子郵件，跟各式各樣你永遠不曾通過電話的人連絡。所以如果你對某一家汽車租賃公司感到不滿，就可以透過電子郵件，把它傳給所有在你的通訊錄裡的人。要是你在某一家新餐廳裡享受了一頓美味大餐，你也可以同時告訴五十個人。如果這件事發生在過去，你可能只會告訴兩個人而已。更重要的是，這種透過網路散布口碑的方式，並不會在大家互相傳遞訊息的過程中遺失任何內容。因為它已經完全被數位化，你只需要轉寄就可以了。

人們對新科技的接受能力比過去增加了許多。廣播花了四十年的時間才接觸到一千萬個聽眾，音樂共享網站Napster卻只用了一年的時間，就擁有五千七百萬名用戶。新的想法和產品，其實有更大的機會，能快速接觸到更多的顧客。

最後，個人化行銷是成功的關鍵。如果行銷的訴求跟你的特性、你的獨特需求不符，那麼它就不是針對你所做的廣告。

未來的行銷模式，將會是一種許可性的宣傳。顧客希望能在他們預期的時間裡，得到他們想要的產品或服務。而那些招攬新生意的人，如果能夠在潛在顧客提出需求的時候對他們說：「請注意這個廣告，因為它是為你設計的。」那麼他們就能贏得這場競爭。

網路發行的新點子

可選擇的廣告形式，是一種讓內容出版商得以挑選贊助商的系統。廣告商會將他們的廣告發布在網站上，每一則廣告都會加註它所針對的目標族群資訊，廣告商會為每一次廣告點擊支付的費用，什麼樣的網站是該廣告可以接受的範圍（比方說非色情網站等等），以及其他的相關資訊。

內容出版商只需要把廣告複製並張貼到他們的網站上，之後這些帶有小程式的廣告，就會自動告訴廣告商，廣告被刊登在什麼網站上，以及它們獲得了多少次的點擊。這個小程式同時也會根據點擊率，直接計算並付款給內容出版商。

網路日誌（或簡稱為部落格）是最理想的可選擇廣告使用者，許多經營這一類微型出版的版主，擁有不少忠實的網路支持團體，他們知道自己的讀者群分布和喜好，因此可以自行選擇他們希望使用的廣告商。

教你一個預測經濟景氣的撇步

在商業計畫中，最重要的元素之一就是對經濟的預測。

當你準備開始招攬新顧客的時候，你當然希望經濟情勢站在你這邊，讓潛在顧客有錢嘗試新產品。但是，在你展開大規模招攬生意的行動之前，你要怎麼知道經濟會如何發展？

有人曾經說過，經濟是一門財務加上算命的學問。預測美國的經濟發展早就是一門熱門的生意，包括華爾街的銀行家和華頓商學院的學者在內，無不瘋狂地從庫存分析研究到裙子的長度，為美國經濟做出各種臆測。

他們放棄了鉛筆和橡皮擦，改用電腦進行各種複雜的模擬操作，並依賴聯邦儲備委員會主席所說的每一個字。接著，他們再以善變的民眾作賭注，和未來的經濟趨勢打賭。

領先經濟指標是用來預測整體經濟的健康狀況，或評估金融市場的指標。領先經濟指標包括了年度通貨膨脹率、優惠利率、失業率，以及庫存情況等等。在經濟開始出現衰退或準備回升的時候，它們都可以做為對未來走勢的預測工具。但事實上，儘管我們在經濟的分析和預測上付出了極大的心力，這些領先經濟指標仍然無法達到經濟學家所預期的表現。

其實，還有一種更好的經濟預測工具，一種經過多年實驗證明，能夠提早二至三個月的時間，精確預測經濟發展的成長或衰退的方式。這個工具就是廣告業。

廣告預算通常是當企業感到市場走勢趨緩時，第一個遭到預算刪減的部分。雜誌和報紙的廣告頁因而減少，廣播電台和電視台的廣告時段，也會開始出現滯銷的狀況。

雖然雜誌和報紙可以靠減少印刷版面的方式解決問題，然而電視和廣播所銷售的卻是無法縮短的時間。因此，如果你開始在電視上看到更多公共服務部門的聲明，那麼你就要小心了，因為這往往代表電視台和廣播電台無法賣出足夠的廣告時段給企業。

就像廣告數量的減少，代表了經濟衰退的即將來臨，同樣的，當經濟準備起飛的時候，供應商的電話就會開始響個不停。

當電視台和廣播節目的廣告時段開始供不應求，當我聽到自由撰稿人、攝影師、配音員和模特兒經紀公司的電話開始響的時候，我就知道廣告商又重新回到市場，經濟也要開始好轉了。

你不需要變成算命師就能察覺經濟正在復甦，因為廣告業就是市場上最棒的領先經濟指標。就像獵人需要了解周遭的環境才能順利捕到獵物一樣，小型企業也必須隨時掌握市場的變化，才能招攬到新的生意。注意廣告業的榮枯是一個觀察景氣的好方法。

用戶推荐新客戶，成交率更高

最後再補充一個招攬新顧客的方法。在進入新市場時，企業的信譽是十分重要的關鍵，要創造商譽最好的方法就是口碑行銷了。如果我能讓湯姆告訴蘇珊我的產品有多出色，那麼，和從其他的媒體看到我的產品廣告相比較，蘇珊購買我的產品的機率就會大幅提高。但是，我該怎麼做才能讓湯姆告訴蘇珊呢？簡單來說只有兩個字：推荐。

如果我可以讓湯姆來告訴我他對我的商品的感想，我就能將湯姆的推薦感言告訴蘇珊。當蘇珊看見湯姆的背書時，她可能會告訴自己：「如果這個產品讓湯姆感到滿意，那麼我也應該試一試。」

用戶推荐是好廣告的基礎之一，世界上最大、最成功的廣告商都會採用這個方式，為什麼呢？因為它有用。來自另一位消費者的推荐，遠比無名的廣告文案更可信。

你該如何讓顧客討論產品呢？很簡單，直接問他們。那些對產品感到滿意的客戶，通常會很樂意（甚至感到榮幸）向其他人推荐產品。最有效的推荐來自客戶，同時，它也是鞏固你和客戶之間的關係，創造更深的品牌忠誠度的途徑之一。

Chapter 7【維繫老客戶的方法】

經營老主顧的成本最低，千萬別冷落他們

招攬新顧客很重要，但照顧好老客戶也不能忽略。甚至可以這樣說，照顧老客戶是為你增加收入最簡單、又最便宜的方法。在既有的顧客群中建立他們對你的品牌的忠誠度，鼓勵他們向你購買更多的產品，你就可以用最少的成本，創造出最大的利潤。

畢竟，想改變人的喜好和習慣，比鞏固既有的習慣昂貴，因此在全新的市場上推出產品，會比在原有的顧客群中增加銷售額更花錢。根據統計資料顯示，將產品賣給新顧客的費用，要比賣給老客戶的費用高出十二倍。

因為，現有的客戶已經很了解你的企業，也很喜愛並且信任產品，因此你不需要再對他們創造知名度和信譽。這是你最大的優勢，你應該要加以培養，讓他們購買更多的產品或服務。

照顧老客戶的方法有很多，以下介紹其中的五種：

1. **建議銷售**
2. **換購高價商品**
3. **全套系統銷售**
4. **激勵式銷售**
5. **輪耕式銷售**

建議銷售：「你要加買一份薯條嗎？」

這可能是照顧老客戶最簡單的一種方法。我把它稱為「你要加點一份薯條嗎？」策略。顧客已經準備要買東西了，你只是建議他們可以再多花一點點錢。

如果你賣的是桌子，不妨向顧客提議一把搭配的椅子，或是一盞落地燈。如果顧客想要一件新的外套，為什麼不建議她順便買一條搭配用的絲巾？如果客戶買了一台新機器，何不建議他購買專供機器使用的潤滑劑，讓機器運作得更順暢，或是一條搭配新機器使用的輸送帶。

雖然這種方式看起來只是個簡單的概念，但卻出人意料地容易受到忽略。有時候，人們會覺得自己好像在強迫推銷產品，但是你不妨換個角度思考，你的行為只不過是想讓顧客從購買的產品上獲得更大的利益而已。

如果她向你買了一份人壽保險，不妨建議她選擇一份理財計畫，這樣一來，你將為她和自己創造雙贏的局面。她會對擁有財務自由感到高興，而你也完成了一筆額外的生意。

產品不斷升級，讓他樂意繼續掏錢

顧客去年向你購買了某樣商品的基本款，今年，你可以對他銷售相同商品的豪華版。另外，再賣給他一份更好、更棒的售後服務。

即使他不需要新型號的產品，你也可以向他銷售新的鈴鐺和汽笛（以及其他的周邊商品），以便提高他的消費金額。

讓顧客換購更貴的產品，必須依賴客戶對產品的忠誠度。如果客戶對第一次購買的產品感到滿意，那麼，他對產品保持忠誠的可能性就會增加，因為對他而言，再向你購買產品會比從競爭對手中挑選產品更容易。

通用汽車幾十年來一直都將這個理論運用得很好，雪佛蘭是它所生產的基本品牌，也是年輕家庭和收入較低的人士的最愛；龐帝克的時尚性能則是為更富有一些的人所設計的；別克則是針對更有錢的族群所生產，帶有現代便捷特色的奢華品牌；而最頂級的凱迪拉克，則是能夠突顯身份地位的品牌，是代表：「你成功了！」的一款汽車。通用汽車認為，如果你在人生的每個階段裡，都能從不同的通用車款中得到快樂，那麼你就會保持對通用汽車的品牌忠誠度，而不會購買其他品牌的汽車。

即使你不是每年都會推出新產品，你的產業也會發生變化，創新不斷發生，設備變得老舊過時。你應該讓客戶知道這些新奇的發明，讓他們明白自己需要這些新產品，然後在第二年說服他們購買這些更貴的產品。

別只賣單一產品，賣他全套產品

這是個一切講求便利的時代，人們希望和簡單的統包企業打交道，就是因為它具有便利的特性。

如果有一對新人打算籌備婚禮，他們可以租一間禮堂，雇用宴會承辦人員，訂購鮮花，挑選現場演奏者，和決定其他的瑣事。或者他們也可以找你的婚禮顧問公司幫忙，因為你能為他們提供婚禮所需的一切服務。

如果客戶想蓋一間新的工廠，他可以自己做所有的決定，包括聘請建築師、工程師、承包商、法律顧問等等。或者他也可以找你幫忙，因為你的公司能為他提供建造新廠房所需的完整服務。

奇異醫療系統公司不只銷售核磁共振儀的硬體設備，同時也提供使用該系統所需的整套服務，包括客製化軟體設定、教學服務、分期付款／貸款服務、運送規畫和硬體維護與程式修復等等。當然，也包括售後服務在內。

全套系統銷售

我曾經問過一位業務員，為什麼她在某樣商品上的銷售量非常低。

我想她應該是被我的問題中隱含的批評傷害了，因為她反駁我銷售低價的小商品非常花時間，當顧客決定購買的時候，她已經花了十分鐘的時間，銷售一件只值五美元的商品。

她繼續批評公司沒有將那些賣得好的產品進行組合包裝，因為那樣一來，她就可以只用一半的時間，賣出價值五十美元的產品了。

當然，她提出了一個很好的想法，令人納悶的是，為什麼從來都沒有人想到這麼做。公司後來依照她的建議操作，包括顧客在內的所有人都感到非常高興，但最高興的還是業務員，因為他們的業績成長了許多。

你有沒有什麼產品是可以進行整合，並且以商品組的方式銷售？試試這個方法吧。

激勵式銷售，鼓勵他多買

促銷並不只是招攬新顧客的策略，在照顧老客戶方面也同樣適用。免費的禮物、優惠和折扣雖然都是招攬新顧客的有效方式，但是它們也可以用在你的既有客戶身上，為你賺取更多的營業額。

試著為購買較多產品的人提供優惠，比方說只要買一個漢堡，就可以用半價買到第二個漢堡。「試試這一組新的化妝品，並且獲得一個免費的大手提包。」許多企業都會採用這種簡單的策略，例如：購買兩個箱子，第三個就免費送你。

或者，你也可以設法鼓勵顧客購買整組的商品，或提高同一種商品的購買數量，而不只買一件商品。比方說，「買一打 Krispy Kreme 的甜甜圈，就送一個免費的甜甜圈！」

促銷可以用來招攬新的生意，或是鼓勵你原有的客戶購買更多產品。只需要購買任何一件產品，就可以獲得一份免費的禮物，絕對是個吸引顧客的好方法。

優惠能提升你的企業形象，獲得客戶的好評，吸引新顧客，迅速增加銷售額（雖然只是短期的），同時獎勵你的既有客戶。

訣竅在於為目標市場找出最有吸引力的優惠方式。速食店利用各式各樣的可口可樂玻璃杯吸引顧客的方法，從來都沒有失敗過。只需要多付一塊錢（對餐廳來說成本只需要三十美分），顧客就能將有收藏價值的可樂杯帶回家，聽起來非常的划算。

在選擇優惠的方式時，必須特別注意以下幾點：

- 它對你的目標客群有吸引力嗎？
- 它是否具有被認可的價值？
- 它與產品形象是否相符？
- 它是消費品還是收藏品，如果顧客已經擁有了一個，還會想要第二個嗎？

尤其是當你所銷售的商品是日常商品或服務的時候，提供額外的優惠除了能增加產品的價值，更能將你和其他眾多的競爭對手相區隔。你不妨思考一下，看看你是否能將某些產品和熱銷商品包裝在一起出售，為自己增加營業額。

促銷優惠

如果你對優惠大力宣傳，而非宣傳產品本身，往往能讓你的促銷方案獲得更好的效果。

比方說，當比利時的 Godiva巧 克力舉辦獎品是鑽石珠寶的抽獎活動時，做為頭獎的鑽石珠寶便不斷地在所有的廣告中出現。

頭獎的鑽石珠寶為 Godiva 巧克力創造出更大的利益：高價的鑽石珠寶提升了產品的形象，讓 Godiva 巧克力成為尊貴的代表。

輪耕式銷售，緊緊抓住他的時間和荷包

這是一種灌輸品牌忠誠度概念的簡單方法。某些產品或服務本身，就具有週期性購買的特質，無論是在一定的時間裡必須添購，或者需要經常光顧，還是必須定期預約都包括在內。

加油站大約每隔一個月左右，就需要補充雨刷、皮帶和水管等設備，同時也必須為地下油槽補充汽油儲存量。聰明的油品供應商會定期跟加油站聯絡，好成為加油站的汽油和周邊商品的提供者。

根據同樣的原理，加油站的經理也可以每隔三個月左右，提醒他的老客戶更換機油。客戶會感激加油站經理的提醒，而加油站的業績也將因此受惠，如果加油站的經理同時在信中附上一張折價券的話，那麼顧客選擇在這一間加油站換機油的機率就更大了。

我的理髮師（他稱自己為「髮型設計師」）有一些客戶，總是在自己有空的時候才會光顧他的理髮店。不幸的是，有很多人因此會剛好在他店裡最忙的時候造訪，並轉而光顧其他的理髮店。這不但讓他失去了這些客戶，而且他們在至少四到五個星期之內，都不會再次上門。然而在其他的時間裡，他的店內卻完全沒有客人，我的理髮師只好呆坐在店裡翻閱報紙的體育版。

我建議他可以在客戶準備離開的時候，直接請他們預約下一次的剪髮時間。他照我的建議做了，店裡的營業額也

因此成長了二〇％。從此之後，很少出現上門的顧客會因為店裡坐滿了人而掉頭就走的狀況，而他的理髮店（髮廊）裡也總會有客人。現在，他只有週末有空看體育報導了。

輪耕式銷售

有一家花店的老闆，會跟他的老客戶聯繫，請教他們的結婚紀念日和配偶的生日，並且將這些資料存在資料庫裡，然後每個月檢查一遍。

接著，他會在這些日子即將來臨的時候，打電話通知他的客戶，並且建議他們可以選擇一些合適的花做為禮物。

他的客戶們都很高興能得到提醒，他們的配偶也都為收到一份貼心的禮物而感到高興。

一對一行銷，挖深消費者的口袋

如果有一個顧客把你所有的產品都買走了，你是不是會覺得很高興？其實，這就是一對一行銷所遵守的原則。進行一對一行銷的行銷人員，並不會把目標放在將產品賣給很多人上，而是希望能讓同一個客戶，在他的一生中向同一家企業購買最多的產品。

這種行銷人員是個十足的「農夫」，他們會不斷將各種產品賣給同一個人。因此，評估一對一行銷成功與否的標準，不在於針對不同銷售對象賣出最多的商品，而在於他是否能讓同一位顧客，向自己購買更多的商品。換句話說，一對一行銷追求的是顧客的比例，而不是市場佔有率的比例。

請你思考一下，你寧願向某一個地區裡所有的顧客做宣傳，並且獲得一〇％的銷售額？還是寧可針對一〇％的顧客宣傳，並且讓他們百分之百向你購買商品呢？哪一種方式更適合用來進行競爭式的促銷？哪一種方式所需要的成本更低？

想要成為一位成功的一對一行銷人員，你必須先找出哪一種類型的客戶，更可能購買產品或服務。你可以將八〇／二〇法則（八〇%的銷售額，來自二〇%的顧客），當作篩選客戶的出發點。一旦確定了主要的客群，就可以進一步找出跟他們具有相同特性的顧客，也就是那些擁有類似的人口統計特性，卻不常購買產品的消費者。

他們是你最好的行銷目標，你也應該設法從他們那裡賺取更多的銷售額。

一對一行銷是一種依賴你與客戶（而非消費者）的關係的行銷方式。最成功的一對一行銷人員，是那些能跟每一位客戶建立起最深、最值得信賴關係的人。

在這個方法中，提供客製化產品可以很快提升你的業績。製造業就是受到時代變遷的影響，而變得越來越客戶導向的產業之一，也就是說，製造業會針對每個顧客的要求，生產符合客戶所需的產品。比方說在二十世紀初期時，亨利・福特製造的汽車全都是黑色的，他曾經說過，「無論你喜歡什麼顏色，只要是黑色就行了。」現在，每一批通過福特汽車生產線的汽車，都不會超過五十輛，而每一輛車也都會擁有不同的顏色、不同的配備和不同的包裝。也就是說福特汽車所生產的車輛，全都是依照汽車經銷商或每一位客戶的要求，所特別客製化的產品。

科技的發達，讓小型企業也有能力提供客製化的產品。同時，科技也能協助你鎖定目標客群，例如購買率頻繁的族群、購買大尺寸產品的族群或是那些喜歡購買特殊產品的族群，直接向他們行銷。因為新的技術不但簡化了你與顧客之間的聯繫方式，也降低了接觸顧客的成本。資料庫讓你有能力追蹤每一位客戶的特殊需求，而銷售自動化（Sales Force Automation,SFA）系統，則可以為業務員提供即時的相關訊息。

善用這些科技工具，業務員就能一次針對一個客戶，把產品銷售出去。

一對一行銷的妙用

有一家堆高機租賃公司能夠取得它的業務區域之內，所有堆高機租賃業務的資料。依照該公司的年營業額，老闆算出自己的公司在當地擁有一〇%的堆高機租賃市場。

此外，他還發現需要租賃堆高機的顧客，通常都會到處尋找價格較低的公司，而每當建築季節來臨時，這種狀況就特別明顯。

為了維持一〇%的市場佔有率，他必須大打廣告並提供各式各樣的折扣優惠，使得他的利潤大受影響。為了改變這種狀況，他重新檢查了一遍客戶名單，並且在建築業的高峰期來臨之前，寄送傳單給這些客戶（以節省媒體宣傳的費用）。

隨後，他會再補寄一張小卡片提醒有租賃需求的人，同時附上幾項建議同時租借的附件清單。

他的客戶都很欣賞這種一對一的服務，並願意繼續向他租賃產品。同時，他們也經常幫他介紹新的顧客，以表達感謝之意。而在貼心的一對一行銷之後，這些新顧客又變成了他的死忠客戶。

大眾行銷vs.一對一行銷

大眾行銷要求產品經理在一段時間之內，設法將某樣產品賣給最多的顧客；而一對一行銷則是要求客戶經理在一段時間之內，設法對同一位顧客銷售更多的產品。

採取大眾行銷方式的行銷人員，追求的是產品的差異性。另一方面，採用一對一方式的行銷人員，追求的卻是顧客的差異性。

大眾行銷人員希望持續有新的顧客加入，一對一行銷人員則希望，現有的客戶能夠不斷向自己購買產品。

你們公司是「賣空氣」的嗎？

經營服務業的人同樣也可以使用照顧老客戶的各種技巧，只是在實際的執行手法上可能會與一般產業有所不同。原因在於當銷售的產品或服務是無法用手觸摸或感覺的東西時，銷售的難度就會大幅提高。由於這些產品或服務，都擁有難以捉摸和虛幻的特點，因此通常被稱為「販賣空氣」。

這種概念性的產品或服務包括了保險、電腦軟體、建築、顧問服務，以及其他類似的服務在內。如果你本身從事的工作，跟出售概念性的產品或服務有關，那麼你一定能了解其中的困難度。

> **販賣空氣**
>
> 概念性的產品或服務，事實上不過是一張紙或一句承諾，你和企業的信譽才是客戶決定的關鍵。顧客必須完全相信，你將會做到你所承諾的一切。

對很多優秀的業務員來說，銷售無形的概念性產品或服務，比販賣實體的產品更讓人感到害怕和困惑，甚至會讓人覺得自己受到了羞辱。「我該怎麼推銷那些我根本無法展示的東西？如果我不能示範它們的功能，那麼我又該如何說明產品的特色？」

然而那些擅長銷售概念性產品或服務的人，卻表示除了概念性的產品服務之外，他們不願意銷售其他的東西。他們到底有什麼秘訣呢？

基本上來說，出售概念性的產品或服務，是一種擁有四個步驟的過程：

1. 建立關係

有些人屬於「收入業務員」，他們對自己的顧客漠不關心，只想知道顧客是否有能力購買產品，以及他們是否願意馬上把辛辛苦苦賺來的錢花掉。

電話推銷員就是最典型收入業務員，他們通常會在你最不方便的時候打電話給你，並且立刻問你有沒有決定購買他們所推銷的東西的權力。他們一點也不想跟你建立長遠的關係，也沒有興趣了解你的家庭，或是想知道你家的狗上星期剛生下一窩小狗。他們只要知道，你是否有足夠的能力購買他們的產品，然後他們就會開始推銷，希望能從你那裡賺到錢。

這些收入業務員的做法並沒有錯，因為這種方法往往是最有效、也最有利的銷售方式。這些人只是不打算跟同一個客戶做第二次生意，而這樣的觀念，和照顧老客戶的理念並不符合。

百貨公司裡的店員，也屬於收入業務員，因此他們很少嘗試和顧客建立關係。他們和顧客的話頂多就這幾句：你想買那件衣服嗎？它非常適合你！你是要刷卡還是付現？

收入業務員並不期望會有顧客再次上門，儘管百貨公司裡的店員，希望你能再度光臨他們的專櫃，但那時她很可能已經不在同一家百貨公司裡當店員了。因為還有其他的客人等著付帳，所以她沒有時間跟每一位顧客閒聊。

而講求建立關係的業務員，則希望顧客一來再來，因此會跟顧客或客戶建立長久的關係。他知道，顧客期待他與競爭對手都能提供好的產品以及好的服務，他也明白自己必須贏得顧客的信任，這樣顧客才會選擇向他購買產品或服務，而非他的競爭對手。

出售概念性的產品或服務時，就必須要得到顧客的信任，因為你所銷售的不過是一張紙或一句承諾，所以你和企業的信譽就顯得十分重要。顧客必須相信你會遵守諾言。當他摸不到、看不到、聞不到、也感覺不到一樣東西的時候，讓他相信產品或服務的唯一辦法，就是讓他信任你。

建立關係

出售概念性的產品或服務需要得到顧客的信任，因為當顧客摸不到、看不到、聞不到、也感覺不到一樣東西的時候，要讓他相信這些產品或服務的唯一方法，就是讓他信任你。

我認識一位成功的理財專家，他很少在第一次跟顧客見面的時候，就直接討論錢的問題。他會和顧客交朋友，建立友誼，好讓顧客對他產生信任感。

在他第二次或第三次和客戶見面的時候，客戶往往已經認同了他這個人，接下來，當他為客戶進行理財規畫的時候，就很容易達到銷售理財方案的目的。

2. 把產品賣給決策者

你可以把「東西」賣給企業裡的技術人員和執行者，也就是那些擁有辦公室主任、銷售主管、資料處理人員或會計主管等頭銜的人。

但當你在銷售概念性的產品或服務時，你應該把它們賣給執行長、營運長、財務長、行銷總監或某些副總裁，因為他們是負責制定部門預算，而不只是執行預算的人。

如果你聽到有人說：「這筆經費不在預算裡。」那麼你就找錯人了。你必須找那些有權決定預算的決策者，你需要幫執行預算的人將創意賣給有權決定預算的老闆。如果你的服務真的能為執行者的企業帶來效益，而唯一的阻礙是這項產品或服務並不在既定的預算之內的話，那麼負責執行預算的人，一定會很感激你能幫他把想法推銷給老闆。

3. 讓顧客界定問題

在銷售概念性的產品或服務時，我們真正銷售的內容，其實是問題的解決辦法。因此，第一個步驟就是確認問題出在哪裡。

要做到這一點最好的方法是直接請教顧客，讓他們告訴你問題是什麼。你應該不斷提出問題，直到決策者明確界定出問題的範圍為止。每個企業都有問題，關鍵在於你是否能問對問題並仔細傾聽，直到你找到你的公司有能力解決的問題為止。

當你在尋找你的公司有能力解決的問題時，應該事先準備好一些特定的問題。我最喜歡問的問題是：「跟我談談競爭對手。」因為這種問題永遠都能引起熱烈的討論。

4. 銷售解決方案

當你向決策者推銷概念性的產品或服務時，不應該直接將「產品或服務」本身賣給他們，因為無論它是電腦軟體或房屋保險，它都只是一張紙和一句承諾。

你應該將產品或服務最重要的優點推銷給決策者，換句話說，就是能幫助他們解決問題的方案。你所提出的解決方案，應該要能為顧客提供以下三種優勢之一：

1. 降低成本
2. 提升企業地位
3. 提高生產力

如果產品或服務可以協助企業降低成本，以更精簡的方式運作，那麼你就是個英雄。因此，如果你的軟體可以降低企業的交易成本，那麼當你在介紹產品特色的時候，就必須包括這一項優勢。如果你的服務可以為顧客減少支出且同時維持銷售水準，那麼其中的差距就會成為顧客的**利潤**。

加強企業的市場地位，會讓企業有調高產品價格的空間。因為，消費者一旦認同該企業產品的價值，就會願意花更多的錢買。這麼一來，企業的銷售額和利潤都會提高。如果你的產品或服務可以提高顧客的市場地位且還能增加他的銷售額，同時維持既有的支出成本的話，就能為顧客創造更多的**利潤**。

一般而言，可以提高企業生產力的產品或服務，往往是最容易銷售的東西。較高的生產力不但可以降低產品成本，也能保持銷售業績，增加利潤。另一方面，生產力的提升也能提高產品的品質，或縮短產品的運送時間，進一步提升企業在市場上的地位和銷售量。如果支出維持不變，其中的差額就代表了利潤。顧客可以透過提高生產力的方式，降低產品成本以創造利潤；或者靠提高銷售額的方式創造利潤。無論採取哪種方式，如果顧客不能將你的產品或服務轉換成利潤，你就很難做成這筆生意。

銷售概念性的產品或服務，乍聽之下雖然會讓人覺得很困難，但是只要照著成功的概念性商品業務員所提供的幾個技巧去做，你會發現賣衣服和銷售健全的理財規畫之間，其實並沒有太大的差別。

防止顧客變心的四種方法

在這類商品中，傑出的服務是和顧客建立長遠關係的關鍵。

回想一下，當你自己是某項產品或服務的顧客、客戶、乘客、病人或贊助商時，所接受的服務品質。如果服務的品質很好，你不但會覺得很滿意，還會忍不住想把它介紹給別人。要是服務的品質很差，你會覺得自己遭到了貶低、詆毀，並且感到沮喪，甚至可能想把櫃檯後面的店員給掐死。

說到底，優質的服務最重要。而且，想為你的企業建立良好的服務聲譽，就必須從你自己開始做起。身為老闆或主管的你，必須為員工樹立榜樣，如果連你都不在乎這一點，又怎麼能期待員工在乎呢？如果員工都不在乎，就更不必指望顧客會在乎。換句話說，你的生意也就到此為止了。

傑出的服務應該從訓練開始。沃爾瑪超市的創始人山姆•沃爾頓曾經說過：「你應該將所有的事都跟你的同事溝通，他們知道得越多，就會越關心你的企業。一旦他們開始在意你的企業，就沒有什麼能阻止他們的付出了。」

無論你提供給顧客的是貼心的產品知識還是一個簡單的微笑，服務是一種態度，一種希望能把小事做得最棒的渴望。一個能夠提供傑出服務的機構，其實是一個了解每一位顧客的重要性和尊嚴的機構。相反的，一個不關心顧客的企業會說：「我對你沒興趣，因為你對我們沒有用。」

根據研究顯示，企業失去顧客最主要的原因，是由於企業對待顧客的態度過於冷漠。顧客會離開你的原因，不是為了追求更便宜的價格、更好的品質或是更多的選擇，他們選擇離開，是因為他們認為你並不關心他們。

更重要的是，你有三分之一的顧客現在就已經有了「變心」的想法，而你卻很可能不知道他們是誰！因為大多數的企業都沒有正式的程序，能夠觀察顧客是否有變心的危險。

最糟糕的是，有將近四分之三的顧客都曾經警告過他們的供應商，自己有不再跟供應商做生意的打算。他們會故意拋出一些暗示和警告訊號，如果你仔細傾聽這些訊息，你會發現他們正在透露準備變心的消息。

以下介紹的四種方式，可以幫助你察覺顧客是否準備變心，以及該怎麼做才能留住他們。

1. 徵詢採購部門的意見

客戶經過很長的時間才再次下單訂貨，很可能就是他們對你感到不滿的暗示，而兩筆訂單間隔的時間越久，你失去這位客戶的可能性就越大。

你應該經常追蹤訂單，這樣一旦發生什麼狀況，你才能迅速做出反應。市面上也有一些很棒的軟體，可以幫助你將追蹤訂單的工作變得比較容易。

2. 讓帳單為你工作

當客戶準備付款的時候，他們會對你的工作進行最後的評估，如果他們對產品或服務感到不滿，這或許就是他們跟你做的最後一筆生意，而你卻很可能完全不知道原因。

你不妨在帳單裡附上一份問卷，詢問顧客所接受的產品或服務是否有任何的問題，這種做法能讓顧客在準備付帳的關鍵時刻痛快表達意見。

3. 徵詢顧客的意見

雖然業務員和服務代表，往往能夠立刻察覺顧客對產品或服務的不滿，但你還是可以親自徵詢他們的意見。有些顧客或許不願意直接批評你，那麼不妨改用發調查問卷的方式，請他們指出對產品或服務的看法。調查問卷擁有許多優點，例如它不會留下抱怨者的名字，可以精確的指出問題所在，甚至有機會讓你創造出從未想到過的新產品或服務。

最重要的是，問卷能讓顧客了解你對他們的關心，並讓他們明白你很重視他們的意見。顧客都喜歡收到問卷，因為問卷也為他們提供了一個宣洩的管道。讓他們告訴你你做錯了什麼，永遠要比他們再也不願意跟你做生意好。

企業現場

讓他挑毛病，他反而對你更死忠

福雷爾商務空間公司是一家辦公家具的供應商，在處理顧客的不滿情緒上遇到了麻煩。通常在一次包含數十個工作站和獨立辦公室的大型安裝工程完成之後，總會發生一些零件遺失、貨物運送不完全或家具和配件無法成套的狀況。一旦狀況發生，顧客就會打電話給公司，並且列出所有的問題。

由於福雷爾需要花較長的時間來處理這些抱怨，因此，它開始擔心會失去某些客戶。

福雷爾認為，解決問題最好的辦法就是建立一套行動計畫，以便事先預防可能出現的抱怨，並且向顧客保證問題能儘快得到解決。

在福雷爾完成工作站以及辦公家具的安裝之後，顧客會收到一張可能需要解決的問題的清單。清單中列出的問題包括「安裝工程是否在規定的時間之內，以及干擾最低的情況下完成？」和「安裝工人是否有禮貌且有效率？」等等。

如果顧客勾選了清單上的任何問題，業務人員就會立即發出行動呼籲，並且將問題交由業務副總處理。自從福雷爾實施了這個辦法之後，有超過九八％的顧客，都對福雷爾的服務表示滿意。

4. 注意重要事件

任何一項重要事件，包括接近年底、合約到期、續約等事件，都可能讓企業遇上麻煩。因為這些事件，都會迫使顧客進行評估，決定是否該繼續跟你做生意。

我認識的一家企業裡，有一位客服人員會在年終續約日期來臨的前一個月，打電話給需要續約的顧客。如果這位客服人員發現顧客有任何不滿的情緒，就會立刻將這位客戶移交給一位「救生員」。這位救生員是接受過專業訓練、熟知各種補救措施的專家。救生員就能好好挽回這個客戶。這種做法，讓這家企業每年在續約時流失的顧客只有不到一％，遠低於同業的平均水準。

如果你能打造一個能夠發現顧客是否有變心可能的早期預警系統，可以為你的銷售團隊帶來許多利益，並且能維持顧客對你的滿意度。

我表現得如何？

十分受歡迎的前紐約市市長郭華德（Ed Koch），曾經提出過一個很知名的問題：「我表現得如何？」雖然他並不是永遠都能得到大家的讚賞，但是紐約市民卻都很愛戴他，因為他們覺得郭華德非常關心他們，才會經常徵詢他們的意見。

預防變心

我認識的一家企業向它的客戶表示，如果他們對購買的產品不滿意，可以選擇他們認為公平的價格付款。

事實上，雖然這家企業有這樣的政策，卻只有很少部分的顧客支付比定價更低的金額。

這種政策為顧客提供了一種大權在握的感覺，也能幫助企業事先察覺有變心可能的客戶。

三分之二的顧客流失，是因爲你不在乎

每個人都希望自己對別人而言很重要，這是人們天性的一部分。我們都希望，無論自己的生意有多大，對供應商來說都很重要。同樣的，我們也真心希望對企業而言，自己是個重要的客戶。

無論你經營哪一種事業，從休閒品商店到醫院，從銷售汽車零件到提供顧問服務，如果你不能讓顧客覺得自己很重要，他們就會毫不猶豫地離開你，投入競爭對手的懷抱。千萬不要讓這種事發生在你身上。

下面是一個小測驗，可以幫助你了解顧客認為自己受重視的程度：

1. 再次上門的顧客是不是越來越少？
2. 顧客買東西的頻率是否降低了，每次購買的金額是否也越來越小？
3. 你是否覺得自己選錯了產品進貨？還是進錯了尺寸？挑錯了配件？
4. 顧客是不是都投靠競爭對手去了？
5. 顧客是否看起來很憂鬱而且難以配合？
6. 你是否收到過不開心的顧客的主動抱怨？
7. 自從上一次徵詢顧客跟你交易的感覺到現在，是否已經經過一年甚至更久了？

如果你對部分問題的回答是肯定的，那麼就表示你對顧客的關心程度太低了。

失去客戶的原因

研究顯示，企業失去顧客的方式只有六種：

一%的人去世了
三%的人搬家了
五%的人受到別人的影響，改買其他的產品
九%的人被競爭對手搶走了
一四%的人不喜歡產品
六八%的人對你的企業員工的冷漠態度感到不滿

很不可思議吧！超過三分之二的顧客流失，都是因為你曾經向他們暗示，「我們不在乎你。」

根據研究顯示，有三分之二的顧客選擇離開經常光顧的商店，並投靠競爭對手商店的原因，是因為他們覺得原來的店不關心自己，不願意對自己的需求作出回應，而不是因為競爭對手的價格更便宜、選擇更多或產品的品質更好。換句話說，顧客離開的原因，只是因為他們覺得原來的店家不重視自己。

因此，你應該定期徵詢顧客：「我們表現得如何？」你會對自己能夠從中獲得的訊息感到驚訝，而顧客也會對你的做法感到高興。

當你徵詢顧客的意見時，你最早體會到的一件事，是顧客對你願意花時間詢問他們的意見感到放心，而且每個人都喜歡發表意見。而你將學到的第二件事，是你應該更常徵詢他們的意見。

想獲得顧客的意見回饋有很多種方式，其中最簡單的一種，是在他們購買產品的同時徵詢他們的意見。透過這種方式，你可以獲得立刻的回應和及時解決問題的機會，以避免失去一位客戶。餐廳就經常採取這種方法。餐廳裡的服務生，通常會在送上餐點的五分鐘之內，也就是當你剛咬下一大口披薩的時候，站在你的桌邊問你：「您還滿意嗎？」

這種服務其實是餐飲業的標準規範，因為餐廳明白除非顧客覺得自己受到重視，否則善變的顧客可能不會再次上門，也不會把餐廳推荐給自己的朋友。

這裡還有另一個雖然經常被零售商採用，卻也適合許多其他產業使用，獲得顧客回應的方法，那就是問卷調查。有些時候，顧客並不願意當面告訴你他們的不滿，因為要讓他們直接告訴你產品的價格太高、品質不佳或營業時間不夠方便等問題，可能會令他們覺得不安。

你可以利用問卷調查的形式，為他們提供一個無需具名，卻又能向你反應問題的機會。一份調查問卷通常具備很多功能，它能夠讓抱怨者以匿名的形式回應，也可以看出產業發展的趨勢。同時，調查問卷還能精確指出問題的所在，甚至能讓你創造出以前從未想到過的新產品或服務。

最重要的是，調查問卷能向顧客傳達你的關心，讓顧客知道你很重視他們的意見。同時，問卷也能為他們提供一個宣洩的管道，讓他們告訴你問題出在哪裡，總比他們永遠不再跟你做生意好。

當你在發放問卷的時候，應該依照客戶資料庫，將問卷寄給你現有的客戶，而不是單純地將問卷跟收據一起放進購物袋裡。首先，你應該連絡那些已經有一段時間沒有向你購買產品的顧客，因為他們是你最想問「為什麼？」的人。

其次，你可能會收到很多的回應。如果你從事的是企業對企業的貿易，利用直接郵寄的方法，你將更有機會接觸到決策者。而如果你是個零售商，顧客在把產品買回家之後，很容易就會把購物袋、收據和問卷一起丟掉。因為大多數的人都寧願回覆信件，也不願意填寫那些跟產品一起塞給他們的調查問卷。

調查問卷的用途很多，因此有些企業會定期發放調查問卷，以確認廣告的效力和顧客的感受。麥當勞每一季都會對大眾進行調查，而「你最喜歡的速食店是哪一家？」和「哪家餐廳的薯條最好吃？」都是很常見的問題。麥當勞會對這些問卷的結果，進行進一步的追蹤比較，如果發現任何一個類別的分數下降得太多，麥當勞就知道自己應該針對那個類別大作廣告。

無論你採用什麼方式徵詢顧客的意見，都應該讓顧客知道，你很重視他們。你應該定期詢問他們：「我們表現得如何？」因為這是建立你的關懷智商最好的辦法。

零售服務

如果零售商對他的顧客說：「我們不在乎你。」會導致什麼結果？

沒有人認為自己不在乎顧客，但不妨聽聽顧客常見的抱怨，這些狀況會讓顧客認為你不在乎他：

- 店員心神不寧、不專業或者對顧客不感興趣
- 讓顧客排很久的隊，在電話的另一端等很久，或其他類似的狀況
- 需要協助的時候找不到店員幫忙
- 商品亂放或者是缺貨
- 環境髒亂或是有安全上的顧慮
- 店員本身不認同所銷售的商品

企業現場　客人會教你增加營收的方法

CPI是一家製作音訊、視訊，以及影片的工作室，一向以擁有最新、最頂級的數位製作設備，以及接受過專業訓練的創意人才自豪。

經過十年的發展，工作室的老闆吉姆・卡根擔心公司會漸漸跟不上時代。因此他希望能精確地了解，當地的廣告代理商和創意公司，對他的工作室有什麼看法。

CPI利用三個月的時間，向所有的客戶寄出了一份印有回函地址的問卷。

CPI從回覆的問卷中了解到，顧客們希望CPI能延長營業時間，並且降低產品的價格。

根據這些意見，CPI決定在夜間時段，以較低的價格出租工作室。這項改變不僅讓CPI的資產設備獲得更大的效益，也更能滿足顧客的需求。CPI的營收因而成長了二八%。

抱怨的人，最有機會變忠實粉絲

大多數人都同意，口碑是最好的宣傳方式。顧客自發性的滿意證言，比那些麥迪遜大道上的廣告公司神童寫的花稍廣告，更具有說服力。

但是，負面的口碑會對你造成什麼影響呢？如果顧客經歷了不愉快的事，並且把它告訴了別人怎麼辦？如果顧客只會把不開心的事告訴我們，卻會把開心的事告訴朋友不是很好嗎。可惜的是，這種事並不會在現實世界裡發生。產品或服務總是會有出現瑕疵，或者是讓人感到不滿的時候，每當這種情況發生時，也總是有人會向你抱怨。然而那些抱怨的聲音，只不過是你聽到的部分。一般而言，只有四%的顧客會在感到不滿意時抱怨，剩下九六%的顧客，則會選擇不開心地離開。這意味著每次只要有一位顧客向你提出抱怨，就代表事實上還有二十四位顧客都遇到了同樣的問題。

如果顧客願意直接向你抱怨，你應該要衷心地感謝他，因為他或她為你做了一件天大的好事。他等於是向你提出了警告，讓你明白另外還有二十四位顧客，都遇到了相同的問題。如果你還想要讓這二十五個消費者繼續當客戶，你最好解決他所抱怨的問題，而且越快越好。

你處理抱怨的方式，可以讓你的生意更好，也可能會毀掉你的生意。如果你能夠解決問題，那麼有三分之二的顧客會願意繼續跟你合作；如果你能迅速解決問題，那麼願意繼續擁護你的顧客比例就會高達九六%。

換句話說，獲得好口碑的秘訣就是避免讓顧客抱怨，或者是當抱怨發生的時候立刻解決它。而這，就是好的服務。

比好服務更上一層的服務，是廣為人知的超凡服務，也就是指為顧客提供超乎期望的服務品質。對顧客來說，接受超凡服務是一種非常美妙的經驗。雖然這種感覺有的時候會很快消失，但是通常都能深植人心，在服務結束很久之後依然留在顧客心底。超凡服務肯定顧客是值得受重視的，而且也有人很關心他們。對服務的提供者來說，這種做法也可以提供有正面效益的體驗。當員工用盡心思取悅顧客的時候，他們往往會很驚訝地發現，原來自己也可以變得這麼幹練。

好的服務只是普通的人把普通的事做好，而超凡服務則是普通人將普通的事做得非常完美，超出人們的預期。請讓員工隨時為顧客提供超凡服務，並且在合理的範圍內，為達成員工的最大利益而賦予他們決策的權力。透過這種方式，你將能夠獲得比滿意的顧客更好的效果，因為你也同時擁有了更快樂的員工。

企業現場　每二十五個遇到問題的人，只有一個會抱怨

在免付費電話發展的初期，寶僑在旗下的鄧肯・漢斯預拌蛋糕粉的盒子上，印上了公司的免付費電話號碼。

顧客開始打電話到公司，想知道為什麼他們做出來的蛋糕和麵包跟盒子上印的不一樣？或是詢問用瓦斯烤箱跟電烤箱做出來的蛋糕是否有什麼不同？又或者是詢問在不同的海拔高度製作蛋糕時，烤箱應該設定在什麼溫度？

經過一段時間之後，寶僑想知道實際上有多少顧客，跟這些打電話詢問的人遇到了同樣的問題。寶僑進行了一項調查，希望找出有多少消費者，跟這些打電話的顧客遭遇了相同的問題，卻沒有打電話抱怨。寶僑很驚訝地發現，每當他們接到一通抱怨電話，就代表平均有二十四個人遇到相同的問題，卻從來不想浪費時間抱怨。

針對其他產品類別，包括洗髮精、洋芋片和餐廳等等的研究，也獲得了相似的結論。也就是說，每二十五個人之中，只有一個會在遇到問題時抱怨。

當寶僑在產品包裝上增加了公司的網址之後，他們又做了一次調查，並且認為由於電子郵件的便利性，抱怨的人數應該會有所增加。然而他們卻發現，先前的調查數據依然適用，只有四%的人在遇到問題的時候會提出抱怨。

當你下次在餐廳裡吃到一頓非常難吃的午餐，或者是在百貨公司遇到了很差的服務時不妨想一想，你是否會成為提出抱怨的四%消費者之一？

你的最終目標是：創造品牌忠誠度

任何一種行銷手段的最終目標，都在創造顧客的品牌忠誠度。你希望無論競爭對手提供什麼價格、哪一種替代性的產品，什麼樣的服務品質，客戶都能忠於你的品牌。

創造品牌忠誠度可以省下採購流程中的兩個步驟。一旦顧客遇到了困難，需求就會隨之而生。由於對品牌的忠誠，顧客不必費心尋找資訊解決問題，也無需評估其他的解決方案，只需要購買產品就行了。

品牌忠誠度是由購買開始的。直到第一次的購買發生時，顧客才會因為產生了某種需求，同時認為你或產品可以滿足他的需求，而向你購買產品或服務。一旦採購的行為發生，你就有了創造品牌忠誠度的機會，這一個步驟稱之為：**購買後的滿意度評價**。

當你購買了一台除草機，就表示你為了解決草坪需要修剪的問題，而進行了實質性的投資。你希望除草機能幫你割草，而且割得乾淨又徹底。你也期望這一台除草機不需要太多的維護和修理，但如果它真的出現問題，你也希望經銷商能快速而便宜地修理好它。簡單來說，你對除草機和它的性能，擁有特定的期望值。

如果除草機的表現符合你的期望，你就會感到很高興，也會對產品有較高的評價。然而購買後的評價可分為兩個部分，根據經驗證明，產品符合購買者的期望只是其中的一部分。

另一個部分，則是購買者是否贊同這項產品，以及其他人是否認同購買者的意見。你的鄰居對你買的產品有什麼看法呢？「哇！喬治，這台除草機好漂亮，看起來真不錯。我也想要有一台。」朋友的支持會令你感覺良好，不但迎合了你自我滿足的心理，也讓你為自己正確的購買決定感到驕傲。但是如果你的鄰居說：「天哪，喬治，你的除草機太難看了。我真不敢相信你會花那麼多錢買這種東西。我妹夫可以幫你用更好的價格，拿到一款更可靠的除草機。」那麼你可能會想要狠狠地揍鄰居一頓，或是對自己的購買決定感到難過，也或許兩種想法都有。

一般而言，採購了越貴的產品之後，你就越希望大家能稱讚你的購買決定。

大約每十個新購屋者之中，就會有一個在購屋之後感受到不同程度的悔意，許多人因此會在完成交易後的幾天之內，試圖取消購屋交易。聰明的房地產經紀人，會以贈送喬遷賀禮（例如一盆附上恭祝「喬遷之喜」卡片的盆栽）或是口頭上的支持（例如對購屋者說：「這棟房子太適合你了，加上這麼好的的地理位置，以後一定會升值。」）等方式，肯定購屋者的決定。

汽車公司也很了解購買後評價的重要性。一般來說，在你購買了新車之後，就會立刻收到經銷商一連串的電話，表示願意回答任何與汽車操作有關的問題，或者是收到經銷商寄來的信件，祝賀你所做的聰明選擇。這一連串的動作，都是為了讓消費者在購買產品之後，能夠產生正面評價而精心設計的服務。

由於心理因素對購買汽車非常重要，而許多人也確實會依據別人所開的車來評價車主，因此車商早就將這種概念運用在廣告中。比方說，「現代汽車，你聰明的選擇」。好的廣告能讓顧客的想法和信念得到支持，並且讓他們覺得自己所做的品牌選擇，是非常明智而正確的。

想要在顧客購買後創造正面的感受，你就必須擁有能夠滿足，甚至超越顧客期望的好產品，同時肯定他們的購買決定，提供正面的心理因素。

購買後的評價

- 如果產品比想像中的差，顧客就會感到失望。
- 如果產品和預期的一樣，顧客就會感到滿意。
- 如果產品的表現超出預期，顧客就會非常高興。
- 這些購買後的感受，足以決定消費者是否會成為該品牌的忠實顧客。

解決客戶投訴問題的「三R原則」

儘管我們付出了許多努力，但顧客還是可能會感到不滿意。如果顧客對他所購買的東西不滿意的話，你該怎麼辦呢？你應該設法解決問題，而且越快越好。但是，你該怎麼做？

根據統計，我們了解如果顧客的問題能及時獲得解決，將會有九六％的消費者願意再次向你購買商品，因此，解決問題的速度非常重要。

然而，光是速度快還不夠。

消費者需要確認同樣的問題不會再次發生，同時，他們也希望能夠獲得賠償，彌補問題對他們造成的麻煩和不便。

這時候，你需要了解什麼叫三R原則：**認識問題**（**recognition**）、**修正問題**（**remedy**），並且**加強對問題的管理**（**reinforcement**）。

假設你正在一間餐廳裡。你正在和太太吃飯，而且今天是你們的結婚紀念日。服務生把菜端上桌，當你在吃了幾口之後，發現你的牛排又肥、又硬，而且還煎得太老了。於是你提出了抱怨。

如果餐廳對服務生提供了足夠的訓練，你的問題就會被承認（「真是對不起。」——認識問題），獲得解決（「我能換一份其他的餐點給您嗎？」——修正問題），而服務生也會保證問題不會再發生，同時為你提供某種形式的賠償（「主廚要我告訴您，牛排的供應商不好，因此我們不會再向他採購牛排。這裡是價值二十美元的禮券，供您下次再度光臨時使用。」——加強對問題的管理）。

你還會再去那一家餐廳嗎？你當然會去。為什麼呢？根據研究顯示，顧客寧願選擇已經知道的東西，而不會挑選自己不了解的東西。如果讓你選擇再度光顧這家餐廳，或是選擇另外一家，你不確定是否能令你滿意地解決問題的餐廳，你很可能就會選擇這一家，你可以肯定一旦遇到問題時，他們絕對會迅速幫你解決的餐廳。

換句話說，一切都跟客戶服務有關。只要遵循三R原則，認識問題、修正問題、加強對問題的管理，你就能擁有一群忠實的客戶。

所以，別擔心抱怨的人，當他們抱怨的時候，就是爭取他們對你擁有品牌忠誠度的時候。相反的，你不妨透過進一步鼓勵其他人抱怨，無論是經由面對面的意見徵詢還是問卷調查的方式，為自己爭取更多的品牌支持者。

Chapter 8【推出新產品的方法】

沒有新產品，就是在
等同業推出改良品來把你打敗

每個企業都需要有新產品。

新產品能取代那些不再有人需要，已經邁入成熟階段的舊產品。

新產品也可以為企業提供新的獲利機會，並且為你的企業在產業中塑造出擁有最新技術的形象。最重要的是，它能讓業務員在參加貿易展的時候，有新東西可以介紹。

新產品的創意是從哪裡來的？下一代的便利貼在哪裡？下一種相當於蘋果 iPod 的產品在哪裡？你的企業又該如何找到這些新產品呢？

新產品的開發是由需求、科學和魔術等三種因素所組成的，而許多具有創造性的技巧，都能用來激發新產品創意。我將在這一章裡為你介紹其中最出色的技巧。在逐一討論這些方法之前，你應該知道所有的技巧都有兩個共同點，分別是創造力的訓練和開放的思維。進行創造力訓練的原因在於，由人們的右腦所產生的創造性思維，需要運用左腦的分析能力，而擁有開放的思維，才能面對永遠有人會否決你的創意的情形。

推出新產品可能是五大商業策略之中，成本最高、風險最大的一種策略。新產品出現和消失的速度非常快，根據統計，平均每五十八種新上市的產品之中，只會出現一種成功的商品。換句話說，這一項新產品能夠賺取的收入，除了必須負擔另外五十七樣新產品的測試成本，還應該要為企業創造利潤。

儘管推出新產品的風險很高，市場上每天卻仍然有許多新產品問市，而在它們之中，某些產品也的確讓我們的生活變得更美好、更簡單。在傳統的轉角雜貨店停業之後，像紀念碑似的大型購物商場在各地陸續出現，成為消費產品調查與發展部門的創意來源。似乎總有某些人在某些地方，做出了某些正確的決定。

你的目標，就是成為這些人之中的一份子。

每個產品都有生命週期

有兩個最重要的原因，讓你的企業必須發展新產品。

第一個原因是產品正在慢慢變舊，對同業來說，它們就像前一天賣剩的魚一樣，散發出令人厭惡的氣味。經過測試與證實的產品雖然很棒，但是經過測試與證實，又經過進一步改良的產品，永遠對消費者更有吸引力。只需要將產品做些更改，你就可以創造出一個令同業嫉妒的新產品；或者你也可以進行產品創新，為自己開創一個全新的產業。別忘了，市場上充滿了變動，即使經常起起伏伏，卻永遠都在向前進。所以只要你停滯不前，就會被市場遠遠拋在背後。

第二個原因是因為，消費者更喜歡跟那些能夠提供最新、最棒的產品的廠商打交道。只要你能提供更好的產品，消費者就會覺得更踏實、更有安全感，也會更忠實擁護你的品牌。

當然，所有的新產品最後都會變成舊產品。一般而言，無論是產品類別或特定品牌，都有一定的生命週期，而科技的不斷進步，也終將會讓所有的東西全部淘汰。產品生命週期表就是用來解釋這個現象的工具，如圖九所示，產品從推出到淘汰，總共需要經歷四個明顯的階段：

1. **導入期**
2. **成長期**
3. **成熟期**
4. **衰退期**

在產品的**導入期**階段，企業的動作包括對產品進行檢測，尋找不同的經銷管道，分析目標市場和行銷方式等，並且測試各種標價策略（換句話說就是四P原則：產品、地點、宣傳和價格）。

在這階段，因為產量還不大，產品可能不會立刻遍布大街小巷；可能要安排公開展示的方式，將新產品介紹給消費者。在這個階段

圖九　產品生命週期

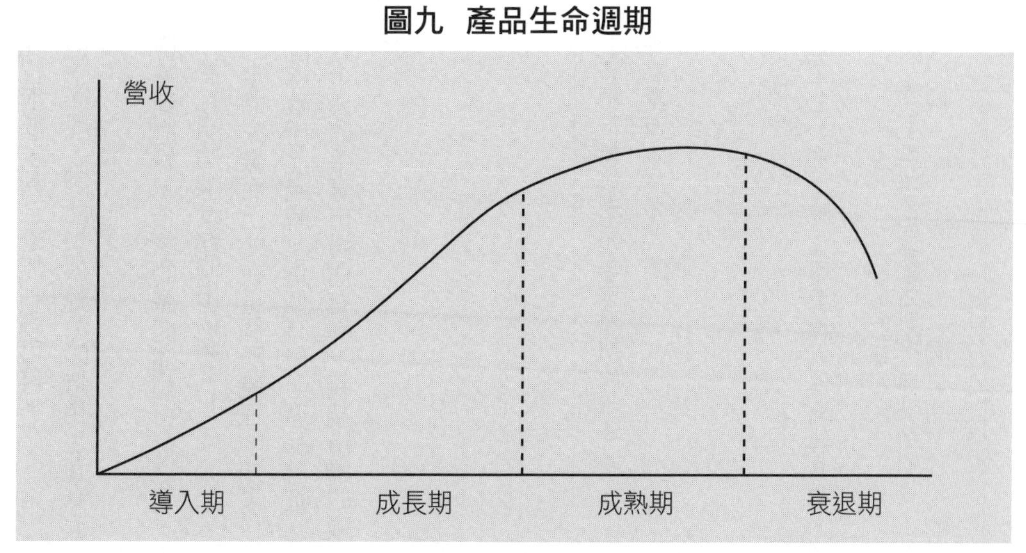

裡，由於缺乏規模經濟的優勢，以及受限於較高的測試成本，新產品的利潤往往很低，甚至毫無利潤可言。

當產品邁入**成長期**時，代表市場開始接受產品，同時由於產品的推廣已經完成，因此規模經濟的特色也逐漸展現，現金流量由負轉正，你也注意到公司開始有了獲利。

當產品到達**成熟**階段之後，包括銷售量、現金流量和利潤等三項指標都會達到巔峰。企業的產能達到百分之百，生產成本的高低也可以預期。然而，這個產品類別也吸引了競爭對手的加入，並且開始瓜分你的市佔率。

最後市場會趨於飽和，畢竟一個地區所能擁有的星巴克咖啡店，也只有一定的家數而已。在這個階段裡，如果科技有了突破性的發展，或者競爭對手對產品進行了很普通的產品改良，都可能導致產品過時。這個時候，產品就進入了生命週期中的**衰退**階段。此時產品的成本控制就變得非常重要，由於競爭對手大肆爭奪市場佔有率，利基市場的廠商也開始蠶食你的市場，你的利潤就會變得越來越薄，收入也越來越不穩定。

不讓產品步入衰退期，有方法

對產品生命週期說「不」

寶僑家品公司前總裁兼執行長愛德溫・阿茨特（Edwin Artzt）曾經說過，寶僑不相信產品生命週期的說法。寶僑不斷改良產品，然後以「更新、更好的產品」的形式，將這些產品再度推向市場。

瑪丹娜的行銷手法

瑪丹娜最早雖然是以龐克搖滾歌手的身份出道，後來卻在她的演藝生涯中，重新將自己塑造成性感純真的少女、翻版的瑪麗蓮夢露、有氧健身皇后和母親等多種角色。

二〇〇四年時，她曾經在同一個月份裡，同時出現在《滾石》雜誌和《Good Housekeeping》雜誌的封面上。

一份由波士頓顧問公司所做的研究發現，在三十家早在一九三○年代就位居市場領導品牌的企業中，有二十七家企業在五十年之後，仍然處於該產品類別的領導地位。這些企業包括金牌（Gold Medal）麵粉、康寶（Campbell's）濃湯、家樂氏（Kellogg's）玉米片和象牙（Ivory）肥皂等等。

能夠循環再循環產品生命週期的能力，是幫助領先企業維持領導地位的方式。雖然在某些產業中的成效並不一定非常明顯，然而透過修改產品，也就是運用價格更低或更堅固的材質，改良產品的方式，通常都能夠延長產品的生命週期。而這種延長產品生命週期的方式，有人稱之為「扇形圖」，如圖十所示。

象牙肥皂是個在一八七八年時首次推出的品牌，隨著時代的演變，象牙肥皂已經經歷過許多次的產品改良。然而無論如何改變，象牙肥皂仍然維持著九九%和四四%的純度，它的肥皂同樣可以飄浮在水上，也依然是市場上的第一品牌。

另一方面，也有許多產品和產品類別來得快去得更快。在潮流與時尚之外，產品和產品類別都是可以延伸的，只有「品類殺手」，也就是那些重大的科技突破，才會使某個產品類別遭到淘汰。電腦的文書處理系統讓傳統的打字機失去了用途，同樣的，電子郵件的發達也正在快速吞噬傳真機的市場。

藉由產品改良的方式來延長產品的壽命，並不一定是最能有效運用經費的方法，更好的方式，是為產品在其他市場中找到新的使用者（參見第六章招攬新顧客）。當麥當勞在美國國內，越來越難

圖十　產品生命周期的扇形圖

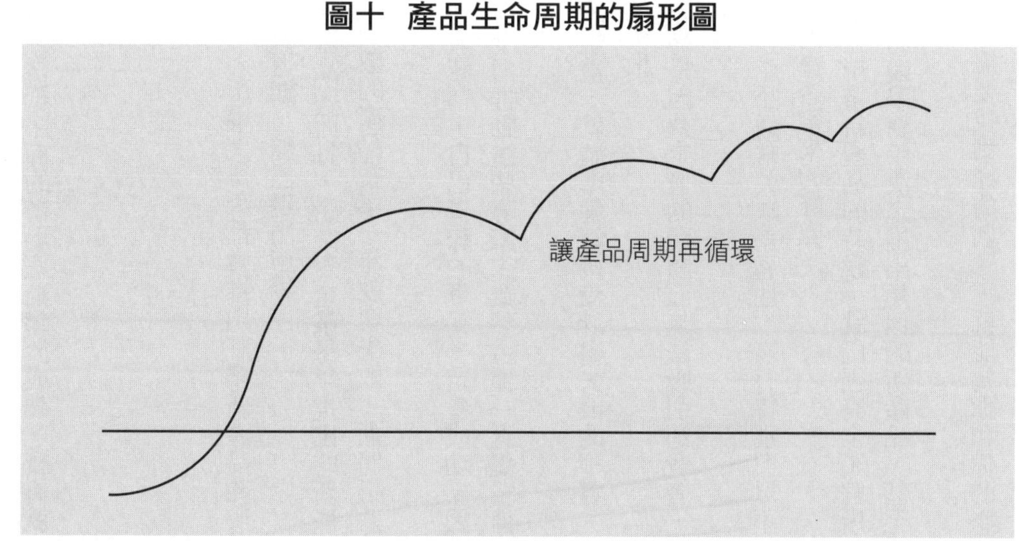

找到適合的地點開設新分店的時候，麥當勞決定在其他的國家拓展新的分店。當紙尿褲的市場逐漸趨於成熟，寶僑就為幫寶適找出其他的用途，並開始販賣銀髮族紙尿褲。

新產品是高風險的事業，務必仔細規畫

雖然沒有人知道正確的數字，但可以肯定的是，新產品的失敗機率很高。市場上每天都會推出許多新產品和服務，其中一大部分往往在人們還來不及意識到它們的存在時，就已經步入了衰退期，黯然退出市場。

根據追蹤調查的結果顯示，市場上每年都會出現超過三萬項新的消費性產品，而且，企業對企業每年推出的新產品數量，甚至比消費性產品的數量還要多。在如此大量的新產品之中，大多數的產品在第一年就會失敗，而將近八〇%的新產品，則會在三年之內退出市場。

新產品失敗最普遍的原因來自於**不理性的自信心**，某些企業的高階經理人認為，自己青睞的專案一定會成功，因此喜歡為這些專案護航。儘管這些專案缺乏實際的證據支持，他或她仍然會全力推動這些專案。雖然這種「直覺」值得稱讚，但同時卻也可能造成企業龐大的損失。

忽略市場是新產品另一個非常普遍的失敗原因。如果你無法做出適當的規畫，就請準備好接受計畫失敗的事實。差勁的市場調查、市場預測或不夠準確的市場定位，都能迅速導致新產品的失敗。

差勁的設計和執行能力，也都是新產品失敗的重要原因。有的時候，產品是因為定價的問題而無法吸引消費者，然而有些時候，問題在於產品本身真的很醜。（還記得福特出產的艾佐汽車嗎？）

錯誤的產品無法改變消費者現有的產品使用習慣，轉而購買新產品。這些產品通常欠缺差異性，沒有特別與眾不同或者很明顯的優勢。換句話說，沒有人知道這些產品的用途，或是它能為消費者帶來的好處。

最後一種，也是最常造成新產品失敗的原因，在於**生產成本過高**。通常在規畫新產品的時候，就已經完全了解所需的成本，並且預留足夠的資金。然而臨時發生的供貨問題，或是某個很強的競爭對手決定推出類似的新產品，甚至是對新產品獲利能力的錯誤估計，都會對你預期達成的目標造成重大影響。

然而儘管困難重重，你卻不該就此放棄，因為你的企業需要新產品。只需要找到好的創意，就能為你和你的企

業，帶來豐厚的財富。

新產品的好創意哪裡來？

新產品的創意可能來自企業內部，也可能來自於外部。來自企業內部的新產品創意，是指由你或同事發想的創意；而來自企業外部的新產品創意，則是來自於消費者、貿易行為或科學研究所提出的建議。讓我們從企業內部的創意開始說起。

我曾經聽過關於創造新產品最好的建議是：「像個孩子一樣思考。」

還記得六歲小孩的生活是什麼樣子的嗎？玩捉迷藏，警察抓小偷，在天黑之後跑去溜滑板，玩遊戲和到處惡作劇，還有各種假裝的遊戲。

孩子都很會玩耍，也不會受到各種生活中的天然屏障所束縛，他們不需要負責任，而且擁有花不完的時間。

孩子知道自己不是什麼都懂，因此「為什麼」就成為他們最喜歡的口頭禪。對各式各樣的新想法，他們也會像海綿一樣通通吸收。

孩子通常毫無畏懼而且天真無邪，後果對他們來說沒有任何意義。「我們試試這個好不好？我們試試那個吧。」你是否曾經看過六歲的小孩滑雪？他們會順著山坡一路向下直衝，完全不擔心是否會摔倒。這種對遊戲、對生活、對一切事物積極的態度，讓他們充滿了想像力，而只要擁有想像力，任何事都可能成功。

想像力是不受限制的，就連你的想像力也一樣，只需要花一點時間練習，你就能有效地利用想像力。透過想像力的訓練來引導你的創意基因，是一項可以學習的技能，我把這種訓練稱之為**四I原則**，也就是**資訊**（Information）、**培育**（Incubation）、**靈感**（Inspiration）、**實踐**（Implementation）。

你不必是一個創意的天才，也可以創造出引人入勝的好點子。然而就像任何一種需要努力做好的工作一樣，你必須努力學習，培養你的創意基因。

好的創意來自於出色的分析。把你自己埋在大量的**資訊**裡，閱讀所有能取得的貿易刊物、競爭力報告、產業趨勢報告，以及你的企業的每週庫存量報表。仔細分析這些資訊，找出其中有關聯的部分，並且將它們整理成幾個重要的想法。

然後，把這些資訊丟到一旁，暫時不去想它們，讓這些資訊有時間被過濾、**培育**。讓你的大腦休息一下，想想其他完全無關的事，洗個澡、看場電影或者是到你的花園裡修剪花草。

當你在做其他事情的時候，你的大腦會重新整理你收集的資訊，並且針對問題進行分析。當時機成熟的時候，大腦就會為你提供靈感。

接著在某一瞬間，「碰！」的一聲，繆思女神出現了，你的**靈感**也隨之而來。這一切可能發生在你開車上班的路上，也可能發生在半夜裡。你最棒的靈感，往往都會在毫無徵兆的狀況下，和你最意想不到的時候出現。你該立刻把它寫下來，以免很快就忘了它，即使只是個很小的靈感，也要把它記錄下來。你可以等一下再考慮其他的問題，不管你的靈感有多麼的瘋狂，都要先它把記在紙上，然後再找時間調整。

最後一個步驟就是**實踐**，如果不實踐，無論多好的點子都沒有意義。有太多太多出色的創意產品，都是因為沒有實踐，才會被堆在一旁，無法發揮任何作用。

記下你的靈感只不過是實踐的第一個步驟，接下來，你應該把你的想法分解成許多較小的部分，然後一步一步實踐，或是分派給別人執行。

新產品的創意也可能來自於公司以外的地方。除了消費者之外，還有誰更適合為你提供新點子呢？雖然這是個從他們口中得到回應的好機會，但是請不要這麼問：「告訴我一樣你想看到的新產品。」而應該問：「你遇到什麼樣的問題？」如果說需求是發明之母，那麼你就該設法去滿足這種需求，只要你願意開口，消費者自然會告訴你他們真正需要的是什麼。

在你下一次召開業務會議的時候，將新產品創意的討論納入議題中，你很可能會對業務員所提供的意見感到驚訝。而這些意見，也很可能為你的企業找到明年的明星產品。

為了獲得更有突破性的創意，你應該跟產業雜誌的銷售代表談一談，因為優秀的銷售代表，往往對產業界的創新有很廣泛的了解。你可以請他們吃一頓飯，請教他們的想法，然後將兩項或更多他們所提到的新技術結合在一起，獲得有關新產品的創意。

有些企業存在的唯一目的，就是為了研發各種新產品。這些企業可能會將產品授權給其他廠商，或是單純地將產品的行銷和經銷權銷售出去。這些企業有大部分都會跟大學或基金會結盟，因此與培養產業人材的一流大學保持聯繫，同樣可以讓你的企業佔據產業創新的優勢。

新產品有三類：改良、改變或創新

新產品一般分為三種類別，分類的標準則取決於重新教育消費者認識產品所需的工夫。

產品改良對消費者的行為不會造成根本的改變，舉例而言，空調改善了駕駛汽車時的舒適度，但是消費者卻不需要因此而改變開車的方式。換句話說，產品的延伸，例如雀巢的蜂蜜堅果穀片、象牙洗髮精或符合人體工學的電腦鍵盤等等，都屬於產品改良的範圍。

另一方面，當手排車變成自動排擋時，就代表了開車方式的**改變**。音樂播放產品的改變就很多了，比如早期的黑膠唱片，先是被八軌磁帶取代，隨後又被錄音帶所取代。後來的世代，則開始使用CD播放機，或者是下載MP3格式檔案來聽音樂。結合不同的技術可能會對產品造成根本的變化，未來學家已經表示，未來我們可以將網路、電視、收音機、電話、信用卡等技術結合起來，並且透過整合之後的產品，看電視和處理電子商務。

汽車本身就是一種改變人們生活方式的**創新**，另外，包括傳真機、避孕藥、褲襪和蘋果公司推出的麥金塔電腦在內，也全都是徹底顛覆已知世界的創新產品。

如何取得新產品創意

1. 客戶	2. 你的往來對象	3. 科學家
• 銷售代表	• 供應商	• 研發中心
• 經銷商	• 貿易協會	• 大學
• 各種調查	• 雜誌代表	• 智庫
• 焦點小組		

沒點子？來個腦力激盪吧！

在創新產品的途徑中，大家最熟悉的一種方式可能就是腦力激盪。這個方法是將所有了解你的產品和客戶的人集中在一起，並且拋出一些想法供大家討論。討論的過程越瘋狂愈好，最好是在創意中加入技術，讓它產生混合與突變。你可以試著創造一些消費者可能會有的假需求，然後啟動大腦打破常規，在沒有限制、沒有評價、沒有批評的狀態下，激發大家的創意。

不要在進行腦力激盪的時候評估大家的想法，不要說出「我們已經試過了」或「那樣做成本會很高」之類的話。這樣才可以確保出色的創意，不會在發想完成之前就遭到否決與扼殺，更重要的是，所有的參與者，也才會更有意願說出那些稀奇古怪的想法，不需要擔心被其他人批評。

腦力激盪可以這樣做

- 參與人數：六到十人
- 只討論一個問題
- 上午的時段比下午好
- 沒有評價，只有創意
- 找一個沒有參與討論的人負責記錄

請遵守以下四個原則：

1. 不要批評
2. 想法、想法、想法（越瘋狂越好）
3. 數量要多
4. 把想法結合起來，尋找產品改良的可能在大家都盡情丟出各種令人瘋狂與興奮的想法的同時，請一位沒有參與腦力激盪的人，把大家的想法都記錄下來。請把這些點子，寫在一張貼在牆上的大海報紙上，讓所有的人都能夠一眼看見所有的想法。在腦力激盪結束之後，請記錄者將它們整理好並列印出來，在二十四小時之內發給參與腦力激盪的人。接下來，這些參與者必須把其中至少三項創意結合起來，同時進行調整，好準備做進一步的討論。下一步是重新召開會議，挑出其中最好的創意，並進一步實踐。

關於產品的創新，可以從既有產品的改變開始發想，包括：**感官的改變**、**屬性的改變**，還有**形態分析法**。

其中，前兩種技巧運用在產品改良上最有效。

所謂產品的**感官改變**，是透過人們的五種感官，也就是觸覺、味覺、嗅覺、視覺和聽覺，來檢測產品改良的可行方案。看看產品，想像它摸起來不一樣（變長、變短、變重、變輕、變光滑、用皮革取代羊毛或是用鋁取代鐵），嚐起來不一樣（更甜、變鹹或是裹上一層巧克力），聞起來不一樣（有香味、有花香味或者沒有香味），看起來不一樣（顏色、包裝、密封包裝），或者是聽起來不一樣（想像一台引擎很安靜的哈雷摩托車）之後，可能會變成什麼樣子。

屬性的改變也對改善既有產品很有效，因為它能提供更出色的產品特性與效益。採用改變產品屬性的方法時，你應該試想產品是否可以：被放大、被縮小、和其他技術整合、被推翻、找到替代品或重新組合等。

舉個例子，比方說一把有圓形鐵柄和木把的螺絲起子。接著試著改變它的屬性，例如改用六角形的鐵柄，讓使用者擁有更大的扭力、改用橡膠材質的把手以防止導電，或是加裝電動馬達提升它的功率等等。

挑選焦點小組進行研究，往往有助於找出改變產品屬性的新方法。因為消費者都很關心產品的效益，所以更可能找到產品在屬性上的缺點，讓你可以藉由改變這些屬性，來解決產品問題。

在威斯康辛州的伯奈特縣，我們挑選了一個焦點小組，希望能了解消費者對愉悅垃圾袋的看法。我們聽到部分使用者抱怨用來綁垃圾袋的扭曲繩結很不方便，於是我們建議美國聯合碳化物公司改變這個屬性，為垃圾袋加上提把。測試市場的消費者都很喜歡這種新的塑膠袋，這種可以將提把綁起來的塑膠袋，一上市就成為廣受歡迎的產品，同時也開闢了一個全新的市場。

企業現場 垃圾袋有香味？

早在一九八〇年代初期時，製造愉悅塑膠袋的美國聯合碳化物公司，在聚氨酯的產量上就已經出現了過盛的狀況。該公司的品牌經理拜訪了李奧・貝納廣告公司，希望我們能為塑膠垃圾袋提供一些新想法。

我們試著從改變產品的感官開始著手，首先，我們的想法是讓垃圾袋看起來不同，結果製造出了帶有不同顏色網格的塑膠袋，浴室用的是淡綠色，廚房用的是黃色，育兒室裡則是用粉紅色。這個主意在實驗的階段就遭到了反對，根據調查顯示，消費者並不認為裝垃圾的塑膠袋是一種裝飾品。

隨後，我們開始在嗅覺上做文章，浴室裡的垃圾袋用松香味，廚房垃圾袋有檸檬的香味，育兒室裡的垃圾袋則帶有爽身粉的香味。然而這個想法同樣在實驗階段就失敗了，因為就像消費者不認為垃圾袋是裝飾品一樣，他們也不會希望垃圾袋能讓屋子裡的空氣清香。

在有顏色和有香味的愉悅塑膠袋，先後在測試市場上遭遇挫折之後，我們終於放棄對產品進行感官的改變，轉而從屬性的改變下手。

根據我們的調查顯示，消費者認為塑膠袋上用來打結的紐曲塑膠繩，不但不方便使用，而且也很難找到，還經常會從塑膠袋上脫落，讓垃圾掉得滿地都是。

我們在生產上做了一個簡單的改變，將垃圾袋裝上提把，並因此塑造出一個全新產品類別。

如果想對產品進行重大的改變，你不妨使用**形態分析法**。這種分析法不但是最有趣的一種，也可以創造出最多有趣的新產品想法。

首先，你必須找出產品類別中最重要的議題，比方說，將東西從這個地方運到那個地方。接下來，請你進一步描述整個過程，該利用什麼容器（手推車、箱子、吊繩、椅子或袋子），透過什麼媒介（空氣、水、軌道或滾軸），運用哪一種動力（電纜線、磁場或內燃機）。

利用這種練習，你會開始發現各種可能性。藉由混合、搭配和變形等方式，你可能會創造出一個安裝在滾軸上，由電纜帶動的箱子；或著是一張安裝在軌道上，靠內燃機趨動的椅子。你甚至可以創造出一台，利用磁場產生動能，可以飛行的手推車。

任何人都可能會提出成功的創意，包括你自己、員工、消費者、經銷商、零售商和供應商在內，都可能擁有值得探索的創意。只要記住一點，世界上沒有不好的創意（除了那些有香味的垃圾袋之外）。

從概念到進入市場，有六個階段

一旦你決定要推出的新產品，就會進行一連串新產品上市的階段：

1. **概念階段**
2. **調查階段**
3. **設計階段**
4. **原型階段**
5. **引進階段**
6. **產品過度**

當新產品處於**概念階段**時，你必須問問自己：「這個產品是否確實可行？它是否符合企業的使命？消費者是否需要它？以及它是否能為你賺錢？」

如果這些問題的答案都是肯定的，那麼，你就可以進入**調查階段**了。你應該在這個階段進行焦點小組的研究，企業內部的測試，並且向幾位值得信賴的員工展示新產品的概念，詢問他們的意見。你也應該開始預估新產品的製造成本，以及將產品推廣到市場上所需的資金。企業有足夠的資金嗎？還是你能借到所需的資金呢？

在產品**設計階段**，你需要開始測試新產品的生產流程，以確保生產線的產能。你也應該注意時間管理的問題，新產品能跟你的生產線進度互相配合嗎？你的產能是否需要提升？是否需要有經驗的員工？然後再重新考慮你的成本預算，並重新預估你的投資報酬率。

當產品邁入**原型階段**之後，你就可以觸摸並感覺新產品。利用這個機會好好檢查產品，它是否和你想像的一樣出色？你有能力製造、組裝它嗎？有能力為它提供售後服務嗎？最後，新產品仍然有能力獲利嗎？

最後，你終於準備好向那些毫不知情的消費者介紹新產品。在產品**引進階段**，消費者將有機會試用新產品，運用它、操作它、觀察它，並且把它分解成零件。聽聽顧客的反應，向他們學習，如果產品發生問題，儘快在更多人遇到同樣的問題之前，迅速地解決它們。你有能力大量生產新產品嗎？是否能夠及時將產品運送到店裡？你找到適合的定價了嗎？當然，你也必須關心同一個老問題，那就是新產品有沒有辦法賺錢？

產品**過度階段**代表消費者已經接受了產品，你成功了，新產品在市場上很受歡迎。它對你的企業的持續進步有所貢獻，而業界也都將你視為創新的領導者，你的銷售額和利潤更出現了快速的增長。

是時候再次開始進行腦力激盪了。

推出新品時，你只有一次機會讓人留下好印象

新產品的**引進階段**，可能是在推出新產品的過程中最棘手的一部分。而宣傳新產品更是行銷之中最困難、也最廣受研究的課題。

因為你只有一次機會能讓消費者留下良好的印象，所以請千萬不要搞砸這個機會。**你在消費者心目中的形象一旦形成，就很難再改變了**，因此，確保產品以最佳狀態上市是件非常重要的事。

沒有什麼比好的行銷手法更能讓差勁的產品立刻現形的了。不管你的廣告宣傳計畫有多麼出色，如果產品不夠優秀，那麼目標市場就會更快發現產品的問題。

在引進新產品的階段，最主要的行銷目標，是吸引消費者試用新產品，你必須設法讓那些早期使用者試用新產品。同時，早期的宣傳目標應該放在將新產品介紹給目標市場，以及它的功能和優勢上。

在這階段，提高產品認知是你的首要任務，因為所有的人在購買新產品之前，都必須先了解這項產品，而且，你最好從公開宣傳開始。如果你選擇了其他宣傳方式起步，你就失去了公開宣傳的機會，因為沒有哪個記者會對不再是新聞的故事感興趣。接下來，你應該大肆廣告，而且廣告的投放金額，必須比同業的平均水準要高。

下一步就是信譽了，消費者必須相信，新產品可以滿足他們的某種需求，或者為他們解決某些問題。而它解決問題的能力，也必須比消費者目前所使用的產品更強。為了達到這個目標，宣傳就必須具有說服力，讓人產生信賴感。

最後，你必須告訴消費者可以在哪裡買到新產品。一般而言，新產品往往不會立刻成為隨處可見的東西。由於你需要時間提供產品給經銷管道，以及將產品推到供應鏈的下游，因此「只有在限定的區域才能買到」等廣告詞，就可以用來提醒消費者，他們必須花點時間才能買到產品。你也可以用「數量有限」或「只提供給特定的顧客」等句子，激發消費者對新產品的需求。

使用折價券、試用品和公開宣傳等方式，可以將消費者拉到產品前面。然而為了確保你能擁有足夠的經銷管道，你還應該針對生意夥伴大力宣傳。

消費者推廣

將新產品「拉」進銷售管道，交到消費者的手中：

- 打折
- 試用品／樣品
- 折價券
- 宣傳
- 廣告
- 抽獎／競賽
- 超值組合
- 優惠
- 廣告禮品

商業推廣

將新產品「推」入供應鏈的方式：

- 大量進貨折扣
- 信用付款條件
- 貿易補貼
- 試用品／樣品
- 抽獎／競賽
- 貿易展
- 銷售點展示
- 激勵策略
- 廣告禮品
- 公開宣傳
- 合作式廣告

事實就是……

產品只會在很短的時間裡當作是新產品，一旦產品推出六個月之後，你就再也沒有理由把它當作新產品宣傳了。

為產品訂定售價可能需要考慮以下幾種因素：

- 具有競爭力的替代品
- 製造成本
- 需求

你可以將新產品的價格訂得很高，以彌補你的研發成本（這種方式被稱為「吸脂定價法」），或是將售價訂得很低，以爭取最多的試用者。

當松下電器首度推出數位攝影機的時候，它的價格幾乎是非數位式競爭產品的兩倍。松下將新產品的目標市場，鎖定在那些願意花錢購買最先進技術的消費者身上，並且利用較高的售價，彌補數位攝影機的研發成本。

另一方面，低價策略有助於克服消費者對新產品的疑慮。如果新產品比其他替代產品的價格更低，潛在的顧客就更有嘗試新產品的意願。

善用早期使用者的好評，幫你增加銷售動能

現在，你已經在市場上推出了新產品，很自然的，你會希望整個目標族群都能馬上接受它。然而市場並不是這麼運作的，消費者願意嘗試新產品的速度並不一致，因為他們對新事物的接受速度不同。

在一般的狀況下，使用者可以歸納為三類：**早期使用者**、**中期多數使用者**和**晚期採用者**。

創新者都是冒險家，他們願意接受風險。你或許聽說過，在高中或大學裡你可能會認識一些人，不但永遠擁有最先進的電子產品，例如電腦週邊產品、音響設備和手機等等，也願意花大錢購買它們，好成為同學之中第一個擁有這些產品的人。這些人就是**早期使用者**，他們願意冒險嘗試新產品的原因，純粹是因為它是最新的東西。

早期使用者通常都是接受過良好教育、喜歡旅行、年紀較輕、同時擁有高於平均收入的消費者。他們往往會在其他人還沒有意識到新科技的存在時，就對它有了全面性的了解。由於其他人經常會針對各種問題，向他們請教對新產品的看法和建議，因此，他們的意見與評價也成為新產品成功與否的關鍵之一。

由於個人推荐在推出新產品的時候通常非常有效，因此聰明的行銷人員會利用早期使用者收集新產品的使用心得。假設他們對新產品很滿意，你就可以透過這些最早使用新產品的顧客，收集早期使用者的意見，然後用他們的滿意證言，向其他人證明已經有消費者因新產品受益的事實。這樣一來，就可以幫你增加新產品推廣的動力。

儘管最早購買新產品的顧客很重要，但**中期多數使用者**才是讓產品長久生存下去的關鍵，如果他們願意購買產品，你就可以確定市場已經接受了這項產品。由於這些人雖然願意購買新產品，卻不喜歡第一個嘗試新產品，他們需要被說服，明白產品不但新，而且比他們現在使用的產品更好。因此，你必須投入大部分的宣傳經費，以鎖定這些中期多數使用者。

晚期採用者也是一群落後的消費者，當他們認為使用新產品幾乎沒有風險，或是必須購買這項產品，還是受到了輿論的壓力時，他們才會願意嘗試產品。這些人通常位於社會較低的階層，或者受到傳統思想的束縛。

圖十一　新產品使用者分類

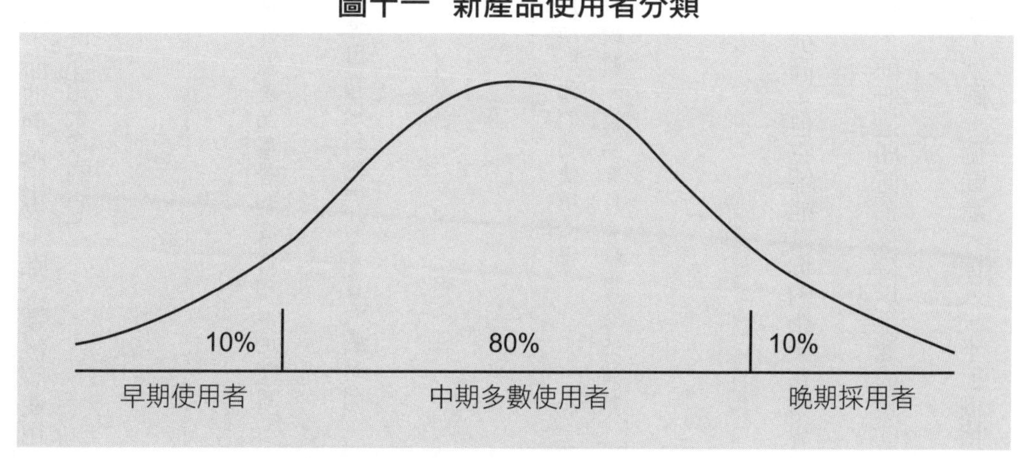

你可以忽視這些晚期採用者，因為他們的數量並不多。除非產品市場已經成熟，而他們是市場上唯一還沒有使用產品的消費者，否則你還不如把精力放在開發下一個新產品上，因為這些人並不值得你花太多的心力。

讓顧客開心

讓你最忠實的客戶成為早期使用者，能幫助你在市場上建立商譽。

免費將試用品寄給潛在顧客，以換取他們對產品的評價，以及將那些評價作為產品廣告和宣傳內容的使用權。

客戶會對收到免費或優惠（如果有需要）的產品感到高興，同時，你也會因為得到他們的背書而感到開心。

試用版

有的企業會利用免費贈送或折扣價的方式，將新產品販售給主要客戶，以換取他們的使用心得。

軟體開發商可能會用很低的價格，為少數主要客戶提供剛開發完成的新版軟體。這些客戶會試用這些新軟體，並指出其中存在的問題、使用上的不便之處或引發系統當機的可能性。

接下來，開發商就可以在新產品上市之前解決這些問題。

新產品為促進企業銷售額的成長提供了非常大的機會。雖然推出新產品的風險很高，但它卻能為你的企業在業界樹立威信，並大幅提高企業的利潤。

有些企業會將年度銷售額的大部分用在新產品的開發和研究上，因為他們了解，創新是任何企業得以迅速成長的關鍵。同時，他們也明白創新的思維將可以為新產品創造奇蹟。

並不是所有的新產品都會立刻大受歡迎。看看你的手機，當它最早推出的時候，就跟一個鞋盒一樣大，不但價格很昂貴，而且還很不可靠。現在的手機不但有燈光和按鍵，還能提供各種資訊，將訊息傳送到全世界，更能儲存音樂和相片。這在二十年前不過是個陌生的概念，在兩百年前更是邪魔歪道。如果手機在兩千年前出現的話，它應該會被人們當上帝一樣崇拜。

所有的創新都始於資訊的分享，而資訊是一種即使你給了別人，卻依然能夠保有的東西。由於資訊是一個重組的過程，因此可以被拆散、被分類、被分解、被重組，並且可以用無窮無盡的方式進行重組，成為適用（或不適用）於未來的產品。

勇敢地想像不可能的事物，然後創造不可能。你只需要一點技術，一些嚴格的紀律，和一點豐富的想像力。將這些東西混合在一起，你就可以創造出令顧客和業界震驚的新產品。

吸脂定價法

如果你是在一個全新的市場裡，第一家販售某項需求量很大的高度創新產品的企業，就像德州儀器推出了全球第一台計算機一樣的話，你就不妨運用「吸脂定價」策略，來為產品訂出售價。

德州儀器所發明的第一代計算機，雖然是以非常高的價格，銷售給銀行和大型的會計事務所。然而它所能提供的精確度，以及節省時間的性能，對這些公司來說非常值得付高價購買。

這種訂價策略讓德州儀器在其他的競爭對手推出較低成本的產品之前，就已經賺回了研發的成本。

Chapter 9【購併或結盟的方法】

這事做得好，是擴大事業最快、最省錢的方法

最後一種擴大營收的策略，同時也是拓展企業最快的方式，就是合併或收購其他企業。

當銀行利率過低的時候，錢就變得很不值錢，所有的大企業也會開始感到饑餓。這些企業明白，擴張可能是解決問題最好的辦法，因為它能為產品找到新的市場，也能為企業注入新的人才和技術。而且由於利率較低的緣故，這些大企業對其他企業的合併或收購，往往是招攬新顧客、開拓新市場、推出新產品和創造「綜效」的魔法時，最省錢的一種方式。

合併或收購有各式各樣的形式，包括與競爭對手建立夥伴關係（水平整合），或是與上游的供應商、下游的客戶建立合作關係（垂直整合），這都可以大幅提高你的營業額。

無論哪一種整合方式，都能為你爭取到別人已經成功佔領的市場，讓你獲得新產品和員工，並為你帶來更多新的顧客。整合之後的企業，也將會因為行政支出（例如會計或人力資源成本）的合併，而為你的企業節省下許多成本。透過合併或收購其他企業所獲得的利益，往往能夠大幅地提高你的企業獲利能力。

當市場政策寬鬆，銀行利率也較低時，合併或收購經常被用來做為促進企業快速成長的方案。寶僑就有大約三分之一的業務，來自於從一九八〇年時開始進行的各種企業併購。一般而言，當企業規模越大時，它在供應鏈之中就擁有越大的影響力，對不同市場的反應越敏銳，能夠賺到的利潤也越多。

但是，在你的眼裡滿是鈔票，準備開始出價併購其他的企業之前，有幾項必要的先決條件是你必須了解的：

- 你的企業體質必須很健康
- 你的債務股本比必須低於產業的平均水準
- 合作關係必須能為你帶來策略性的優勢
- 你的合作夥伴必須樂意與你合作

在本書提到的五大商業策略中，合併或收購策略有時候也是實施其他四項策略的方法。

比如說，透過合併或收購競爭對手的方式，你**購買了更多的市場佔有率**，因此可以將更多相同的產品賣給更多的人，包括你原有的客戶和併購企業的客戶，進一步擴大你的市場佔有率。

藉由合併或收購上游的供應商或是下游的客戶，你將可以**招攬到新的顧客**，並且將合併或收購後取得的產品，銷售給同一群人。合併之後的新企業，也會有更多適合顧客需求的產品。由於併購之後，花在供應鏈的成本下降，因此你也能進一步降低產品的售價，吸引更多目標族群的消費者。

合併或收購競爭對手的第三個特色，是你同時**照顧了自己與合作夥伴的老客戶**。交叉出售兩家公司的產品或服務，往往能為客戶提供最合適的商品。你將更多不同的商品，賣給了同一群人，也就是將兩家企業原有的客戶加總之後的客戶族群。

合併或收購下游客戶、上游供應商或是競爭對手的最後一個特色，是能夠整合**新產品**。由於各公司的研究和發展部門相結合，彼此的測試結果就可以互相分享，同時也能分享技術和各種新的創意，以及銷售給新的消費族群的新產品。

如何與合併或收購的候選企業接觸

直接接觸：由執行長直接與候選企業的執行長或其他高階主管接觸。

透過第三方接觸：聘請投資銀行代表、商業銀行代表、商業經紀人、會計師、律師或顧問等第三方代表接觸候選企業。

在初次接觸或接觸的初期，最好利用聘請第三方代表的方式接觸候選企業，而非直接進行併購談判。必須在接觸的初期清楚表明相關規則，避免在將來引起誤會，同時也該在主要的決策者之間，創造出令人感到舒適的氛圍。

企業現場

能互惠就是好的合作夥伴

D&S / Davians 食品公司事實上是兩家企業。

D&S 食品服務部門持續為整個威斯康辛州的東南部，提供自動販賣機的相關服務。

Davians 則擁有一間九千平方呎的會議中心，並且為家庭、企業、會議和各種戶外活動提供外燴的服務。Davians 提供的食物獲得評論家的一致好評，而它的用餐經驗也被視為是當地最棒的體驗。

儘管 D&S / Davians 在兩個事業上都非常成功，卻很少有接受自動販賣機服務的顧客，知道他們同時也提供外燴服務。同樣的，那些享受外燴服務的客戶，也不知道他們還有自動販賣機的租賃及供貨服務。

在決定外燴服務更有成長潛力之後，D&S / Davians 開始使用時事通訊、宣傳手冊和其他宣傳郵件等方式，將他們的外燴服務訊息，傳達給自動販賣機服務的客戶，讓客戶了解他們也提供外燴的服務。D&S 食品部門將所有自動販賣機服務客戶公司的重要執行長官列入宣傳目標，逐一寄送有關外燴服務的廣告郵件。這種「交叉」宣傳的廣告模式為 Davians 打開了新的市場，也使得它的外燴業績突飛猛進。

如何尋找合適的夥伴？

好的合作關係就像婚姻一樣，找到彼此適合的對象，是合作成功最重要的關鍵，因此，篩選合作夥伴的過程必須非常的嚴格、仔細。圖十二顯示了篩選適當的合作夥伴的過程。

篩選適當的策略合作夥伴有三種基本方式：一、**被動的方式**，二、**主動的方式**，三、**外包的方式**。

被動的方式很簡單，就是等著別人來找你。你可以將你有興趣併購另一家企業的消息轉告給你的律師、會計或銀行代表，讓他們成為你在市場上的眼睛和耳朵，以減短你的收購行為所需的等待時間。這個辦法所需的成本最低，因為它不需要付出太多額外的時間或投資，但它卻也是效率最差的一種方式。

如果你採取**主動的方式**，就必須觀察你與客戶、供應商、競爭對手或其他銷售相關產品的企業的聯絡窗口，以及你們之間的合作關係。你可以利用商展的機會，收集位於另一個地區，跟你銷售類似產品的企業的資料，也可以利用行業標準分類代碼，和拜訪他們的企業網站的方式，查詢這些企業的相關資訊，以初步篩選可能的候選企業，並進一步比較雙方的產品、目標市場和供應鏈，以確認兩家企業是否適合。採取主動的先決條件，是你必須擁有足夠的時間和精力，能夠逐一執行這些步驟。

如果你沒有足夠的時間或精力，不妨考慮利用**外包的方式**，聘請顧問、律師或精通合併和收購的投資銀行代表。他或她可以在不引人注意的狀況下，悄悄地進行篩選的動作。當然，你最後還是需要跟候選企業的決策者直接聯繫，了解他們對合併和收購是否感興趣。這是三種方式之中成本最高的一種，但是這些專家比你更有經驗，同時也更了解相關的專業，因此能為你的企業併購過程劃上完美的句點。

找出自己的篩選標準

市場裡有成千上萬的企業，許多全副武裝的製造商、經銷商和零售商，都很期待接到你的併購電話。你該怎麼分辨這些企業的好壞，以及他們是否適合做為併購的對象呢？

在中小型企業的併購案中，成功的合併或收購行為，通常會發生在同業或相關產業之間。

一般而言，最理想的併購候選企業，往往會來自**水平整合**或**垂直整合**等兩個領域之內。

水平整合是指某一家企業與另一家在供應鏈中處於同等地位的企業，結為合作夥伴的行為。你可以跟競爭對手（包括和你銷售許多相同商品的企業，甚至是位於同一個市場裡的企業），或者在同一產業中銷售相關產品的企業進行合作。

圖十二　結盟對象篩選流程

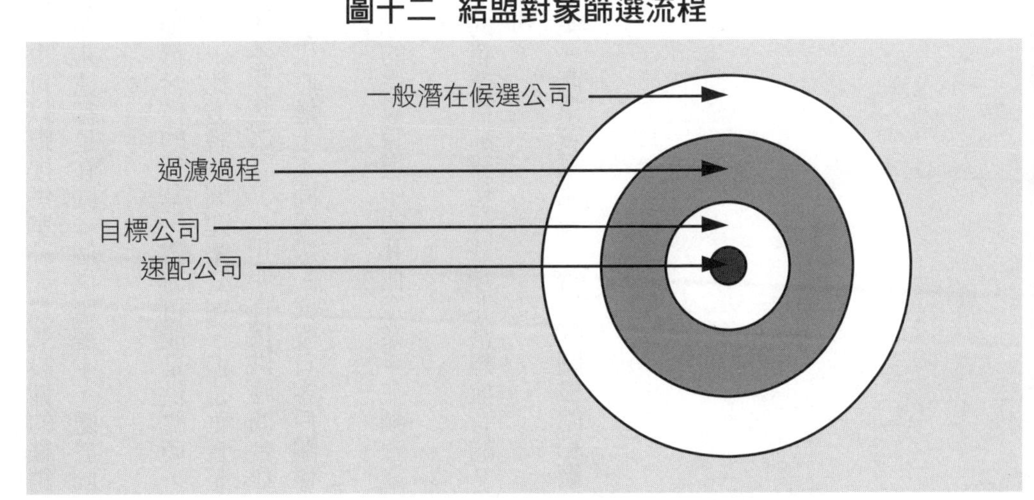

一家提供室外電力設備的經銷商，可以跟銷售室內電力設備的經銷商合作，也可以跟提供室外天然氣設備的經銷商合作，或是與其他具有類似特性的廠商合作。然而無論跟誰合作，合作的對象永遠都是在同一個供應鏈中，處於同等地位的另一家經銷商。

另一方面，**垂直整合**則是指某一家企業，跟供應鏈中處於不同地位的企業進行合作的行為，對方可能是供應商，也可能是客戶。你可以合併或收購一家戶外電力設備的製造商，或者是收購顧客，比方說一間建築公司。但是垂直整合的併購行為，絕大多數都是合併或收購直接的供應商或直接的客戶。雖然在某些狀況之下，和非直接供應商合作（例如併購一家提供室內電力設備的製造商），並非完全不可能，然而併購位於供應鏈上不同等級，又沒有客戶關係的企業，卻是種不合邏輯的行為。

你對候選企業的調查，除了包括直接和間接的競爭對手之外，還應該包含你的供貨管道中的其他企業。在調查之前，也應該先列出理想的候選企業特徵，包括銷售額、員工數量和行業類別等等。

接著，你必須問自己幾個問題，包括你希望能找到哪些資源和技術，是你的企業目前雖然欠缺卻非常想擁有的？你希望能招攬哪些目前不屬於你的新顧客？以及在哪個地區拓展市場對你最有利？

一旦你建立了篩選的標準，就應該利用這一套標準，挑選出合適的候選企業。產業貿易協會、當地的圖書館和網路等途徑，也都能為你提供大量的搜尋選擇。

尋找理想的企業

一個理想的候選企業，應該符合以下大部分或所有的條件：

- 有提供新產品或者新流程的能力
- 擁有新的市場（包括產業和／或區域性市場）
- 能為你提供新的營運技術
- 擁有實力堅強的管理團隊
- 財務狀況良好

如何判斷對方是不是在唬你？

接下來的步驟，就是跟部分候選企業取得聯繫。不要採取廣發郵件的方式，因為你不會有足夠的時間追蹤全部的郵件。你應該將候選企業的清單，按照優先順序作出排列，並選出你最想進一步調查的「前十名」企業。它們可能是你已經很了解的企業，也可能是你在貿易展上看過的企業，或者是那些你在高爾夫球聚會上，認識了公司執行長的企業。

接著，你應該跟這些目標候選企業聯繫，確認他們是否有興趣跟你討論合作的可能性。你可以直接寄信給那些企業的董事長或執行長，介紹你自己和你的企業，告訴他或她你正在尋找合併或收購的對象，而他或她的企業正好符合你的條件。你必須誠實地解釋尋求合作的原因，以及合作之後能為雙方帶來的利益，在信的結尾處，也應該徵詢對方對你的提議是否感興趣。

對方的執行長幾乎都會這麼回覆你，「我當然有興趣，告訴我你打算提出什麼樣的條件。」這種「什麼都可以賣」的態度必須先過濾掉，你才可能會找到一個願意跟你就合適的價格進行談判的賣主。

如果你找到一個積極的賣主，一位打算退休並且缺少接班人的企業主，或是一位受某些狀況的影響，而對併購產生興趣的企業主的話，就應該跟這位可能的賣主碰個面。記得不要帶會計也不要帶律師，這只是個讓你們兩個人碰面並認識彼此的場合。

你該如何分辨候選企業是真的想跟你合作，還是純粹在吹牛呢？你可以依照下列幾個標準，評估候選企業的動機：

- 候選企業願意跟你分享多少資訊？
- 候選企業的企業主年齡多大？他或她是不是快要退休了？
- 候選企業的管理團隊中有沒有企業主的家族成員？
- 候選企業是否還有其他的買主，例如它的主要供應商或客戶？

你可以將 SWOT 分析法納入檢驗的流程中，進一步分析你的目標候選企業。這家企業在市場上的優勢、劣勢、機會和面臨的威脅分別是什麼？它們跟你的企業的優勢、劣勢和市場機會是否能夠互相配合？最理想的結合，應該是新企業的優勢等於你的劣勢，而它的劣勢則是你的優勢。

你也必須注重品質、服務和價格等三項因素，以及候選企業在這幾項因素上所擁有的優勢，與你的企業定位是否相符？如果候選企業是以優質的服務和低廉的價格而聞名，那麼它該如何跟你的優質服務，與高品質的產品相互結合？

一旦你發現了真正想合作的賣主，就該更進一步了解這間企業。企業的管理階層是否有能力？企業的財務狀況是否良好？因為你不需要一個面臨危機的合作夥伴。最後，調查這家企業在產業中的信譽如何？請記住，你應該選擇名聲良好、並能遵守道德規範的企業。同時，你也應該了解併購的行為，能夠為你增加多少「商譽」？

你必須**盡職調查**，最好能設法取得瀏覽企業帳目的許可。然而因為你沒有時間和經驗來檢查對方的帳目，拜訪對方的客戶和供應商，調查對方的財產、廠房和設備，以及執行其他各種鑑定企業價值的必要任務。因此，這也是包括投資銀行代表、會計師和律師等在內的專業人士，最能展現出價值的時候。

盡職調查流程

任何一家企業的執行長，都不會願意向一位陌生人透露太多關於自己企業的資訊。

因此，你可以提議雙方互換企業的摘要資訊，例如過去三年的總營收數據、是否有特別的支出（比方說付給執行長兼辦公室屋主的租金是否高於該地區的平均值）、業主的補償範圍，以及企業的整體優勢和劣勢等，以取得對方的相關資料。

如果根據這些資訊，該企業仍然符合你的要求，那麼你就可以徵詢你的律師的意見，並擬訂一份協議書。

這裡有四種用來評估候選企業價值的方法：

1. **資產評估法**

2. **貼現現金流量法**
3. **市場分析法**
4. **自製或外購分析法**

資產評估法，小心買到不良資產

評估合作企業資產最簡單的方法，應該就是直接用企業的所有資產，減去企業負擔的債務，然後對得到的數字進行評估，這就是**資產評估法**。這些資產可以是有形的，也可以是無形的。

有形資產指的是企業的房地產、廠房和設備。應該特別注意的是，有些房地產和設備或許早已經被淘汰，卻仍然被當作資產計算。比方說，當我準備收購一間服飾公司的時候，我們已經淘汰了大部分的庫存衣物，並且將剩下的衣物以折扣價在拍賣會上銷售。雖然許多庫存衣物的品質非常好，但是由於不會再有消費者購買那些過時的衣物，因此已經堆在倉庫裡很長一段時間了。受到這些庫存衣物的影響，即使我們在收購這間服飾公司的時候，是以非常便宜的價格買到的，卻仍然不夠划算。

無形資產指的是專利權、版權、特許經營權和商譽等等。這一部分的資產很難量化，以我們當初收購的服飾公司為例，由於前任業主跟部分供應商鬧得很不愉快，所以當我們併購這間公司之後，我們事實上也買到了一些「不良資產」。

貼現現金流量法，直接算出對方的淨值

這個方法主張，除非企業的資產能夠在當下和未來被轉換成現金，否則都是沒有價值的資產。如果資產不能為企業創造收入，那麼它們同樣是沒有價值的資產。

這個分析法的重點在於評估企業未來收入的現值（更多關於現值的討論請參考第十章），最簡單的計算方式，是預估一家企業未來五年的收入，並且扣除稅前息前獲利（EBIT），同時加上折舊和分期償還債務（如果候選企業的業

主，不會成為合併後企業的一員，就應該再加上他的薪資）。在四種評估方式之中，貼現現金流量法是對評估無形資產的現值最有用的一種方法。

將貼現現金流量法與資產評估法相結合，你就可以簡單的計算出投資報酬率（ROI，參見第十章）。比方說你購買了價值一百萬美元的資產，而它們每年在稅前息前的獲利可以達到八萬美元的話，你就能獲得八％的投資報酬率。或者你也可以換一種方式計算，如果這家公司每年可預期的收入是八萬美元，而收購這家企業的成本是一百萬美元的話，就能夠每年獲得八％的投資報酬率。

市場分析法，算出品牌價值

市場分析法是四種分析方式中最複雜的一種方法，因為它運用了標準的不動產管理規則，以分析相似產業中其他企業的方式，決定標的企業的複合價值或本益比。問題是許多小型企業在買賣的時候，並不會公布成交價格，因此很難估算。你可以透過專門辦理合併和收購業務的投資銀行代表、顧問和律師，設法取得成交資訊，或是採用更簡單的辦法，查詢擁有類似行業標準分類代碼的公開上市企業。你可以輕易取得這些公司的年度報表，或美國證券交易委員會所規定的年度報表，而在取得報表之後，只需要將該公司的每股收益（EPS）價格，和候選企業的銷售價格進行比較，就能看出候選企業的價值。

自製或外購分析法，划不划算馬上知道

這種評估方法就像它的名稱所形容的：「如果從零開始成立這家公司，需要花費多少成本？」如果你是一家位於華盛頓州瓦拉瓦拉市的零件製造商，正打算收購一家位於斯波坎市的零件廠商的話，就應該進行自製或外購的分析。如果要在斯波坎市租借辦公地點，雇用員工，並且在市場上創造足夠的知名度和信譽好吸引新的顧客上門，總共需要花費多少資金？經過分析之後，你可能會發現在斯波坎市重新成立一家分公司，會比收購其他企業更便宜。

評估候選企業最好的辦法，是把這四種方法結合起來使用。你可以從分析資產和貼現現金流量開始，接著調查業界類似的併購案例，以及它們能對銷售額創造的收益百分比。最後，設想從零開始成立一家類似的公司，需要花費多少資金。

然後評估利害得失，以決定你的收購價格。

合併和收購是企業拓展業務最快的途徑，也是利率較低時最有效的業務擴展方式。併購能讓你的企業成為產業的領導者，幫助你打入新的市場，為你的既有客戶提供更多樣化的產品和服務，並為你提供大量的新產品創意。

在這個過程之中，你也可能會遇到許多優秀的人才。

企業現場

開分公司，還是購併？

威斯康辛州最大的網際網路服務供應商（ISP）ExecPC公司的董事長，葛列格・雷恩，正面臨一個進退兩難的局面。他打算將業務拓展到芝加哥的市場，卻也明白自己將會遭遇許多阻礙。

由於芝加哥的廣告宣傳費用非常昂貴，因此他的問題是，收購一家位於芝加哥的網路服務供應商比較划算，還是在芝加哥打廣告招攬新客戶比較便宜？

後來，ExecPC被CoreComm收購，ExecPC就開始在位於芝加哥郊區的奧羅拉（Aurora）市打廣告。

在花大錢打廣告不久之後，他們很快就發現想要打進芝加哥的市場，需要針對每位用戶花費非常高的宣傳費用，其金額甚至比在芝加哥當地，收購一間已經提供網際網路服務的小型供應商還要高。

這個發現讓雷恩的決定變得十分簡單：選擇合併或收購而非成立新公司。同時，他也了解了候選企業的價值。

第三部

想年年獲利，你還得懂營運、財務和人事

Chapter 10【營運的 know-how】

隨時檢查：現有的生產能力跟得上成長目標嗎？

只要用心運用前面幾章介紹的有關增加營收的策略，你的企業營收與獲利一定會迅速成長，但可別在這時候就以為你的工作都做完了。很多企業就是在營收大幅成長的階段，卻爆發了嚴重的管理營運問題，而意外地在很快的時間內就遭遇重大挫敗，因此，在企業營收大幅成長時，你更要用心整建一套良好的事業營運作業系統，這代表必須強化三個面向的企業職能：營運、財務、人力資源。

別踏入成長的陷阱，很多人敗在這裡

營運

企業的營運包括了資產、廠房和設備。你的資產和廠房（包含建築物、樓層規畫等等），是否能夠應付日漸成長的業務？如果不能的話，是應該增加更多空間？還是可以用較低的價格，將部分業務外包給其他公司？另一方面，你的設備是企業製造產品的工具，可以將原物料加工成為產品。這些工具可以是有形的東西，例如鑽床、電腦，以及貨運卡車，也可以是無形的東西，例如創意、生產流程和智慧財產權。

財務

你的企業是否擁有足以支持自我成長的財務實力？銷售量的增加往往需要動用更多的現金。你在第一天買進了原物料，用十天的時間將原物料加工製造成產品，然後花十天的時間將產品賣掉，最後再等四十五到六十天的時間收取帳款。這一連串的過程十分漫長，唯有努力做好現金管理並鞏固你的財務實力，才能為企業的迅速成長創造良好的財務條件。

人力資源

為了因應企業的成長需求，招聘及訓練新的員工，或是發掘企業內部的優秀員工，都是必要的行為。你的管理團隊必須各就各位、訓練有素，並且對工作充滿熱忱。

本書所介紹的五大商業策略可以協助你建立事業，而隨著事業的規模逐漸擴大，你也將需要進一步拓展相關的基礎設施，例如更大的空間、更多的設備、更多的工具與更多的人力等等，以滿足企業成長的需求。

如果你的企業發展出不正確的架構，就可能會在不重要的環節上造成資源和精力的浪費。本章將協助你合理規畫企業的結構，以確保企業得以永續發展。以下將分別說明營運的架構，如何協調各種職能以維持企業的平衡發展，如何規畫辦公室以提高工作效率，同時解釋服務型組織為何會在成長的過程中遭遇特殊的困難，以及該如何在困難發生時有效地突破瓶頸。

無論你是製造商、經銷商或零售服務商，所有的企業都有不同形式的轉變過程，也就是將投入轉變成產出的過程。而這個轉變過程的速度，稱為**生產力**或**生產效率**。

汽車製造商、醫院和零售商店有幾個共同點，首先，它們都會對銷售額和支出成本做出預估，並擁有庫存。其次，他們都會遵守嚴格的政策與時間表，追蹤一切的收入和支出，並且接受品管的控制。最重要的是，它們都會經由轉變的過程，將投入變為產出。而評估企業生產力的標準，正是這些企業將投入轉化為產出的速度與能力。

生產力通常就是指每單位投入所獲得的產出，是用來衡量一家企業的體質是否健全的基本指標。以勞動生產力而言，你的勞動生產力，是由勞動力在每單位時間內能夠製造的產品數量計算，另一方面，某些服務業則會採用每一名員工所能創造的稅前收入，來計算勞動生產力。至於產出的計量單位，在礦產開採作業上會以開採的鐵礦噸數計算，在航空公司會以乘客的里程數收入來計算，而理髮店則會根據理髮師剪髮的人數來計算。

提高生產力的基本方式有兩種，一種是技術投資，也就是投資用於製造產品或

轉變過程

投入		產出
	汽車製造商	
原物料、零件	勞動力、廠房、設備	汽車
	醫院	
病人	醫生、護士、技術	康復的病人（或死亡的病人）
	零售商店	
潛在顧客	店員、可供選擇的產品、氣氛	客戶

服務的工具；另一種則是人力資源的投資，透過聘用聰明的員工，為企業尋求提高生產力的新方法，以及更快、更有效率的工作方式。

技術對生產力具有關鍵性的影響。試想在超市裡工作的員工，使用自動掃描器而非過時的收銀機的改變，為超市提高了多少生產力。

同時，專業化也對生產力十分重要。亨利・福特的汽車製造廠之所以能在每小時內製造出比競爭對手更多的汽車，完全是由於生產線的安排，讓線上的每一位員工都只需要負責一道工序的緣故。

生產力的霸主

在一九〇〇年到二〇〇〇年之間，美國生產力的年平均成長率為二％。美國民眾之所以能夠享受世界一流的生活水準，其原因就在於傑出的生產力。然而，美國的生產力並非一直都這麼高。

在十三到十六世紀之間，義大利的生產力一直處於領導地位，而在十七世紀到十八世紀初期時，則是由荷蘭的生產力取得領先。接著，英國的生產力從十八世紀末開始，一直到十九世紀大部分的時期都處於領先的地位，而美國則幾乎是整個二十世紀的生產力霸主。

誰會是二十一世紀的生產力霸主呢？

提高產量的短期方案有哪些？

每隔一段時間，你就必須重視審視你的生產能力，是否足以因應行銷目標所設定的發展計畫。你是否真的有能力製造或提供，計畫所預期的產品或服務數量？

如果無法達到目標，你可以根據需求的不同，選擇採取短期或長期的解決方案。短期的解決方案雖然可以解決即時性的生產力問題，但是當企業的成長速度過快時，你仍然必須增加企業的資產、廠房和設備。

短期的解決方案包括了加班，規畫兩班或三班制的作業時段，或是將業務外包給其他企業等等，這些方案都能幫你提高產量。另外，你也可以透過下列幾種方式，提高生產力和產量。

1. **維持平穩的產量**
2. **改變生產時程**
3. **重新平衡生產線作業流程**
4. **權力下放**
5. **先進行適度的改善**

維持平穩的產量

如果你能維持穩定的生產力，就能夠積累足夠的成品，並且在旺季時銷售給顧客。以銷售學生制服的服飾公司為例，雖然我們是將制服賣給護理學校的學生，然而大多數的學生卻只會在秋季時購買制服。因此，我們利用春、夏兩季生產各種尺碼的制服，提高制服的庫存量。這種大規模的生產方式，提高了裁縫作業上的便利性，讓他們得以加快生產速度，不但使我們擁有規模經濟的優勢，同時也能降低整體的生產成本。當訂單大量湧入的時候，我們只需要從倉庫裡取出已經完成的制服，經過快速熨燙整理，就能在開學時將制服送到學生手上。

改變生產時程

藉由調整製造排程的方式，你可以降低工廠設備的停工期。因為每一批需要重新調整機械設定生產的產品，都會造成設備的閒置，所以你應該盡量調整產品的組合，或規畫較長的生產時程，讓每台機器能在每一次的運轉期間內，製造出更多產品。

重新平衡生產線作業流程

增加或調整操作每一台機器的勞動力結構，就能有效提高生產力，增加產量。

權力下放

你可以利用權力下放的方式，提高資訊傳遞的速度。在製造業裡，將電腦安裝在進行製造的廠房而非主管的辦公桌上，將有助決策者在生產現場作出立即的決定。

先進行適度的改善

即使只是在技術上的適度改進，例如針對生產流程的調整，或是在產品設計上的微幅更動，都可以降低產品的製造週期進而提高產能。

以上這些提高產量的短期方案，可以在很短的時間內規畫完成，不但投資的需求較小，也能以非正式的方式實施。然而，雖然這些短期的解決方案能大幅提高企業的產出，它們仍然只是增加生產空間和生產設備的替代方案。換句話說，他們雖然是很好的開始，但卻只是個開始而已。

提高產能的長期方案有哪些？

當你採取短期解決方案的同時，也應該考慮以下三種長期解決方案：

1. **擴充既有設施**
2. **開設分公司**
3. **搬遷新址**

任何一種擴大產能的方案，都需要和其他的替代方案相比較，以確定應該採用興建、承租、轉包或者是增加第三班作業員的方式擴大產能。運用精密的現值淨額分析，和內部報酬率分析，你將可以確定哪一個選項能對生產力造成最快的影響，並為你帶來最多的保留盈餘。

你的會計師或財務顧問或許能運用這些財務工具，協助你進行分析比較，然而身為一位事業單位的經營者（同時也是決策者），你必須有能力了解他們對你提出的建議是否正確（隨後將介紹更多財務核算的相關知識）。

擴充既有設施

到目前為止，擴充企業現有的設施仍然是最實際的長期解決方案。企業經常在現有廠房的基礎上尋找擴建的方法，例如擴建、增加新隔間、新增樓層或翻修地下室等等。由於不必花太長的時間，也不需要購買土地，因此這麼做的成本很低。再加上大家都很清楚這種實施方式，使得擴充既有設施成為十分受歡迎的一種解決方案。

但是在原址擴建的方案也有缺點，當生產空間增加之後，廠房的布局就可能會變得比較不理想。原物料的處理和儲存或許會被分隔兩地，因而提高了延誤交貨的機率。留在原有的地點，也可能會阻礙企業的技術發展，因為你將會使用同一批老舊的設備和方法，繼續製造產品。另一方面，當同一個廠房內生產的產品數量增加時，管理階層也必須面對更複雜的監督管理、庫存控制，以及成本會計等風險。

開設分公司

成立分公司對企業的好處是，你將可以藉此避免單一廠房的產品或員工數量超出負荷，也可以讓每一間分公司負責特定的分工內容，以維持成本會計的簡易性，同時便於控管。另一方面，你還可以利用分公司測試新的技術，探索新的流程，並且讓分公司為你開拓新的市場（參見第六章）。

搬遷新址

當企業所面臨的問題無關規模大小，而是跟生產流程、技術或控管有關時，搬遷新址往往是最好的方法。企業可以藉著搬遷新址的機會，淘汰老舊的技術、生產流程和政策，改採新的技術、方法和方針。同時，廠房搬遷將可以運用最新的生產技術，並進行最合理的廠房設計。

大多數的企業，在選擇新址時都不會超過原址的二十英里範圍，因為這樣既可以保有那些技術精良的勞動力，讓他們不需要到太遠的地方工作，也能維持企業與客戶及供應商之間的關係。

大多數的製造商都會遵循**產品廠房策略**，也就是將不同的產品或生產線，分配給不同的工廠製造。這樣一來，每間工廠都能因為不斷重覆相同的工作，而享受到專業化以及規模經濟的優勢。和這個策略相對應的，是分散式的管理結構，換句話說，各個工廠都有權自行做決策。

另一方面，實施**市場範圍廠房策略**，將可以協助工廠針對特定的市場區域提供服務。運用這種策略的企業，每一間工廠都需要生產企業大部分或所有的產品。在運輸成本佔總成本比例較高的產業，例如釀造業、雜誌印刷業、食品加工業和罐頭加工業，或者是需要快速作出回應的企業，最適合採用這種策略。這種策略必須配合集中式的管理，由總公司負責管控各個工廠的生產及配送任務。

還有一些企業會採取類似生產線的做法，這種被稱為**加工廠房策略**的方式，是利用不同的工廠，分別負責製造部分產品，然後再交由另一間工廠進行最後的組裝工作。這是一種很少見的策略，只有不到一〇%的製造商曾經採用過這個方案，因為它要求高度的集中控管，以協調各工廠之間的原物料和產品。大多數採取這種策略的工廠，都蓋在貨車能迅速抵達的距離裡，以節省運輸成本。

有些人會介紹各種精密的評估方式，協助你分析候選地點的每一項變數，然而事實上你只需要考慮六種主要的因素，而且其中往往有一、兩個因素，會重要到能直接幫你做出決定。這些因素包括：

1. 雇用技術良好員工的成本及可獲得性
2. 稅賦以及其他政府費用的支出
3. 靠近消費者
4. 靠近供應商或原物料
5. 靠近另一項企業設施
6. 生活品質（有許多不同的評估方式）

其他需要列入考量的因素還包括水電費等公共設施成本，員工對工會的態度，興建聯外道路和停車位的成本，是否接近高速公路、機場或鐵路，藝術與文化的選擇，以及直接競爭對手的位置等等。

在過去的數十年裡，又增加了另外一項需要考慮的因素。許多地方政府和州政府，為了促使企業聘用當地的勞動力和增加地方稅收，往往會提供各種獎勵政策吸引企業進駐。例如內華達州政府為了吸引加州的企業進駐，就設計了一系列的優惠措施，包括營利所得稅減免，低職業災害賠償金，和現金獎勵等等。

儘管不一定有哪個候選地點能同時滿足所有的因素，然而你所選擇的地點，卻必須能夠滿足企業最重視的因素，讓你的企業能更有效地參與市場競爭。

考慮擴增空間時，要考慮：

會對現有的作業程序造成什麼影響？

轉變的過程很可能會造成一些破壞，也可能需要花非常久的時間。除了生產流程和系統可能需要調整，原物料的處理方式也將有所改變，同時，員工還需要學習相關的新知識。因此，工程和管理單位可能需要緊密配合轉變的過程，以至於忽略了日常的工作。

新產能的靈活度如何？

在發展迅速的產業（例如電子業和製藥業）中，新市場、新產品和新的銷售方式都是常態，因此產能必須隨時保持較高的靈活度。擴增新的空間，可能反而限制了企業的反應能力，成為與產業變化保持一致的阻礙。

是否把專案想得太複雜了？

當固定設備的成本與員工的工資相比較為低廉時，廠長經常被會要求無論赴湯蹈火，都必須設法取得該項設備。

授權與外包，也能增加產量

增加產量的其他方式，還包括了授權和外包生產等等。

授權的模式容許其他企業基於某種特殊的原因，得以在特定的時間內生產並銷售你們公司的產品。而**外包**生產則是指容許其他經銷商，提供原本應該由你的企業自行生產的產品或服務。

授權協議意味著你將企業的名稱、商標或產品的使用權轉讓給其他的企業，讓他們基於某種原因，能在某一段時間之內使用。這種模式通常可以讓被授權的企業立刻獲得知名度，並引起顧客的興趣。

舉例而言，傑克・丹尼（Jack Daniels）將名字授權給馬澤蒂企業（T. Marzetti），用以生產波本威士忌口味的芥末醬。而電影製作公司更是將產品授權給製造商，生產從運動衫到紋身，從鑰匙圈到糖果在內的各種電影周邊商品。

為什麼要授權給其他公司？情況可能是，你已經花了許多年的時間，也投資了很多資金，建立起企業的品牌知名度和信譽。你希望由授權企業名稱和產品給其他企業的方式，一方面提升該公司的商譽，一方面提高你的企業品牌知名度。英特爾就是一個很明顯的例子，由於英特爾公司產品的可靠性眾所皆知，因此大多數的電腦製造商都安裝了英特爾的晶片。英特爾推出「內建英特爾晶片」系列廣告，也為那些在生產電腦或電腦零件時使用了英特爾晶片的廠商，增添了不少公信力。

另一方面，從被授權的公司角度來看，你可以藉由取得知名品牌授權的方式，來提高產品銷售量。如果你的企業生產的是服飾，是否可以透過獨家代理的模式，生產經銷知名運動團隊的運動服獲利？如果你生產的是鑰匙圈，何不考慮取得車商或美國國家橄欖球聯盟的授權，生產有品牌標誌，或美國國家橄欖球聯盟球隊標誌的鑰匙圈呢？

至於外包，則是另一種思維與作業方式。

你的企業或許依賴外部供應商的產品，可以賺取比自行生產更多的利潤。這種模式稱為外包，外包除了是短期的解決辦法，也可以做為長期的生產策略使用。

舉個例子，假設你的設備是為了每年製造一百萬個零件所設計的，而你的工廠目前非常忙碌，機器每天都在隆隆作響，員工是以三班制的形式工作，所有的生產設備每天也都必須以最高功率運轉。然而當你的企業成長加速時，你卻突然發現自己必須在一年裡生產出一千萬個零件，很明顯的，以你現有的成本結構，一定無法應付這麼大的產能需求。

這時候，你可以考慮興建一座工廠，然而這麼做需要花好幾年的時間；你也可以考慮擴充現有的設備，但這麼做所需要的時間跟興建廠房差不多。你還可以考慮尋找一家位於其他州或其他國家，專門從事大量生產的供應商。這些供應商的製造成本非常低，他們不但能完全按照你的規格和要求製造產品，還能以低廉的價格將產品銷售給你，讓你可以在賺取足夠利潤的情況下，再將產品銷售給客戶。

有些企業完全是以行銷公司的型態存在，並且將所有的生產業務全都轉包或外包給其他的公司負責。亞當斯（Samuel Adams）啤酒公司所銷售的啤酒，就是由全美各地的大型啤酒釀造企業，以及獨立釀造廠所聯合生產的。原因在於啤酒大多都依靠水路運送，因此長途運輸的成本十分昂貴，為了降低成本，那些小型啤酒釀造商才會選擇借助其他釀酒商的過剩生產力，在各地為自己釀造啤酒，而非自行在全國各地興建釀酒廠。

企業現場

賠錢的生意不能做

強科工業股份有限公司的老闆湯姆・雷恩，被迫面對一個進退兩難的問題。強科工業和一家企業簽訂合約，每年必須為對方包裝超過十萬瓶的特殊用油。然而，該企業客戶卻逐漸減少每次訂購的數量，甚至一次只訂購兩到三千瓶。

強科工業的生產設備經過專門設計，以符合大量生產模式的需求，因此少量的訂單並不能形成規模經濟，導致生產成本逐漸吞噬了他的利潤。在此同時，原物料的成本不斷提高，但強科工業與客戶的訂單卻是以長期固定價格所簽訂的。

雷恩該怎麼辦呢？

雷恩的方法是，跟一家專門進行少量生產的小型外部供應商簽訂了合約，明確規範出相關的生產條件，並且在生產初期密切監控供應商的製造過程，以確保產品的品質。

這家外包廠商的專長是少量生產，並且擁有更先進的設備，因此它的生產成本比強科工業低。

在兩家企業的合作之下，強科工業和它的外包供應商，同時都從特殊用油的包裝業務上獲得了可觀的利潤。

怎麼增加服務業的產能？

服務業所面臨的問題和製造業不同，當服務業進行與產能有關的決策時，也需要考慮比製造業更複雜的因素。在確定產能之前，服務業往往需要考慮包括競爭對手的反應、相關福利設施和需求變更等等的問題。

服務業的產能通常表現在銷售行為產生的時刻，因此行銷跟營運之間的關係非常密切。服務無法事先生產，然後儲存在倉庫裡以因應旺季的需求，以你的髮型師為例，他或她每次就只能替一位顧客服務。同時，服務也具有時效性，也就是說當服務的時間一過，就沒辦法再賣一次了。舉例來說，即使飛機上還有空位，但當飛機起飛之後，這些空位就無法再銷售給乘客了。

在這種狀況下，產能的規畫就特別重要。由於服務業的產能本身往往就是所提供的產品，因此更需要了解顧客的購買動機。消費者為什麼會選擇這一項服務？如果你能在她的工作地點，或住家附近為她提供這項服務，是否能夠提高她選擇你的意願？延長服務時間所獲得的額外收入，是否足以抵消這種行為所需要的額外成本？你的免費或收費服務設施，是否能夠為你創造更多的利潤？

因為服務業的進入門檻很低，所以競爭往往能輕易削弱你的潛在收入。如果消費者決定到街角新開的理髮店裡試試看，那麼你精心規畫的時間表和利潤，就會在瞬間化為泡影。

當你的服務型企業開始拓展業務的時候，採取較為保守的產能提升方式可能比較實際。能夠提升服務業短期產能的方式包括：

1. **雇用兼職人員**
2. **提倡自助式服務**
3. **與其他企業共用產能**
4. **先進行適度的改善**

雇用兼職人員

你可以在銷售的旺季雇用兼職人員，好讓上門的顧客感到滿意。但是兼職人員所提供的服務水準，卻不一定能夠符合你的要求。

提倡自助式服務

許多服務業的經驗已經證實，要求顧客在某些服務上採取自助的方式，是個能令消費者感到滿意的解決方案。餐廳裡的自助沙拉吧就非常受到顧客的歡迎，因為它能讓顧客自行選擇，間接提供了客製化的服務。

與其他企業共用產能

你或許可以和某些非競爭對手共用產能，藉以解決產能不足的問題。比方說一家有太多送洗衣物需要運送的乾洗店，可以透過提供某家印刷廠洗衣折扣的方式，向印刷廠借用卡車一個下午以運送洗好的衣物。

先進行適度的改善

交叉訓練或專業化分工等方式，往往有助於提高工作的效率。如果你的美甲師同時也是髮型師的話，那麼當需要剪髮的顧客人數過多時，她就能代替髮型師為這些顧客服務。

你也可以透過訂價策略來控制顧客的需求，如果大部分的客戶都想在下午四點之後使用網球場，那麼你就可以利用在下午四點之前打折的辦法，來改變顧客的需求量。在決定價格之前，你應該對價格進行彈性分析，好了解是提高售價還是降低售價，才能夠讓你獲得更多的收入。

另一方面，你也可以透過服務內容來操縱顧客的需求。針對尖峰時段設計預約系統，將能夠有效調節顧客的需求。而包括提供專業高爾夫球教練或網球教練的授課機會、專屬置物櫃、托嬰服務，和其他各種附加服務在內，也都可以在某種程度上緩解顧客的需求。而在非尖峰時段免費提供部分的附加服務，通常也可以平衡需求。

一般而言，服務設施與產能兩者對服務業具有同樣重要的地位。

比方說，一家擁有十個室內網球場的網球俱樂部，由於從早到晚都是客滿，因此俱樂部的經理決定將更衣室改建成額外的網球場以增加收入。然而在改建之後，那些喜歡在打完球之後在俱樂部裡洗澡的會員，卻不再光顧這間俱樂部，導致球場的數量雖然增加了，收入反而因此減少。與其把更衣室改建成球場，如果經理選擇將其中一個球場改建成果汁吧和燒烤餐廳，儘管球場的數量減少了一個，但是實際收入卻可能會增加。因為會員或許在打完球之後，喜歡坐下來享用新鮮的果汁和三明治。

有的時候，增加一些服務設施不僅可以擴大需求，還能創造更多的收入。比方說利用顧客人數最少的星期二，在當地的高爾夫球場裡提供專業高爾夫教練的免費指導課程，通常可以增加顧客對球場的需求。而在俱樂部裡增設吧台，不但可以增加收入，也能讓高爾夫球場變得更吸引人。

企業現場

我給你折扣，你給我停車位

基督教青年會（ＹＭＣＡ）的停車位總是會在清晨和平日下午五點到七點的尖峰時段裡被停得滿滿的。新會員抱怨青年會的停車位很難找，還有一部分的老會員，甚至因為停車位不足而決定退會。

儘管沒有多餘的空間，青年會還是需要找到一種便宜的方法，以解決停車位不足的問題。

面對那些在尖峰時段找不到停車位的沮喪會員，當地的青年會決定與隔壁的教堂簽訂一項以物易物的協議。根據協議，基督教青年會將為教堂的成員提供會員費折扣，以換取青年會在平常時段使用教堂停車場的權力。

這是一個雙贏的辦法，而且現在基督教青年會的會員，也因此有了足夠的停車位。

專業型服務，也不能只靠一個明星

相對於製造商，專業的服務型企業例如會計師事務所、律師事務所和企業管理顧問、壽險顧問公司等所遭遇的問題，往往與製造業大不相同。

製造商在取得原物料之後，會透過勞動力製造成有形的產品，也就是你看得見、摸得著、感覺得到的東西。另一方面，服務業裡的專家則會運用判斷力為顧客的問題提供抽象的看法和建議。他們所提供的才能是獨一無二、稀有罕見、難以發展和培養、也無法輕易被複製的東西。

這種專業服務業幾乎不可能擁有規模經濟。擁有一間大辦公室和許多專業人員的服務型企業，似乎沒有什麼成本優勢，而且在這種情況下，成本通常還會增加。換句話說，專業型服務業的進入門檻很低，無需花費太多的資金成本，就可以成立一家新公司。比方說一位打算開業的顧問，無需花費像成立製造業一樣多的資金，就能創辦一家服務型企業。

任何一家服務業的目標，都是以合理的價格提供優質的服務，然而儘管價格很容易測量，服務的品質卻很難評估。雖然隨著時間的推移，服務的品質可能可以透過信譽的提高來衡量，或是由顧客長期的滿意度來計算。不過，這些用來測量品質的標準，還是看不見，並且難以衡量的。

運用你的專長

如果你是某個產業裡的專家，你可能會發現，為了讓你的專業型服務企業迅速擴張，你將需要更依賴那些經驗較少的員工的力量。

同時，你也應該指導他們朝經驗服務，或既定程序服務等方向發展。

儘管他們的服務費率比專家低，但是他們所能完成的龐大工作量卻能為你帶來更多的收入。

在現實中，專業服務型企業的成功取決於專業人員的整體努力。因此最好的策略就是雇用優秀的員工，將注意力集中在清楚的價值觀上，並且對顧客的需求提供全心全意的服務。也就是說，企業的成功，來自於專業人員的集體貢獻。

整體而言，服務型企業所遵循的是一系列的**實務慣例**。

在提供**一般商品**服務時，企業會針對普遍而簡單的問題，規範具體的解決程序。舉例來說，麥當勞一向講求提供簡單而有效率的速食服務，無論是在緬因州的班戈市、泰國的曼谷或孟加拉，麥當勞餐廳的服務都完全相同。

但提供專業服務就不一樣了，你面對的是更複雜的**程序**，不但需要進行更深入的思考，同時也需要對顧客提供客製化的服務。就像一般的人壽保險雖然已經透過一套設計好的系統，為顧客提供全面性的解決方案，但一樣需要根據每位顧客的需求做調整。

有時候，這類服務存在的理由是因為客戶需要的是「老資格」的**經驗**。舉例而言，沒有經驗的顧客會尋求會計師事務所的協助，處理和美國國稅局審計程序相關的重要問題。因為這家會計師事務所從開業以來就處理過許多類似的情況，因此可以借助事務所過去的經驗，幫助這位客戶度過難關。

有時候，顧客要處理的可能是會造成長期影響且十分棘手的問題，這些情況，就需要對該領域有深入研究的**專門知識**的專家或顧問協助了。

當你朝向越專業的服務層級發展時，你所收取的服務費用就會相對提高。因此，你可以看到服務業的三種層級中，以一般**商品**為主的服務型企業，為了和其他提供一般商品服務的企業競爭，必須設法以較低的工資獲得最大的勞動力。而以提供既定**程序**服務為主的企業，由於客製化的需求較高，因此會支付員工較高的薪資。另一方面，那些以**經驗**為基礎的企業，則非常需要好的傾聽技巧，人員也必須擁有淵博的知識和創意，並能細心滿足客戶的需求。最後，由於那些擁有**專門知識**的專家需要花很多時間研究相關資訊，好在專業領域裡維持領先的地位，因此他們所收取的費用，往往遠高於一般的標準。

想要讓你的專業服務企業迅速成長，你必須在鼓勵下屬成長和保有能為你吸引新業務的專家之間尋求平衡。雖然足以對生產製造或零售機構造成重要影響的行銷策略，似乎和專業服務型企業沒有太大的關係，不過仍然存在許多相似之處。其中最明顯的相似處，就是所有的企業都需要辦公室。

表八　服務業的實務慣例

	一般商品服務	既定程序服務	經驗服務	專業服務
顧客的問題	普遍而簡單的問題	從幾項複雜的方案中做選擇，或執行一項複雜的程序	必須針對某項缺乏經驗的重要議題做出決策	面臨有重大影響且棘手的特殊議題
銷售手法	快速解決問題	有系統且全面性的解決方法	解決類似問題的經驗	解決問題的分析能力
實例	理髮師	牙醫	土木工程師	顧問

資料來源：改編自大衛・麥斯特所著之《管理專業服務企業》，紐約自由出版社，一九九三年出版。

辦公空間讓你產能低落，你知道嗎？

聰明的企業家與經理人都已經了解到，工作空間對提升工作表現有非常重要的影響。然而跟人員、流程和技術最有關係的工作環境，往往會在判斷企業的利潤時，成為被忽略的因素。

無論是在工廠或辦公室裡，空間的規畫都很重要。在工廠裡針對時間與動作進行研究，將有助於提高工作的效率。而針對原物料處理方式的研究，同樣能在倉庫的空間規畫上，達到提高工作效率的成果。

典型的工作環境

- 靠牆的辦公室
- 「開放式辦公室」裡的隔間
- 缺少非正式的交流
- 各部門之間很少開會
- 通風不良的會議室

每一個成長中的企業都有屬於自己的辦公室。你利用辦公空間的方式，將會促進或阻礙企業的成長。

零售商會根據每平方英呎的店面收入，做為評估業績好壞的依據；工廠則會根據每平方英呎廠房面積所能產出的貨品，評估工廠是否成功。然而大多數的企業，卻無法測量出辦公室的產能。對大多數的企業而言，辦公室只是一項營運費用，因此往往會設法在最小的空間裡容納最多員工，完全無視於每位員工所執行的工作內容差異。

如果你的辦公空間跟大多數的企業規畫相同，是根據地位分配安排空間，而不是依據工作的類型劃分，那麼擁有轉角辦公室和大扇窗戶的人，一定就是公司的老闆。在這種辦公室裡，員工之間的交流不是被局限在飲水機前方，就是員工整天都坐在辦公桌前，很少離開自己的部門。正式的會議往往會在某個私人辦公室或通風不良的會議室裡召開，會議不但冗長而且毫無意義，更缺乏效率。

然而，工作環境的設計，已經逐漸受到經營大師的重視，並認為是能提高工作效率，創造最大產值的要素之一。當你的企業不斷成長時，工作環境也應該隨著企業一起成長。員工之間如何互動，他們如何工作，以及他們所負責的工作項目是什麼，都會對工作環境設計產生重要的影響。

根據合作程度的不同，圖十三列出了幾種不同的辦公室格局，將可以大提高員工工作效率。

辦公室裡的員工分別從事著各種不同的工作。有些人整天都在做同樣的事，有些人有時候必須獨立工作，有時也需要和其他的小組成員合作，還有一些人每天需要和各式各樣的人見面。也就是說，你無法將某種固定的空間格局，套用在所有員工的身上。

如果員工從事的工作較為單一，工作所涉及的範圍也有限，例如理賠處理或簿記等工作，那麼A的工作空間設計會最符合他們的需求。由於這些員工必須大量使用電腦，並進行重複性質高的工作，因此為他們提供符合人體工學的辦公系統，才能將健康和安全的風險降到最低。

顧問、建築師和廣告公司或設計公司裡的創意人員等等，經常需要處理各種不同的任務，這些任務包括進行研究、分享意見和打電話。B的工作空間設計，對這

圖十三　辦公室格局

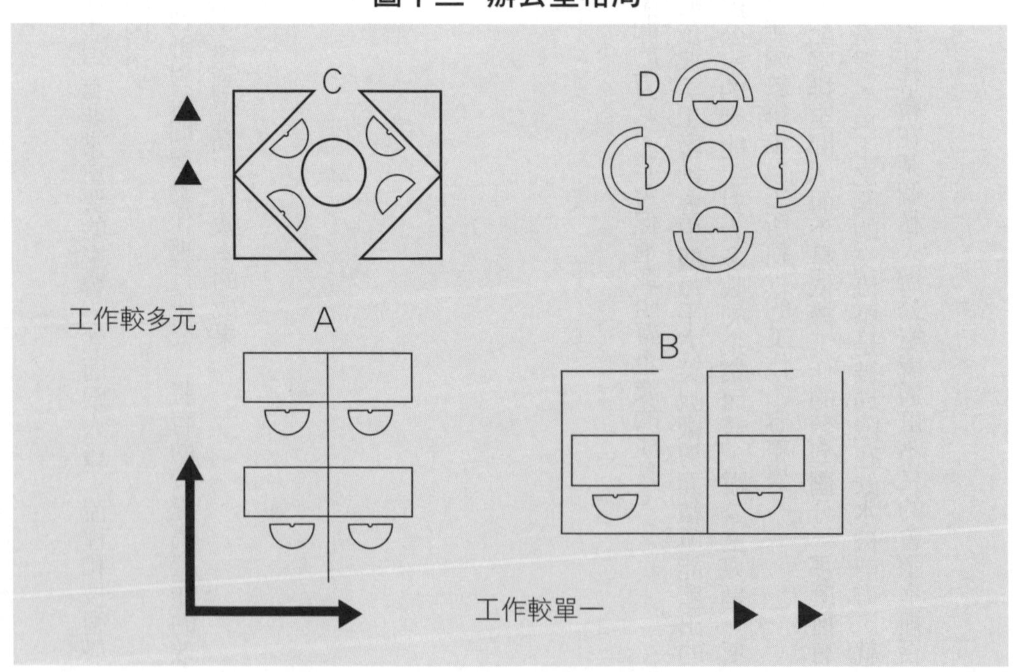

些創意工作者非常適合，因為他們需要隱私，個人電腦系統，以及小型的會議室。

需要合作的任務，比方說需要分享意見、維護不斷出現的回饋資訊和必須大量使用電話和電腦的工作，最好採用C的工作空間設計形式。也就是包括客服人員、電話行銷人員，以及內部業務員等在內，都適合使用這種工作空間。同時，你也應該為他們預留足夠的空間，好存放參考資料和各種檔案。

團隊和任務分組的領導者，例如專案經理和研發團隊等等，最適合採用D的工作空間設計。這種設計可以配合團隊成員頻繁的溝通需求，但是當他們需要集中注意力或使用電腦時，又能輕易地專注在個人的工作，或利用筆記型電腦各自工作。另外，你應該為他們提供一些白板、白板筆和繪圖架，讓他們能隨時進行展示。

當企業開始迅速成長時，辦公室格局往往很容易受到忽略，然而它卻對你是否能有效地運用科技，執行新的商業策略，以及讓員工感到滿意造成很大的影響。工作空間可能會成為阻礙或推動企業成長的力量，因此要特別注意，你的工作空間務必要能協助員工完成工作。

裝潢也能激勵員工

在辦公室擺放幾件符合企業文化的裝飾品，往往有助於激發團隊精神，或是提醒自己選擇從事這個工作的原因。

我有一位從事航太電子設備製造業的朋友，擁有當年他在荷蘭參加第二次世界大戰時，被敵軍擊落的P-40戰鬥機的螺旋槳。那個螺旋槳是在戰爭結束的數十年之後，由荷蘭的挖掘工人找到並還給他的紀念品。他把螺旋槳掛在辦公室的接待區裡，做為激發靈感和製造話題的來源。

運用「五感」，讓工作環境更吸引人

你是否曾經把你的企業想像成一個環境？而這個屬於整體世界的一部分的工作環境，正是員工度過他們三分之一生命的地方。

將員工想像成工作環境的組成成份之一，他們怎麼跟工作的環境互動，而環境又是如何跟他們互動，都會在提高工作效率、工作成果和鼓舞員工士氣上發揮重要的影響力。

如果員工喜歡自己的工作環境，他們的心情就會變得更加開朗；而良好的工作環境，也更能吸引優秀的員工。一旦他們被雇用之後，這些人不但能表現得更好，更和諧地與自己的同事相處，也會更熱愛自己的工作。

這跟風水並沒有關係，然而講求「感官」或「整體」性的設計風格，已經逐漸成為商用室內設計的一種趨勢。它運用五種感覺官能，也就是視覺、聽覺、觸覺、味覺和嗅覺，並確保這五者之間的相互合作，共同營造出一個舒適的工作環境。

光線、顏色和特定節奏的音樂，能夠營造出讓員工流連忘返，或者是令他們恨不得馬上離開的氣氛。比方說速食餐廳希望顧客們買得快、吃得快、離開得也快，好讓餐廳能服務更多的顧客。然而書店或服飾店等場所，卻可能會希望顧客放輕鬆，悠閒地選擇自己喜愛的商品。

視覺

工作環境裡的色彩應該明亮而愉悅，但是卻不能太過雜亂，因此你不妨運用同色系的色彩進行配色。例如用棕色搭配橄欖綠，再加上一點深紅色做對比，就能營造出一種興奮感。另一方面，藍色和深綠色的搭配，則可以營造出寧靜祥和的氣氛。

聽覺

不管你擁有的是零售商店、製造工廠、還是一間辦公室，工作環境裡有沒有聲音的存在，都會對人們的情緒、工作的節奏、注意力，以及人們對工作環境的印象，帶來很大的影響。

嘈雜的聲響，例如刺耳的回音，從客服部門傳來的雜音，從某個人的辦公室裡傳出來的廣播聲，或者是兩位同事之間交換意見的聲音，都會令人感到干擾。雖然有些人能靠精神力阻隔這些噪音，但是它仍然會降低這些人的工作效率，同時增加他們的壓力。

一片寂靜的工作環境同樣會讓人感到不安，在這種環境裡，任何一點小聲音都會被放大，變得非常明顯，甚至令人感到心煩。

播放音量極低的背景音樂，是最簡單、通常也最有效的解決辦法。背景音樂應該只能作為背景存在，因此要避免播放奇怪的音樂，絕對不要放饒舌歌或節奏強勁的搖滾樂，但輕柔的爵士樂或古典音樂則都是很好的選擇。

觸覺

觸覺可以為工作環境創造出溫暖安全的氣氛，巧妙地利用植物、雕像或壁毯搭配其他的設計元素，就能創造出一種氣氛，勾勒出工作區域，或是分隔辦公空間。許多零售商早已有效地運用了具有各種觸感的表面和裝飾，有一家專門銷售戶外用靴和登山裝備的鞋店，就使用了真正的造景瀑布、蟋蟀的叫聲，和空氣中彌漫的松香味，創造出一種非常符合產品的購物氣氛。

嗅覺

嗅覺能幫助你在辦公室裡創造出「家」的感覺，香草可以在嘈雜繁忙的辦公室裡增添一絲寧靜，而現煮咖啡更是永遠都受人歡迎的味道。

味覺

你可能會覺得，除非你經營的是餐廳或麵包店，否則想在辦公室裡製造味覺是件很困難的事。然而即使不是提供餐飲服務的地方，也可以製造出特定的味覺。舉例來說，SBC通訊公司會在每一次的訓練課程中，準備糖果、口香糖和飲料等食品，而李奧・貝納廣告公司則要求全球所有分公司的接待櫃台上，都必須放一盤蘋果。讓同事一起烤麵包，同樣可以增進彼此之間的感情。這也就是為什麼大多數的生意，都是在早餐或午餐時間談成的原因。

在你的工作環境裡運用整體改進方案，將可以提高員工的生產力，促進員工之間的友誼。開心的員工將會為你的企業工作得更久，同時他們也更可能會讓客戶感到開心。

對任何一家快速發展的企業而言，產品的品質始終都是最重要的焦點。因此管理者通常會由於過份關注企業的成長，而忽視了企業的核心競爭力品質，也就是讓企業成功的首要因素。

讓人舒服的工作環境

視覺

你的辦公室是否看起來乾淨又有趣呢？充足的照明是最基本的辦公配備，小而暗的房間不但會限制人們的工作表現，還容易引發幽閉恐懼症。把你的辦公室打掃乾淨，將雜物搬走，因為它們會讓你看起來雜亂無章，也可能造成員工在工作上的失序。

聽覺

在辦公室裡播放音樂能夠舒緩員工的情緒，讓他們表現得更出色。同樣地，音樂也可以掩蓋人們的談話聲，讓在開放空間或小隔間裡談話的員工，能夠保有足夠的隱私。

觸覺

展示品、櫃檯和植物等等，都能夠為工作環境創造出舒適、「令人感動」的氣氛。

嗅覺

香氣已經逐漸受到室內設計師的重視。你的房地產仲介會建議你，在準備展示房屋之前先烤一爐麵包，同樣的原理也適用於你的辦公環境裡。即使是一杯現煮咖啡的香氣，也能營造出一種溫暖而好客的氣氛。

味覺

一杯美味的咖啡，可以讓早晨的會議時間變得更愉快。

企業現場　辦公室也是展示空間

福雷爾商務空間公司決定，將它的新辦公室作為辦公室設計的展示空間。除了運用最有效率的空間設計技術，福雷爾還希望新辦公室能從客人踏進門口的第一步開始，向他們展現出福雷爾的企業文化。

福雷爾公司決定，將整間辦公室當成一份互動宣傳手冊，設計總監珍・迪瓦恩在大門口利用了七種不同的地毯，打造出公司的新接待區。

這項設計立刻為顧客標示出不同辦公區域的方向，而各種材質的地毯，也營造出一種溫馨的感覺，代表福雷爾歡迎每一位上門的顧客。

這些地毯引領來訪的客人經過不同的工作區域，從設計部到業務部和會計室，最後來到位於辦公室中央的總裁辦公室（福雷爾裡沒有占據大扇窗戶的獨立辦公室）。

品質失敗有三種成本

八五%的產品品質問題必須由高階管理者負責，而剩下一五%的產品品質問題，則是由員工所造成的。

——品質管理大師愛德華・戴明

每個人都想擁有品質優良的產品。到目前為止，我們還沒有發現任何一個追求劣質產品的管理者。但是對不同的人來說，品質的含義也不盡相同。品質是指產品的外觀或性能？或者是指產品的多功能性？還是指產品的耐用性？事實上，這些都是很主觀的問題。

品質就像美好的事物一樣，往往取決於所有者或消費者的看法。賓士和勞斯萊斯並不是唯一品質傑出的汽車，如果能夠達到福特汽車所規範的品質要求，例如「價格低廉」，那麼較低階的福特Excort汽車，也可以算是品質優良的產品。

換句話說，品質或許可以被簡單地定義為，符合特定規格的產品或服務。然而，並不是所有符合規格的產品都能成為「優質」產品，尤其是當規格本身就很差勁的時候。因此品質的定義，應該是依照顧客的需求和期望，提供符合規格的產品或服務。

想要讓產品品質精良，意味著你必須遵照規格，製造或提供能夠滿足顧客需求的產品或服務。唯有透過這種方式，才能夠利用量化的方式評估品質，並擺脫主觀的因素。

這也就表示，你可以計算出品質的成本。品質成本其實就是做錯事的成本，也就是當產品無法符合規格時，令顧客感到不滿的成本。品質成本可以被進一步分為三個部分。

失敗成本

失敗成本包括了在交貨之後的外部失敗成本，比方說顧客的抱怨和退貨、到府維修服務，包含保險和賠償在內的產品責任、品質保證，和產品保固等等的成本。另一方面，失敗成本還包括在交貨前發生的內部失敗成本，例如由於機械問題所導致的停工期，工程師和採購人員更改訂單、重新設計、重新測試、重做或推翻現有產品所造成的成本。

檢測成本

檢測成本是指在產品失敗之前，你對糾正問題所付出的努力的成本。它包括了性能測試、樣品檢驗、供應商監督、收貨檢測、工作過程中檢測，以及成品檢測等項目所產生的成本。

預防成本

預防成本是指為阻止錯誤發生所做的預防工作成本。預防成本包括了設計評估、工程製圖檢查、規格審查、預防性保養、品質審核、供應商評估和獎勵、工具與機械控管，以及員工培訓等項目所產生的成本。

當把這些成本加在一起，你會發現「品質」的成本非常高，甚至可能佔據銷售成本的二〇％。為了避免這些成本中的大部分，你應該從第一次開始，每一次都正確地製造產品或提供服務。

品質管理大師愛德華・戴明（W. Edwards Deming）堅信，品質應該從員工的層級建立起。當戴明在第二次世界大戰後前往日本工作時（許多人表示，日本的汽車產業之所以能在一九六〇和一九七〇年代大幅地提高出產車輛的品質，必須要歸功於戴明），證明了品質應該由每一位員工確實執行，而不僅僅是一項由管理階層所制定的標準。企業裡的每一個員工，都必須相信事情應該一次就做好，而且每一次都該如此。

當所有的人都認同完美不只是一個目標，而是一種基本準則的時候，企業才能真正向傑出的品質邁進一大步。所謂的零缺點準則，是指預期所有的人都能製造出毫無缺陷的產品。如果無法做到這一點，你就必須改變生產流程，直到產品毫無缺陷為止。這些改變最終將會造成品質成本的變動。一般而言，當**預防成本**提高時，**失敗成本**就會隨之下降，在此同時，整體的品質成本也會相對減少。

員工將不再只是按照工程師的設計，單純地執行任務，相反的，當員工發現產品上的問題時，工程師必須成為為員工解決所有品質問題的資源。為了創造出零缺點的產品製造環境，工程師和管理階層都應該為員工提供服務，而不是讓員工為他們服務。

學術界對於該如何確認品質成本，以及可接受的品質水準等議題上，一向有較多的爭論。有些學者推論，當一家企業的產品越來越趨近零缺點時，預防成本就會大幅提高。他們主張產品的最後幾項缺陷，不但最難發現，也最難以解決。從某種意義上來說，當越來越多的錯誤被發現和修正時，產品的收益也就開始遞減。因此，符合特定瑕疵水準和數量的產品，應該屬於可接受的範圍。

另一派學者則主張，發現並修正最後一項缺陷所需要的成本，與發現修正第一項缺陷所需的成本相同。雖然找出最後一項錯誤所花費的時間可能較長，但是修正這些錯誤並不會比修正其他錯誤更複雜或更貴。根據這項理論，產品將可以達到零缺點的水準。

無論哪一派學者的主張才正確，有一件事卻非常明顯，那就是戴明已經讓企業明白，最理想的瑕疵水準，遠比任何人之前所想像的要低。

三大品質成本

失敗成本：產品失敗引起顧客不滿或流失的成本

檢測成本：在交貨之前檢測產品的成本

預防成本：在第一時間預防失敗的成本

六標準差品管系統怎麼用？

現代的激烈競爭環境，早已不允許企業有太多犯錯的空間，而減少錯誤的有效方式之一，就是採用被稱之為六標準差的品質管制系統。

品質已經成為一種商品，是所有產品都必須具備，並且符合規格的要素。你所製造的產品品質，除了必須滿足顧客的期望，還必須超越他們的期待。這正是六標準差品管系統會成為商業文化的主要原因。

六標準差（指在平均值和最接近規格的上限中，朝向百萬分之三．四的標準差值前進）是一套紀律嚴謹的程序，能夠協助從製造業到零售業，以及提供產品或服務的任何一種企業，在生產的過程中專注於排除瑕疵的工作。

六標準差的中心思想，是假設你有能力計算出產品或服務的製造與提供過程中，會發生多少種「錯誤」，就能有系統地尋找出解決這些瑕疵，讓產品或服務逐漸接近零缺點（六標準差將瑕疵的發生率，定為每一百萬件中發生三．四件）。

摩托羅拉電信公司，率先在一九八〇年代進行六標準差品質管制的訓練工作，自從採取了六標準差品管系統之後，摩托羅拉聲稱該系統在減少瑕疵的過程中，為企業在十五年裡節省下超過一百六十億美元的成本。另一方面，奇異公司則是實施六標準差品管系統最成功的企業之一，在開始實施的五年之內，就已經省下約一百億美元的成本。

六標準差品管系統可以分為以下兩種方法：

1. DMAIC（define 定義，measure 測量，analyze 分析，improve 改進，control 控制）
2. DMADV（define 定義，measure 測量，analyze 分析，design 設計，verify 驗證）

你可以運用 DMAIC 改進現有的產品或流程的品質，或者是使用 DMADV，協助企業根據六標準差品管準則，開發新產品或流程。

負責規畫六標準差品管系統的顧問，通常被業界以綠帶（Green Belts）、黑帶（Black Belts）和黑帶大師（Master Black Belts）等不同等級稱呼，他們都能協助企業執行六標準差品質管制。即使你並不是摩托羅拉或奇異之類的大企業，你同樣也能透過六標準差品質管制系統，為企業節省下大筆經費。根據六標準差應用協會表示，黑帶級顧問通常能幫助企業為每一項專案節省約二十三萬美元的成本，而每一位黑帶顧問，每年也都能完成四到六個專案。

然而，六標準差並不只適合大型企業，小型企業同樣可以藉由提倡六標準差，簡化企業的生產流程，同時節省大筆經費。根據六標準差網站（www.isixsigma.com）表示，小型企業運用六標準差的成功關鍵在於：

- 管理階層的承諾投入
- 員工培訓
- 受訓員工對接受培訓的時間承諾
- 將培訓與經費補貼互相連結

小型企業雖然較容易取得管理階層的承諾投入，但是花費在每一位員工身上的培訓費用，卻可能會比大型企業更高。同時，企業可能會要求員工，必須將百分之百的時間都投入在六標準差的執行上。但是請記住，當你的企業正在成長時，任何花在改善流程上的時間，都能靠生產力的提升而回收。

如果想了解更多關於六標準差的資訊，或是想尋找讓你的企業從中獲益的方式，可以參考網路上六標準差培訓機構所刊登的廣告。

製造業常見的生產瓶頸，你知道嗎？

每家企業都會遇到瓶頸，瓶頸會扼殺企業的成長，削弱員工的熱情，更會讓你充滿壓力、焦慮和恐懼。

固定出現的瓶頸是最容易處理的問題，例如生產線上的某個因素破壞了生產流程，這些因素可能包括某部機器壞了、某位關鍵員工臨時請假，也可能是部分零件遺失，或需求量超過了企業的產能。由於上述問題的產生，使得瓶頸之前的流程受到影響，讓製造中的半成品庫存量開始增加。固定式的瓶頸通常會出現在服務流程中，結果造成顧客必須花時間等待。

比固定式瓶頸難處理的，是那些不易被察覺，而且通常原因不明的變動式瓶頸。這種瓶頸令人沮喪的原因，在於庫存會莫明其妙地在不同的地方，或不同的時間裡出現。而造成瓶頸的理由，可能是因為新員工跟不上生產線的速度，也可能是因為零件遺失或有瑕疵。

這些微妙的瓶頸大多都是偶發性、而非長期性的事件，換句話說，這些瓶頸不會持續發生，每次造成瓶頸的問題都不相同，而且會在你意想不到的時刻出現。更令人頭痛的是，變動式的瓶頸總是會在最不該發生的時候發生。

如果**偶發性瓶頸**出現的次數過於頻繁，那麼就可能會轉變成長期性的瓶頸，因此，我們需要認真考量現況，以更改設計或進行長遠規畫的方式來修正。

偶發性瓶頸的成因可以歸納為三類：

1. 機械故障
2. 原物料短缺
3. 勞動力短缺

當機械發生故障時，企業裡會有很多人焦急地想立刻修好它，或者是重新安排由這部機器所負責的任務。解決機械故障最好的方法之一，是規畫完善的預防性保養維修。不過，雖然例行維修保養比較容易處理，卻可能需要花費比修好故障機器更長的時間。因此越來越多的企業，開始指派工廠中最擅長維護機械的員工，一位能夠及時解救類似狀況的維修人員，來處理機械故障的問題。

雖然機械故障或許是你需要立刻解決的最大問題，但是原物料的短缺卻是最常見的偶發性瓶頸。原物料短缺有時是供應商的問題，然而在某些時候，原物料短缺則是由於企業內的其他部門出現了問題。原物料短缺問題的解決方式有兩種，及時生產（JIT）制度或經濟訂購量（EOQ）模式，都能夠將需求、訂單成本、運輸成本等因素考慮在內，將原物料短缺的問題和成本降到最低。經濟訂購量模式會因產業、企業和個別環境的不同，而產生非常大的差異，因此在這裡不做進一步的討論。不過任何一位稱職的產業顧問都可以根據企業的狀況，為你提供最適合的及時生產制度，或經濟訂購量模式。

企業現場

機器故障的解決方案

印刷精美的小冊子、年度報告和各種宣傳文件，都是流程十分複雜的工作。無可避免的，有些機器可能會在製作的過程中故障，因而造成工作進度變慢，拖延客戶訂單的交貨期。

印刷部門的經理山姆·費肯迪斯是處理印刷設備故障的專家，因此儘管他的職稱是經理，卻發現自己開始花越來越多的時間，處理印刷瓶頸和修理故障的設備，而不是管理印刷部門的業務。

服務對威爾遜印刷公司來說非常重要，當機械故障的問題開始拖延生產進度時，公司準時交貨的聲譽也因而受到了影響。身為公司的老闆，戴爾·威爾遜需要及時改變這種狀況。

經過仔細的思考，威爾遜決定指派印刷部門的經理山姆·費肯迪斯，轉而擔任維修顧問一職。

雖然大多數的員工仍然很依賴山姆精湛的印刷和裝訂技術，不過山姆現在大部分的時間都是用來解決機械故障的問題，以及設備的保養維護。

另外，員工意料之外的缺席、休假，訓練不足的員工，以及其他勞動力短缺的問題，都會成為生產流程中的瓶頸。對任何一個正在成長的企業而言，這些瓶頸會迅速地演變為長期性的問題。想要解決這些問題，除了必須有源源不斷的新血加入，還必須好好地訓練他們，並且向他們承諾，隨著企業的成長，他們將能夠獲得升遷的機會。

關於勞動力短缺，我們可以來看一個服飾公司的例子。這家服飾公司遇到的第一個瓶頸，發生在排布和剪裁作業上。負責剪裁的人必須是經驗老到的員工，因此不但很難找到適當的人選，也很難訓練。還好這個長期性的瓶頸，通常可以透過安排長期的剪裁學徒計畫解決。接下來的瓶頸，則是整理加工和檢驗作業，針對這個瓶頸，只需要增加作業員工的人數，就能迅速解決。

另一方面，當某部特殊的縫紉機故障，或是技術性員工（例如負責剪裁的員工）缺席或休假時，其他的瓶頸仍然會出現。對於機器故障的問題，工廠可以雇用一名專業的機械維護人員，負責修理那些頑固的機器，或是安排維修時間表，趁機器閒置時進行保養維護。同時，技術性員工的休假時間，則可以儘量安排在工廠作業的淡季。因此，生病或其他原因而導致的員工缺席，才是這家服飾公司最難解決的瓶頸。

長期性的瓶頸通常不是因為原物料發生了問題，就是由生產流程中的問題所造成的。

原物料方面的問題，例如原物料的短缺或進貨錯誤，都代表採購決定出問題。這或許是供應商的錯，也可能是企業本身預測錯誤、下錯訂單，或其他各種原因。一般來說，運用經濟訂購量模式或及時生產技術，都能協助你迅速解決這個問題。

另一方面，經常改變的產品組合，也可能會造原物料短缺的問題。即使你的經銷商和採購部門向來合作無間，產品組合的快速變化也會讓各部門的需求變得不規則。這麼一來，儘管你的工廠仍有多餘的產能，某些部門的工作量卻可能已經超載。換句話說，產品組合變化所造成的瓶頸，或許需要靠改善某個特定部門來解決。

生產流程方面的問題包括產能不足、產品品質有問題，或差勁的廠房規畫。產能和產品的品質，都已經在本章的前半部分討論過了，至於差勁的規畫、錯綜複雜的生產線安排或過度擁擠的廠房，都會削弱工廠的生產力。廠房規畫是一項需要高度專業的任務，必須根據每一座廠房的情況來設計，因此你不妨請教業界的廠房規畫專家，為你提供適當的解決方法。

服務業常發生的產能瓶頸，早知道早準備

對服務型組織而言，流程圖往往非常管用。只需要分析每一個服務點所需要的時間，就可以找出瓶頸的位置，減少顧客的等待時間。

對服務型企業而言，產能的「範圍」通常需要有明確的定義。沒有人能夠估計，髮型師需要花二十分鐘或二十四分鐘的時間，才能為一位顧客剪完頭髮，因為禿頭的人可能只需要五分鐘就夠了。儘管如此，流程圖仍然可以在你需要及時提供服務時發揮極大的效用，而那些看似微不足道的調整，也往往能為流程帶來顯著的改善。

在營運管理中，排隊問題一直是最常見的研究議題之一，也是消費者最不想遇到的一種狀況。你有多常為了排錯售票口或超市的收銀櫃台，而感到懊惱不已呢？

排隊問題是由許多因素所造成的，從顧客抵達的狀況（單一顧客或團體顧客），到排隊的秩序（是依照順序服務還是隨機提供服務），再到服務的過程（是否有固定的流程，是否需要針對不同服務分別排隊等等），每一個步驟都充滿了各種複雜的可能性。

因此，你的目標就是將問題簡化，以便可以輕鬆掌握問題並迅速突破瓶頸。如果問題仍然很複雜，不容易解決的話，你可以利用現有電腦模擬程式的協助。這些模擬程式運用數學的分布理論，也就是特定事件（例如客戶的來電或有人加入排隊的行列等等）在既定時間內發生的機率，為你分析排隊問題。

排隊問題是反映你的產能是否足以滿足顧客需求的一項函數，過剩的產能意味著沒有顧客可以服務，無事可做的員工。而產能不足則代表了有很多顧客排隊，以及不滿的顧客（你甚至可能因此而失去一筆生意）。

為了避免等待的隊伍過長，不僅需要保有充足的產能，如果可能的話，還應該事先準備好所有的設備、補給或產品。同時，你也應該具備足夠的產能，以因應臨時出現的需求。舉例來說，如果下午五點才是你最忙的時候，就不應該在中午時段安排額外的員工，因為員工的工作時間必須符合需求量最高的時段才有意義。

對消費者而言，排隊等待的時間長短會大幅影響他們的整體滿意度，然而在許多服務業裡，等待卻是無法避免的。你該怎麼做呢？

讓隊伍看起來比較短。

你可以利用提供娛樂、讀物、背景音樂，或者任何可供等待中顧客消遣的事物，轉移顧客的注意力。即使大家都在同一個地方，你仍然可以利用規畫好幾條隊伍的方式，讓排隊的人看起來比較少。你應該仔細觀察隊伍的長度，好得知何時需要多開一個結帳櫃台或採取其他解決方案，因為這些措施將可以幫助你維持顧客的滿意度。

當供應商發生問題的時候，也可能會對你造成瓶頸，因此，了解企業的採購習慣，精簡採購的過程，同樣可以減少你在生產過程中遇到的許多瓶頸。

別讓人等到不耐煩

在迪士尼樂園裡，排隊的人雖然很多，但是人們卻並不覺得隊伍很長，因為迪士尼提供了讓人分散注意力的娛樂和迅速的服務。

儘管蜿蜒的隊伍可能長達一百公尺以上，但人們移動的速度卻很快。

迪士尼樂園會在等候隊伍的沿路公布等待時間，例如「十五分鐘抵達魔術山」，並且在路旁安排娛樂節目，比方說在等待參觀鬼屋的排隊路線上，就有一塊放了很多有趣墓碑的墓地，供等待的遊客消遣。

採購不能只問成本，要關心……

採購對企業的利潤有非常直接而重大的影響。你在這項策略功能中所必須扮演的角色非常複雜。你必須精心安排從準備招標文件到最後的交貨設定等一系列的工作，並且同時達到滿足公司的需求，卻又不至於讓公司耗盡資源的目標。

當然，你一定希望採購的價格越低越好。

千萬不要這麼想。

價格只是在組成成本的三種因素中，最顯而易見的解決方式。而**總持有成本**原則所考慮的，卻是影響成本的所有因素，也就是品質、服務和價格等三項要素。

總持有成本

採購機器A需要花一千塊美金，使用壽命是兩年。

採購機器B需要花一千六百塊美金，使用壽命是四年。

雖然機器B比機器A貴六〇%，但是以總持有成本計算，機器B卻比較划算。因為平均下來機器B每年的成本是四百美元，而機器A每年的成本卻是五百美元。

低劣的品質會造成生產的問題，引起顧客的抱怨。差勁的服務則會導致回應速度緩慢，訂單流失，和對顧客提供不當的協助。

當你準備向供應商下訂單時，應該針對你最重視的成本要素，請他們提出相關證明（並定期評估），證實他們的產品能維持最低總持有成本。一旦你確定了高總持有成本的供應商之後，就應該選擇放棄他們，或者是跟他們合作降低總持有成本。總而言之，消除高總持有成本的供應商，就能幫你節省開支。

另一方面，你可以用增加採購金額的方式，獎勵那些低總持有成本的供應商。這麼做不但能提高供應商的利潤（因為他們的固定成本可以攤提在更大的銷售額上，並同時減少行銷和業務成本），也能讓你向他們要求更多優惠（比方說更低的價格），進一步降低成本。

利用總持有成本向顧客推銷產品

你應該事先確認對顧客最重要的因素，並且將焦點放在總持有成本上。

以醫療用品來說，品質是最重要的因素，就軟體而言，最重要的因素是服務，而對製造商來說，準時交貨才是最重要的因素。

不失敗的談判技巧

你是否曾經覺得自己付的費用太高，遭遇了不公平的待遇，或是陷入討價還價的惡性循環難以脫身？還是曾因為害怕需要互相讓步或透過必要的妥協達成交易，而放棄過新合約的協商機會？

面對談判，不需要感到膽怯，也不應該逃避。你只要遵循以下幾個簡單的步驟，就能讓談判的過程變得更輕鬆、更沒有負擔，並且為談判雙方帶來雙贏的結果。

做好你的功課。好的談判技巧跟優秀的行銷手法非常相似，第一個步驟都是事前的調查。了解對方的需求和渴望，他們可能願意放棄哪些東西，以及會在什麼時候堅持己見。將這一份清單跟你的需求和渴望相比較，列出你願意放棄的東西，和絕不肯讓步的地方。

或許你提出的某一項特殊要求，剛好是對方不願意放棄的東西，如果遇到這種情形，你應該用有創意的方式設法解決。從其他的角度切入談判，或許同樣可以達成你的目標。你也可以在其他的小地方讓步，並將你的目標分割成對方願意讓步的小步驟，接著你就可以邁向下一個步驟了。

你必須願意妥協。你應該先認識另一方的談判代表，透過閒聊的方式，了解另一方代表或其他各方代表人員的個人資訊。這些資訊，將會在稍後的談判過程中，幫助你了解對方的動機。同樣的，如果對方的談判代表喜歡你，也將更容易對你的提議讓步。

你應該對談判的過程隨時可能發生變化做好心理準備，並且了解在妥協的過程中，沒有人能得到他或她想要的一切。因此，與其為你所做的妥協黯然神傷，還不如為你所得到的成果感到高興。評估你所爭取到的條件，在經濟和法律上能為你帶來的好處，並為自己的成就喝采。

同樣的，在達成協議之前，你都不應該做任何承諾。也就是說，除非當所有議題都獲得解決，否則所有問題都還有討論的空間。談判結束之後，你應該將所有的結論寫下來，並且由雙方簽字認同。如果另一方在這個時候想打退堂鼓、想要更改協議或是想完全退出談判的話，你就必須進行下一個步驟。

你必須要有耐心，因為任何的談判都只是個過程。如果你擁有一個必須達成協議的期限，那麼談判的時間越長就對你越不利。而當另一方察覺你會為了儘快達成協議，而對某些問題有所讓步的話，他們就可能會盡量拖延談判的進度。比方說，對方可能會以延遲提供協議草稿的時間，並要求更動一些「小細節」的方式，做為談判的手段。換句話說，在談判過程中願意等待的一方，往往佔有更多優勢。

談判技巧一

在談判的過程中，想獲得任何東西都必須付出代價。在沒有取得對等的回報之前，不要承諾放棄任何東西。

談判技巧二

不要為小事煩惱。談判往往很容易變成對細節的討論。千萬不要為了蠅頭小利而忘記你的整體目標。

談判技巧三

知道在什麼時候結束談判。當你達到目的之後，就應該在對方打算針對某些細節再做討論之前結束談判。

其他幾種談判技巧如下：

- 避免在另一方的辦公室裡談判，因為那裡的電話或對講機可能會在你不知情的狀況下被打開，讓第三方竊聽到談判的內容，並對你造成損害。
- 小心黑臉白臉的談判策略，扮壞人的黑臉會針對關鍵議題大吵大鬧，最後大搖大擺走出會議室。接下來則會換扮好人的白臉出場，用較不具威脅性的語氣，對你提出同樣的條件。

- 除非你永遠不會被抓到，否則千萬不要吹牛。如果你在談判初期就被對方發現你吹牛的話，那麼接下來的談判過程中，你的信用就會大打折扣。
- 要求對方攤牌。如果對方威脅你要與競爭對手合作，最好的辦法或許就是讓他們去吧。

誘餌策略

有些時候，談判的對手會誇大某些細節的重要性，藉此掩飾更重要的議題或其他不可告人的目的。如果對方願意針對他們讓你以為很重要的議題讓步，而實際上那卻只是一件小事的話，就代表他們希望你對某些真正重要的事作讓步。

做好你的功課，了解他們「真正」關心的議題，和認為不重要的事。了解業界對各種議題的評價，你才能認清對手的「誘餌」是什麼。

如果計畫是企業的「眼睛」，那麼公司運作就是企業的「雙腳」，是負責執行計畫所描述的願景的力量。為了讓你的企業迅速成長，你必須管理企業的產能，避免瓶頸的產生，並確保貨源的充足與順暢。

Chapter 11【財務的 know-how】

現金至上

如果你想知道金錢的價值，不妨去試著借一些。

——班傑明・富蘭克林

請教任何一位會計師、簿記員或銀行代表，他們都會肯定地告訴你，金錢就是企業賴以生存的命脈。現金會流過企業的營運系統，而**現金的流量越大，你的企業就越健康**。

雖然公司的營運和行銷人員，或許會針對這一點加以反駁（參見第一章），但是資金管理對任何一間小型企業，特別是那些正在擴大規模的小型企業來說，卻是非常重要的關鍵。

想要成功地經營一家小型企業或是一個事業單位，你必須從開業第一天，就把它當作一家成功的企業來經營。換句話說，你必須做到一家成功的企業會做的事。

成功的企業會隨時追蹤庫存成本、應收帳款和應付款項。現金會流進企業再流出去，從訂單到現金，從採購到付款，全都包括在內。

你該採取的第一個步驟，是使用以下這三種基本的財務報表，精確地記錄每一筆現金的流向：

1. 資產負債表
2. 損益表
3. 現金流量表

這三種報表能準確地描繪出企業的財務狀況，並且對借貸資金、取得貸款、納稅，以及了解企業是否獲利等項目都非常重要。就像一幅畫勝過千言萬語一樣，這三種報表能協助你了解企業的經營狀況。

業績好還會倒，你知道原因出在哪裡嗎？

你需要現金來執行你所擬訂的企業成長策略，尤其是當你運用五大商業策略時，企業的成長速度很可能會比財務上能支持的成長速度還快。也就是說，你或許會需要新的設備、新的員工，必須培訓員工，增加庫存量和應收帳款的金額，支付廣告費用以及一系列的其他開銷，而這一切都需要錢。

你可以研究一下你所在的地區「發展最快的五十家企業」清單（通常大型的會計師事務所會贊助這項調查，並且交由當地的主要商業刊物出版），你會發現這些企業全都是從快速成長計畫著手的。它們的銷售業績快速成長，知名度大幅提高，股價也隨之上漲，總之所有的一切都在成長，但是卻很少有人能夠獲利。為什麼呢？因為這些企業缺少資金。

不必害怕。如果你已經擁有了大家所公認的賺錢機器，缺少資金的問題並不難解決。

你有兩種取得足夠現金的方法，你可以選擇借錢（**舉債融資**），或是讓出部分所有權增加一個或以上的股東（**權益融資**）。這兩種方法最大的不同就在，舉債融資必須用企業賺取的利潤償還，但權益融資卻不必這麼做。

我們就先從一般人比較不熟悉股權轉讓開始說明。轉讓部分股權，在某種意義上，等於是放棄了企業的部分控制權，以便為企業換來更多資金。到底該怎麼做呢？

不必還錢的融資辦法：股權出讓

股權是一家企業的所有權權益，如果你擁有微軟的股份，你就擁有了微軟的股權。這也表示你擁有了微軟的一部分，當然，那是很小的一部分，因為你只是微軟成千上萬名股權擁有者中的一個。

如果你的企業還沒準備好，不妨先辦理登記註冊，因為註冊後的公司就可以銷售股權換取現金，不需要準備還款計畫，也沒有利息。

如果你賠掉了所有的資金，這些股票持有者也同樣會血本無歸。因此你的投資者當然希望你的股價可以上漲，為他們增加收益。當你的企業不斷成長的同時，你也應該分紅給這些投資人。藉著和別人分享股權的同時，你們也一起分擔了風險。

亞馬遜的蓬勃發展

亞馬遜網站花了將近十年的時間才終於轉虧為盈。線上零售商亞馬遜在一九九五年時推出了自己的網站，儘管截至一九九七年時它的財務尚未出現獲利，卻依然正式成為一家上市公司。

如今，早期的股東在歷經網路公司的興盛與衰退，連鎖書店博德斯（Borders）和巴諾（Barnes & Noble）的競爭，以及幾次的股票除權之後，現在持有的股票早已價值數百萬美元。

股權融資最好分不同階段進行。當一家企業剛成立的時候，由於風險較高，可能需要出讓大部分的股權，才能獲得很少的資金。但隨著企業逐漸成長，就可以在出讓股權的時候，開始要求較高的價格。因為你的企業越成功，公司的股價也會相對提高。因此，如果你分階段出讓企業的股權，最後讓出的股權總和，往往會比一次出讓股權的總和少很多。

當你的企業開始出讓股權時，買方會以支付現金或交換貨物的方式，來換取通常是以股票的形式為代表的企業所有權。為了劃分企業的所有權，你也必須設立某種所有權的結構。

你何時不應該放棄五一％的股權

- 當你希望保有對企業關鍵策略的決策權時
- 當你希望能對企業的關鍵決策進行更長期的觀察時
- 當你希望企業大部分的利潤都歸你所有時

（儘管大股東在進行表決時擁有較大的控制權，他們仍然有義務對小股東的託付負責。）

你何時應該放棄五一％的股權

- 當你的企業需要更多資金成長時
- 當你無法藉由企業本身或其他管道獲得足夠的資金時
- 當你期望分散風險時
- 當你需要在不過度影響企業的狀況下，贖回或收購大量股權時
- 當你非常了解你的股權合夥人，並且和他擁有相同的策略與投資興趣時
- 當你需要吸引要求擁有股權的管理精英或接班人時

分階段出讓股權，才不會賣太多

大多數的股權都是分階段進行融資的，你的企業越年輕，就必須面對越高的風險，也不得不放棄越多的股權。因此，股權融資的階段規畫得越多，企業能夠保留的股權也越多。這是因為當企業在逐漸成長的過程中，股權的價值也會隨之提高，讓股票的價格逐漸上漲。

當你要尋求資金時，不妨了解一下在不同投資階段的特性：

1. **天使投資**
2. **風險投資**
3. **夾層融資**
4. **混合融資**

天使投資

天使投資是一種無法預期，沒有規律可循，同時非常難以尋找的類型。天使投資人通常是希望在新成立的企業上

賭一把的有錢人（或組織），他們傾向在自己的所在地進行投資，喜歡投資他們熟悉的產業，並且通常不會對企業進行非常深入的盡職調查。

天使資本聯合會（www.angelcapitalassociation.org），是一個由兩百家左右的天使投資集團所組成的團體，其組織宗旨在提高企業對天使投資的了解。

天使投資人通常都很有錢，他們會用自己的錢來幫助一些剛創立的企業，也就是那些已經向所有親朋好友借過錢，卻還沒有尋求創投資金協助的企業。一般而言，天使投資的金額大約在數十萬美元左右。

天使投資人通常會組成社團，每個月或每一季在各個城市召開會議，他們會讓創業家、發明家，以及其他需要種子資金實現商業夢想的人士，每人進行半個小時的提案時間。如果有投資人對提案有興趣的話，就會利用會議結束之後的時間和提案人單獨會面，進一步討論提案人的想法，或者審查提案人的商業計畫。

許多天使投資人會以組織的形式進行投資，因為這種做法可以大幅降低投資的風險，如果有十位天使投資人將資金集中在一起，然後投資十家不同的企業，只需要有一到兩家企業成功，就能夠為所有的投資人帶來豐厚的收益。

天使投資人的類型

典型投資人

通常是希望對其他新創企業（與事業）投資的成功創業家。他們也是天使投資人中數目最多，而且最活躍的一群人。

退休投資人

他們在退休之前，往往是在同一個產業的大型企業中擔任高階經理人的人士。他們通常會利用養老金或退休金進行投資，好繼續在產業上佔有一席之地。

專業投資人

醫生、律師和會計師等專業人士，經常會投資自己所處的產業或者相關產業。比方說，一群醫生可能會出錢資助一部有關愛滋病的紀錄片，或是有關第三世界國家脣顎裂問題的影片拍攝。

管理型投資人

這一類的投資人通常是遭到企業裁員，卻希望能繼續貢獻一己的專業技能，因此選擇透過投資的方式買回自己工作的人。如果你的企業缺乏產業知識，這類型的投資人可能與是你最需要的天使。

企業投資人

有的企業投資新創公司的目的，是希望能找到可以為公司設備提供配套產品和服務的企業。比方說，如果你所開發的應用軟體，是針對蘋果電腦的用戶所設計的，那麼蘋果電腦或許會為你的公司提供種子基金。

股本的不同階段

投資的階段和風險的高低有關：

種子基金階段，為創業者提供的資金，風險最高

第二次投資階段，是為有初步成功記錄的企業提供資金

夾層融資階段，是為準備進行股票首次公開發行企業提供的短期資金

混合資金階段，債務資金加上股權融資的組合

首次公開發行階段風險最小，卻仍然比傳統借貸的風險高

風險投資

如果你的企業擁有非比尋常，但風險極高的獲利能力，而傳統的金融機構並不願意或無法承擔這種風險的時候，你就不妨考慮尋求風險投資（或稱為「創投」）的資助，將它當作企業資金的來源。

雖然許多的企業或個人聲稱自己是創投家，實際上卻可能只是個為投資人或計畫投資的企業尋求交易機會的中間人。真正的創投資金是由那些規畫投資特定業務的個人所管理的。

為了達成協議，你和你的合夥人必須接受一連串嚴格的盡職調查。如果審查合格，創投資金將會提出一份，看起來似乎在要求你簽字放棄自己的生活，以及你那尚未出世的孩子的協議書。你可以在某個範圍裡，試著調整這份協議的內容，卻不應該抱持太多的希望。

創投資金並不好找，而且代價十分昂貴，這表示你可能必須放棄很多，甚至超過五○%股權的準備。風險基金往往會被分散投資到許多不同的企業中，然而大部分的企業表現卻都不如企業創辦人的預期，因此那些為數不多的贏家，就必須為風險基金分擔其他投資的虧損。所以只要有一家企業成功，風險基金就會要求巨額的回報，其金額通常高達投資額的五到十倍。

以下是天使投資人和創投資金公司，用來評估投資標的四項最主要的條件：

1. **良好的管理：**管理是評估投資標的最重要的因素，因此你的經驗和產業的關係是否良好等因素，都會影響資金的取得。
2. **承諾：**承諾可以證明你分擔投資風險的意願，以及你對企業擁有強烈的動機，和願意全力以赴的態度。
3. **退場策略：**退場策略通常會透過首次公開發行，或者在五到十年內將企業出售的形式執行。一個好的退場策略，往往可以為你和投資人取得可觀的回報。
4. **好產品：**好產品是由市場最需要的東西，加上出色的行銷策略，以及足夠的產能所組成的東西。

風險基金擁有一項優勢，只要你的企業成功獲得風險投資，其他的風險基金將可能會陸續投入，為企業的後續成長提供資助。同時，風險基金可能還會提供或要求企業，接受風險基金所指派的顧問或董事會的成員，為企業提供管理上的協助。他們的才能不僅能幫助你的企業持續大幅成長，如果市場需要，甚至還可以協助你的企業公開發行股票。

到哪裡找創投資金

你可以參考由愛德華與安吉爾所寫的《普拉特的創投資金指南》，或李斯特與哈尼許所寫的《創投資金大詞典》。

你也可以參考由vFinance公司所提供的《創投資金指南》，或是向美國風險投資協會（NVCA）求助。

附註：在你遞交商業計畫書之前，應該事先了解創投資金所投資的企業類型。

夾層融資

夾層融資多半用於協助企業進行債務重整或公開上市，屬於過渡性的融資類型。夾層融資通常可以從風險投資公司取得，特別是那些已經投資了你的企業的公司。風險投資公司會採取投入更多資金的方式，來協助你解決問題、切割部門或分支機構或是在必要時收購另一家企業，建立完整的生產線或某種產品類別。

混合融資

有些企業會提供債務資金和股權融資的混合融資模式。債務資金能為投資者提供流動資金，而股權融資則可以提供企業向上成長的可能。混合基金的融資方式之一，是使用以折扣價購得可兌換企業股票的無擔保本票融資。

你或許希望透過結合債務工具和股本融資，或是採用讓借貸方在某種程度上參與企業管理的方式來刺激投資。雖然由於合夥企業稅收法的規定，有限責任公司最適合採取這種類型的融資方式，但你仍然可以在融資之前，徵詢你的律師或會計的意見，以選擇最適合的方式。

無論選擇哪一種方式進行股權融資，你都會發現許多優勢。在資產負債表上，股權融資要比債務資金更好看，同時由於你並不需要支付利息，因此它可以提高企業的利潤。而股權融資不需要提供個人擔保的特色，更讓你無需擔心可能會失去全部的財產。

然而企業卻不一定永遠都能獲得股權融資的機會，為了籌措企業成長的資金，你可能需要選擇使用債務資金。

借錢的九種管道

幾乎每一家小型企業都有需要借錢的時候，為了替迅速成長的企業籌措資金，你至少必須擁有一定的信用額度。你可以透過許多途徑借貸資金，例如：

- 銀行貸款
- 美國聯邦小企業局（Small Business Administration）
- 信用卡
- 房屋資產信用貸款
- 退休基金
- 人壽保險
- 財務仲介
- 應收帳款承購
- 親朋好友

債務 VS 股本

債務	股本
•確保債務資金所需的時間比股本融資短	•償還時間表較長
•債務成本較容易計算	•資產負債表更美觀
•資料文件成本比股本融資低	•不會像債務資金一樣限制現金流
•企業無需放棄所有權	•無需提供個人擔保
	•要求保存的記錄較少

銀行貸款

銀行貸款應該是借錢時最常使用的方法。申請貸款時，銀行除了會要求你提供一份個人財務報告，通常還會要求審查你的提案或商業計畫書（參見第一章）。

銀行很願意把錢借出去，因為這是它們最擅長的事情。只要銀行認為你的貸款申請有利可圖，它們就會很樂意借錢給你。然而，銀行在提供貸款時非常重視安全感，而這種對安全感的重視，通常會反映在銀行對提案的評估方式上。一般而言，銀行希望在提案中看到的是五C，也就是信譽（credit）、抵押品（collateral）、資金（capital）、條件（condition）和個性（character）等五個重點。

你必須向銀行證明你的信用良好，你的企業一直都有賺錢的記錄，而你對企業的成長也有完善的規畫。同時，你也會準時償還貸款和利息，並且盡力讓銀行滿意。

利息是銀行貸款給你之後賺取的利潤，無論是採用哪一種形式，所有銀行都會向你收取利息。你應該注意的是，銀行向你收取的利率越低，對你的企業經營狀況就會越關心。

如何向銀行提出貸款申請

事先和你的銀行代表碰面，以確認他們對你的提案有哪些具體的要求。你應該提出具有說服力的預測數字，最好能同時針對「最可能的結果」，和「最壞的狀況」一起說明。

在你自己的公司裡安排一次會議，這樣不但能讓你感覺更自在，你公司裡的主要成員也能向銀行代表報告部分的提案內容。銀行代表會很高興能看到你的管理團隊，也就是那些實際負責資金運用的人員。

銀行評估貸款的五大重點

1. **信譽**（Credit）你的個人信用，以及企業的商譽。
2. **抵押品**（Collateral）當你無法償還貸款時，必須抵押給銀行的有形資產或設備，通常是指企業的財產或設備，但也可能包括你的個人財產，例如房子、汽車、股票、藝術品、珠寶，以及所有容易變現的物品在內。
3. **資金**（Capital）你的公司的資金實力通常會透過資產負債比的形式呈現。
4. **條件**（Condition）市場經濟狀況如何？銀行是否已經為你所處產業中的其他企業提供貸款了？
5. **個性**（Character）你的個性，包括銀行對你的了解程度，以及他們對你的還款能力的判斷。

個人擔保

大多數的銀行在審核貸款申請時，都會要求你和其他合夥人，提供個人的信用記錄。有的時候，銀行甚至會要求你提供本人以及配偶的個人擔保。

如果銀行提出這樣的要求，不妨請教銀行是否能在一段合理的時間過後，撤銷你的個人擔保。雖然銀行不一定會同意這麼做，但是問一問也無妨。

美國聯邦小企業局

美國聯邦小企業局針對小型企業提供了各式各樣的貸款方案，一般而言，它會為對你的銀行所提供的大額貸款提供擔保。根據小企業局基本貸款計畫的規定，最高的貸款金額不得超過兩百萬美元。另一方面，小企業局所提供的最低貸款金額，也可以達到兩萬五千美元。

同時，小企業局也針對婦女、少數民族、退伍軍人和原住民等等，提供特殊的貸款方案。另外還有專門針對出口廠商的貸款方案，以及為土地和房屋的取得而提供的長期固定利率貸款方案。如果想了解更多的貸款資訊，可以參考小企業局的網站（www.sba.gov）。

美國聯邦小企業局往往被視為貸款申請者走投無路時的最後希望，然而這卻是一種錯誤的觀念。小企業局所資助的企業，是那些體質健康，急需過度資金來成長或購買新設備的企業。

（編按：關於財務問題，可以諮詢經濟部中小企業處，該處提供財務融通輔導業務，會提供中小企業各類財務諮詢、診斷、輔導及協調金融機構對企業提供融資協助，並協助企業健全財務會計制度、培訓中小企業財務主管人才，以提升財務管理能力；同時透過金融機構廣設融資服務窗口，並結合中小企業信用保證基金、聯合輔導基金會及民間創業投資資源，協助中小企業取得投融資金及信用保證，暢通中小企業融資管道。）

信用卡

有的創業者會選擇使用信用卡，作為財務運作的媒介，然而這卻是企業融資的方式之中最昂貴的一種方法。信用卡發卡公司所收取的利息，基本上都在一八％或更高，因此如果需要用信用卡借錢，最好把它當作短期的融資工具。如果你無法在三十天之內還清貸款，最好還是想別的辦法，以免高額的利息和罰款葬送了你的企業。你千萬要記得還清信用卡的卡費，而且越快越好。

如果不得不使用信用卡，那麼最好用它來採購電腦或機器設備等耐用品，或者是用於供貨的商品。換句話說，就是那些能快速轉換成現金的物品。

房屋資產信用貸款

你的房屋也可以作為融資的工具。將你的房屋作為抵押品，除了能顯示你強烈的決心，還能表現出你對計畫成功的自信。雖然你的房屋可能已經向銀行申請過抵押，你還是可能利用二次抵押的方式貸款，前提是你已經支付了足夠的首次抵押貸款金額，或者是你的房屋市值有所提升，因而允許你用增值的部分再次進行抵押。

這是一種讓你可以一次只借需要用到的金額數量的彈性貸款方式，而且你只需要支付差額的利息即可。在這裡要附帶一提的是，你可能需要每年在某個特定的時間點將貸款還清，以便持續保有這一類的貸款許可。

退休基金

如果你擁有自己主導的個人退休帳戶，或是某些類型的養老基金，你就可以投資私人企業。無論你打算怎麼做，在將退休金投入市場之前，你都應該先請教你的律師或會計師。因為稅法經常在改變，而各種對退休基金用途的規定和法條，往往會讓一般人感到頭昏眼花。

人壽保險

你投保的人壽保險也是一種資金的來源。如果你對自己的人生有所規畫，不妨問問你的壽險經理人是否可能調整現有的保單，挪出部分資金。你很可能會為這些資金必須負擔的低利息，和只需要每年持續繳交保險費，你的貸款就能繼續維持感到驚訝。如果你在償清貸款之前過世，你的受益人所能獲得的保險理賠金額，也只需要扣除尚未償還貸款的差額即可。

財務仲介

這些仲介很可怕，因為他們不像會計師或銀行代表一樣中規中矩，你也很難找到他們的實際貸款資歷。他們的工作內容就是拿著你的貸款申請書，四處尋找願意提供資金的貸款人。他們可能會向你收取預付款或其他費用，也會要求分享部分的貸款金額（通常是一〇％或更多），甚至想要你的企業股權，或者是以上全部的東西。

財務仲介可能會提供某種你不喜歡的融資方式給你，並依然向你收取固定的費用。另外必須特別注意的一點是，千萬不要在可能無法取得融資的狀況下，和仲介簽訂任何付款協定。

有的財務仲介會試圖說服你修改並將你的商業計畫升級，然後向你索取數千美元的金額，做為計畫升級的費用。如果你已經有了一份出色的商業計畫，也有經過會計師**核准的預編報表**，就該避免和提出建議的財務仲介打交道。

何時應該拒絕貸款人

有的投資者並不適合你的企業。

當投資人在調查你的企業的同時，你也應該調查投資人的背景。他們還投資了哪些企業？結果如何？他們對管理決策的介入有多深？如果他們拒絕提供參考資料，你就不應該向他們貸款。

如果投資人是深愛你的家人，或是擁有固定收入卻相信你並願意把每一分錢都交給你的人，你應該心存感激，但是請不要接受他們的錢。

應收帳款承購

應收帳款承購通常被稱為應收帳款融資，它可以將你的應收帳款立刻轉變為現金。換句話說，你是將你的應收帳款轉讓給承購公司以換取現金，然後由它們負責收取帳款。

應收帳款承購可以為你的企業提供立即的現金流，而且不會對你造成長期的債務責任，然而這種方式的成本很高，因為承購公司往往會收取高達二〇%的費用。舉例來說，如果你將期限低於九十天（承購公司並不想承接你的呆帳），價值一萬美元的應收帳款，轉讓給應收帳款承購公司，你很可能只會拿到八千美元。

親朋好友

大部分的創業者，在創業時都會首先考慮向家人借錢。畢竟你的朋友和家人都是最了解你的人，當你需要資金的時候，還有誰比他們更適合做你的借錢對象呢？

不幸的是，向親朋好友借錢往往也是失去友情或破壞家人關係最快的方式，尤其是當事情的發展不像你計畫的那麼順利時。

如果你不得不向朋友或家人借錢，請你盡可能拿出專業的態度，就像準備向銀行申請貸款一樣，為他們提供一份標明所需金額、用途和還款時間表的書面提案（商業計畫書）。你應該將合理的利息計算在內，並且以書面的形式記載所有約定。

基本的利率知識，最好懂一點

對利率理論有初步的了解，將會對你的融資選擇有很大的幫助。

在經濟景氣呈現成長走勢時，企業會需要大量的資金，好跟隨經濟成長的腳步，擴大自己的規模。這些企業對借貸的需求，將會迫使利率上升。另一方面，由於經濟成長時通貨膨脹的壓力較大，美國聯邦儲備局會嘗試以減少貨幣供應量的方式應對，因而造成利率的進一步提升。

相反的，在經濟出現衰退時，美國聯邦儲備局會增加貨幣的供應量，促使貨幣成本下跌。而業務的蕭條也使得企業的貸款需求減少，連帶造成利率的下降。當你在貸款的過程中針對貸款利率進行協商時，請記住這兩項基本原則。

當然，這些趨勢並非永遠不會改變。在一九七四到一九七五年的經濟衰退時期，就由於石油的價格急劇上漲，而引發了歷史上最嚴重的通貨膨脹。然而隨著時間的推移，這些準則依然符合經濟趨勢。

一般而言，貸款利率的高低，往往會隨著由政府所控制的優惠利率等因素上下浮動。有的銀行會對它們最好的客戶，提供和政府的優惠利率相同，或者是高出二十五美分的貸款利率。但是，這些銀行會像老鷹一樣緊盯著客戶，只要有一項財務比例出現異常，或是還款日比期限晚了一天，銀行就會馬上收回貸款。因此，多付那二十五美分的利息，應該會比面對一個不斷向員工要求各種書面資料的銀行代表好得多。

以上是各種取得資金的方式，無論你是採用股權融資、債務資金等方式，還是從產品銷售賺取的利潤，獲得你所需要的資金，一旦取得了資金，就必須有效的管理，才能對企業的發展有所貢獻。在此介紹幾種對維持企業健全的體質，十分重要的基本資金管理技巧。

生意做大很好，重點是要收得到錢

如果現金是企業的命脈，那麼收款業務就像是企業的救生員，而呆帳則是掠奪企業的現金，埋葬成功企業的罪魁禍首。假設業務員的業績傲人，他們會感到非常高興；你的物流部門準時將貨物運到客戶手中，他們也覺得很高興；

你的新客戶對產品非常滿意，同樣的，他們也會很開心。但是如果他們沒有付款，你就一點也高興不起來。

對大部分的人，特別是小型企業的經營者來說，收帳的心理學和過程簡直就是個謎。當你去要錢的時候，總是會得到各式各樣的藉口，雖然這些藉口聽起來似乎很合理，但事實是你仍然沒有拿到錢。你不希望就此停止向這些客戶供貨，因為你害怕會失去他們，於是你的呆帳就越來越多。

呆帳對企業的意義

假設你的毛利率是一〇％，那麼一百美元的呆帳，就必須靠額外銷售一千美元產品的利潤，才足夠彌補虧損。

你該怎麼避免呆帳呢？當你賣出產品卻得到現金以外的付款方式，例如支票、信用卡或訂單號碼時，你就是在擴大信用的範圍，並且為自己製造風險。所以務必要盡量避免這種事情的發生。你的第一道防線就是，在賣出任何物品之前，透過建立信用政策的方式來保護自己。預先建立信用政策雖然不是萬無一失，卻可以保護你並降低你的風險。

信用政策通常會受到各種因素，例如客戶、產品、經濟狀況或地理位置的影響，而出現非常不同的規定。把產品銷售給個人的風險通常較大，如果他們透過貸款的方式付費，一旦無法在預期的時間收到貨款，你就可能很難再找到他們了。信用卡的推出為廠商降低了不少風險，然而客戶欺詐的行為，卻仍然每天都在小型企業裡上演。

保護你自己的方法，包括事先取得有效證明，以便在客戶欠帳的時候，可以找到債務人或你的資產，也包括和客戶簽訂措辭明確的協議或合約，以便在收取帳款時受到法律的保護。最理想的狀況是，你可以將收帳過程中所產生的費用，直接轉移給債務人支付。

當你在和一家公司打交道的時候，契約或者訂單，也就是任何形式的合約，都能大幅降低你的風險。向新客戶的銀行詢問這位客戶的信用評等是很正常的事，如果交易的內容涉及高風險，你甚至可以要求客戶提供信用狀。信用狀是指由買方為確保賣方利益所提出的銀行存款證明，萬一買方無法在期限內付款，賣方就可以憑此向銀行提取這筆存款。

取得新客戶過去的信用資料，是一個不斷進行中的過程，會隨著客戶的成長和訂購金額更高的訂單等等，風險程度逐漸提高的狀況，分成好幾個階段進行。

讓我們從信用評等服務開始說起，你可以支付合理的費用，透過 TRW、Trans Union、Equifax（CBI）或 Dun & Bradstreet 等公司，取得**個人和企業的信用評等**資料，也可以透過與特定產業有關的信用評等機構，取得所需的信用評等資料。比方說家具業、服飾業和珠寶業等產業中，都有專門的機構可以為你提供信用分析資訊。你可以利用這些方法，找出你所在產業的信用評等資訊。

如果客戶下了一筆較大的訂單，你就應該要求客戶提供相關的財務資訊。一份預先設計好的調查問卷雖然有用，但是你必須記得將以下的問題列入問卷：

- 企業經營了多久（穩定性的指標）
- 企業的成立地址（用於不得不進行訴訟時）
- 客戶所使用的銀行（檢查客戶的信用等級）
- 客戶目前的供應商清單（向供應商確認客戶的信用狀況）
- 企業每年的預期訂購數量（用以考量風險與報酬）
- 企業是否曾經使用過其他名稱（用以檢查客戶的歷史資料）

新客戶問卷調查

無論是個人或企業，你都應該要求新客戶填寫一份新客戶問卷，畢竟「信貸申請」聽起來似乎很有威脅感。

你應該在問卷裡詢問客戶的需求，他或她是從何處得知你的公司（了解這點總是有幫助的），以及新客戶的銀行開戶姓名與地址。

對個人客戶而言，光憑社會安全號碼就可以取得他們的信用資訊。而在面對企業客戶的時候，則應該要求企業提供統編號碼。

你的銀行代表，也可能可以為你提供客戶的資訊。雖然你不希望經常請教他們，但是如果新客戶的採購金額很大，你就應該請你的銀行代表為你檢查一下。銀行代表有很多獲得信用資訊的途徑，而且由於他們對你的公司也有既得利益，因此同樣不希望看見你遇到任何的呆帳。

當你的企業逐步擴張時，**你可能不得不擴張更多的信用去應付客戶的訂單需求**，這樣一來，你就變成了你的客戶的投資者。雖然你並沒有股票，對客戶的管理方式也沒有發言權，但是你仍然是他的投資者之一。

雖然你希望利用放寬信用政策的方式來增加企業的銷售金額，然而如果拿不到客戶該付給你錢，你的利潤就可能會消失。

擴大銷量還是降低風險？

有些人認為，如果放寬你的信用政策，你的銷售量就會隨之增加。他們主張「盡可能方便客戶購物」，和「充分利用衝動購物的特質」。

這麼想並沒有錯，因為你的信用政策一直都是在放寬信貸和只收現金之間，設法保持微妙平衡的行為。

你必須不斷問自己一個問題：「由於放寬信用政策而導致的銷售額成長，是否有足夠的利潤能抵消同樣因為放寬信貸而造成的損失？」

你該買斷還是租借，懂現值與終值就知道了

你應該買斷還是租借？

如果有供應商提出「三十天內付款，十天內付清免利息」的條件，你該不該買呢？

你可以為顧客提供什麼樣的信用條件，並且同時保有獲利？

想要找出這些問題的答案，你必須對金錢的時間價值有初步的了解。以下將介紹兩種簡單的公式，可以幫你確定

在未來所收到的一塊錢的現值，和現在所收到的一塊錢的終值各是多少錢。

我們都知道，今天收到的一塊錢，會比下個星期收到的一塊錢更值錢。這是由於通貨膨脹和機會成本等因素，會隨著時間逐漸稀釋金錢的價值。更難以避免的是，通貨膨脹會在你所擁有的每一分錢上都咬一口，因此如果你現在擁有那一塊錢，請拿它去投資一個星期，好多賺一點利息回來。

相反地，你現在所花的每一塊錢，都會比將來用掉的每一塊錢更貴。簡單來說，金錢的價值會隨著時間不斷變化，而改變的程度多寡，則取決於你的公司的資金成本，也就是你向銀行貸款所必須支付的利息高低。

下面的公式，是用來計算在特定的利率之下，一筆金額的終值為何：

$$\mathbf{Fn = P(1+k)^{n}}$$

Fn＝在經過 n 期之後，一筆金額的終值

P＝該筆金額在投資開始時的現值

k＝利率或資金成本，以百分比表示

n＝你的金額（P）所投資的期數，加上任何累計利息

假設你在某個保證年利率六％的投資工具裡，投資了一千美元，在第一年的年底，你應該會擁有一千零六十美元。

$$F1 = 1{,}000(1+0.06)^{1}$$

$$F1 = 1{,}000(1.06)^{1}$$

$$F1 = 1{,}060$$

如果你總共投資五年的話，結果又會怎麼樣呢？

$$F5 = 1{,}000(1+0.06)^{5}$$

$$F5 = 1{,}000(1.06)\times(1.06)\times(1.06)\times(1.06)\times(1.06)$$

$F5=1,000(1.33822)$

$F5=1,338.22$

在第五年的年底，你的一千美元將會累積為一千三百三十八點二二美元，這是因為六％的年利率除了以本金計算之外，還會將每一年期增加的利息金額計算在內。

如果你決定提供更寬鬆的信用條件，以吸引更多的顧客上門，結果又會如何？你規畫了一個非常積極的廣告，在報紙上大肆宣傳這個了不起的促銷活動，作為招攬顧客的手段：「立刻行動！現在只要九百九十九點九九美元，而且十二個月內不用付款！」

如果你的貸款利率是八％，這項促銷活動將需要花費你多少成本？換句話說，就是這九百九十九點九九美元（姑且用一千美元計算）的現值是多少？

想要知道在未來收到的金額的**現值**，可以將上述的公式稍為改變一下：

$\mathbf{Fn=P(1+k)^n}$

$\mathbf{P=Fn/(1+k)^n}$

P＝在未來的某個時間點所收取的金額**現值**

用這個公式計算，你的促銷活動花了你多少錢（不包含廣告成本）呢？

$P=Fn/(1+k)^n$

$P=1,0001/(1+0.08)^1$

$P=1,000/1.08$

$P=925.93$

根據計算結果，你的一年免付費促銷活動每賣出一件產品，就需要花費企業七十四美元的成本，值得嗎？可能很值得，因為你或許吸引了新顧客購買產品，而不是選擇競爭對手的產品。而且儘管你無法立刻獲得這筆錢，它仍然會在你的公司帳上被視為是一筆資產（應收帳款）。

現值和**終值**的計算方法可以適用於多種情況，包括租賃決定、年金價值的計算、信用條件和支付的方式等等在內。

怎麼算機器與設備的投資報酬率？

自由市場體系的基本計算標準是投資報酬率（ROI），也就是你的投資所能獲得的報酬。如果你將一百美元存入儲蓄帳戶，並且在年底關閉帳戶時領回了一百零五美元，那麼你的投資報酬率就等於五％，很簡單吧。

同樣的原理也可以運用在你的生意上，此時的投資報酬率，指的是將你的年度營利除以你投入的現金總額，包括對資產、設備、庫存和你尚未取出或賣掉的貨物在內的所有投資之後，所得到的數字。

年獲利一萬美元＝一〇％的投資報酬率
投入的現金總額：十萬美元

你可以在其他市場裡有這麼好的表現嗎？舉例來說，你是否能把資金全都投進股票市場，並且獲得一〇％的投資報酬率？當然可以，但是你也可能會失去全部的資金。或者你也可以飛到拉斯維加斯去，把全部的錢都押在賭桌上。

關鍵在於，你把自己的錢投資在自己的企業裡，是一件你可以自己掌握的事。

你當然可以把錢投進股市，投資在其他的企業身上，讓那些企業的管理者，用你的資金賺取報酬，然後再分紅給你，或是提高你所購買的股票價值。但是，你卻幾乎沒有任何權利過問這些企業運用你的資金的方式。從這一點看來，在某些狀況下，把錢拿去拉斯維加斯賭一把似乎對你更有利，因為至少你可以決定是否要繼續保留你的十七點。

你也可以運用投資報酬率的方式，算出是否應該購買某項設備。比方說你打算花一萬美元添購一台新機器，而這台機器每年能夠為你創造出八萬美元的銷售額，如果以四%的利潤計算，這台機器每年將能為你帶來三千兩百美元的利潤。也就是說，買這台機器的每年投資報酬率是三二%。

年獲利　3,200＝三二%的投資報酬率
投資總金額：10,000美元

你應該買斷這台機器，因為三二%的投資報酬率非常的高。

但是請等一下，現在加上設備的安裝費兩千美元，和員工的設備使用訓練費四千美元。這樣一來，這台機器的成本就變成了一萬六千美元。在這情況下，買這台機器的每年投資報酬率就變成二〇%。

年獲利　3,200＝二〇%的投資報酬率
投資總金額：16,000美元

這仍然是個很棒的投資，畢竟你還能到哪裡去賺二〇%的投資報酬率呢？

你應該租借設備還是購買設備呢？該買新的設備還是舊的？這些都是快速成長的企業，每天必須面對的問題。以下舉出幾種觀點，提供你在做選擇時參考。

設備新的還是舊的好，這樣算就知道

企業失敗的主要原因之一，是迫不及待地投入過多的長期承諾，也就是買下昂貴的設備或辦公家具等。拍賣行裡充滿的各種華麗家具和設備，全都來自不切實際的失敗創業者，而他們的偉大計畫，也早就化為泡影。

請小心你的長期承諾，因為長期承諾會對你的生意造成三方面的影響：

1. 龐大的頭期款

2. 債務的償還會降低未來的利潤
3. 本金的償還會進一步壓縮未來的利潤

你可以改買二手設備，因為一般來說，購買性能良好的舊設備，往往能省下購買新設備一半以上的資金。一開始，企業的投資能力有限，購買任何物品只要金額過高，公司的投資報酬率就會開始下滑。因此，你應該盡可能謹慎花用你的現金，以避免因為業績欠佳而遭遇風險。

不要被「新」這個字的光環，和你期望它能展現的美好形象蒙蔽，而高估了這些東西的價值。如果你的公司有能力負擔這些「新」東西，請儘管買新的，但是請你記住一件事，雖然「新」東西沒那麼麻煩，卻很少是不用花大錢就買得到的。

租與買，哪一個方式好？

簡單來說，如果你的企業的現金流允許你這麼做的話，買比租更適合你。前提是「如果」。租賃最大的優勢，在於你只需要在租賃期間支付小額的租金，企業每個月的現金流也只會受到微幅的影響。

舉例而言，購買一棟房屋需要支付頭期款（現金）、房屋買賣手續費（更多的現金）、利息（更多的現金）、財產稅（依然需要更多的現金），以及每月固定支付的本金，再加上利息和保險（這些都是現金、現金、現金）。如果你因為企業發展的規模超過了房屋的容納量，或是打算搬到離大眾運輸設施更近一點的地方，甚至是因為你不喜歡你的鄰居，而需要做一些改變的話，你還沒辦法立刻將房屋脫手。

但是從另一個角度來看，購買一棟房屋同樣也有許多優勢。它不但是一種會增值的資產，你也可以對這棟房屋做任何你想做的事，例如在不違反使用限制的狀況下擴建、改建房屋以符合你的要求，以及添加更多所需的空間等等。如果你採取租賃的方式，有很多租屋契約的規定，特別是零售業的租賃契約，會讓你不得不將大部分的利潤轉交給屋主，比如說你把生意做起來了，連帶讓房屋增值了，但利潤卻是屋主的。

然而像家具、設備或車輛等幾乎永遠不會增值的物品，從長期的計畫來看，購買二手貨反而能讓你佔有較大的優勢。

另外，在變化非常快速的產業裡，租賃還有特別的意義。以你的電腦系統為例，它們往往在你購買的當下就已經該淘汰了，對這些變化速度特別快的產業而言，購買（或長期租賃）幾乎永遠都是得不償失的選擇。在這種狀況下，你最好的選擇就是簽訂短期租賃的協定。

總而言之，你應該在必須租賃的時候租借；如果有能力購買，就應該購買二手貨。

只要運用這幾種基本的現金管理原則和投資策略，你就能迅速為企業累積成長所需的資金。

Chapter 12【人事的 know-how】

事業越大，越要注意人力資源問題

如果你是一家小型企業的老闆，那麼你的組織結構圖看起來應該會像圖十四；但是當你的企業逐漸成長，你會需要增加員工的數量，讓你的組織結構變成如圖十五所示。

這一章將提供雇用、培訓和激勵企業最有價值的資產，也就是員工的多種方式。你必須透過參與、溝通和信任員工的方式，換取員工的承諾，和「全心全意」為企業付出的態度，協助你的企業迅速成長。

這就是人力資源管理的「核心」。

以下的五個步驟，可以幫助你將組織內的人力資源價值發揮到極致：

1. 在適當的時間，聘用並培訓有經驗的員工，讓他們擔任適合的工作
2. 透過培訓和晉升計畫，激發出員工所有的潛能
3. 培養管理階層和員工之間的信任感，和忠誠的企業文化
4. 依據員工在需求、工作方式和抱負上的不同，提供能滿足各種人才需求的多元化環境
5. 確保人人機會平等

圖十四　企業組織結構圖

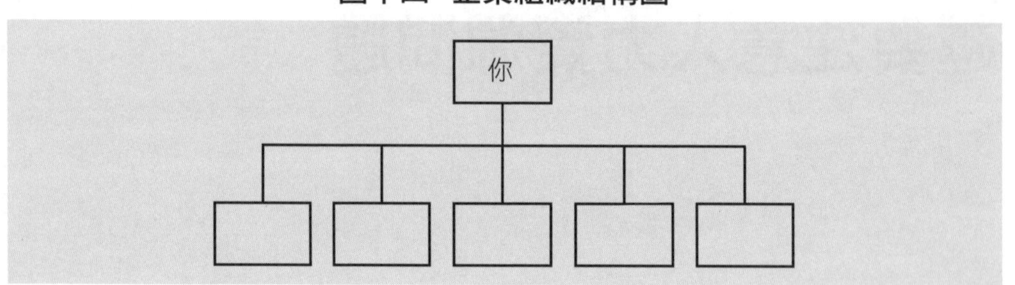

圖十五　企業組織結構圖

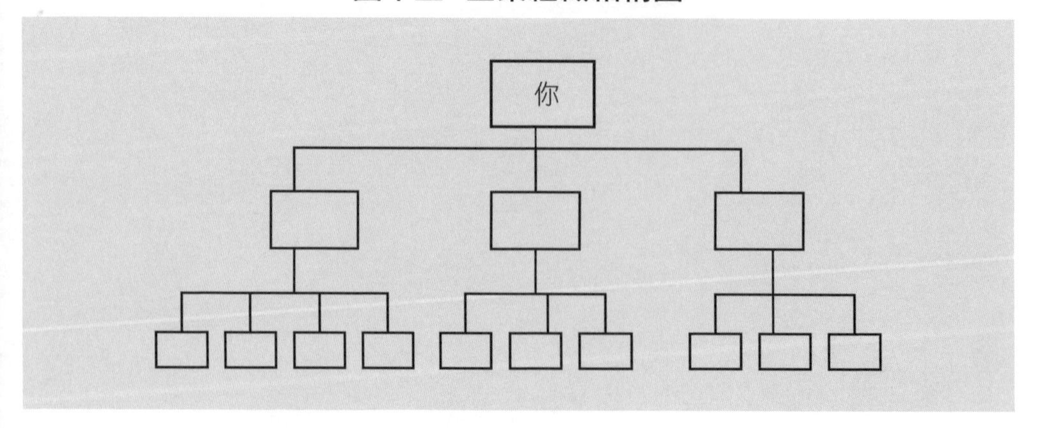

人事單位應該做到哪些事？

如果你的企業即將邁入成長期，那麼你將會需要成立一個人事部門（雖然初期可能只有一名員工），負責篩選、聘用員工，以及整理保存與員工有關的記錄。人事部門的職責是執行企業的政策和規範，確保你的企業能夠招聘到需要的員工，協助你達成企業的目標。

人事部門的職責包括：審計、穩定、培訓與服務。

審計

影印一份制度手冊，永遠要比遵守手冊裡的規範簡單得多。審計的程序正是用來確保企業規範能確實得到執行的方法。一家企業可能會對自己憑藉業績拔擢員工而感到自豪，但審計報告卻可能顯示出，獲得升遷機會的員工，大多都是資深的白種男性。這是由於管理階層往往會被瑣事包圍，因而忽略了人員聘雇和升遷標準的日益腐化。

有的時候，人事方案或許並不符合成本效益，並且需要改革。比方說，針對企業培訓費用的補貼方案所做的審計結果可能顯示，許多員工將受訓的機會當作尋找更好的工作的跳板，並且在受訓結束

員工審計技術

態度調查

標準的問卷和客製化的調查方式，都可以用來掌握員工對公司政策、組織調整和人員編制的接受程度。

缺勤率

員工的不滿往往會透過缺勤率展現：

員工缺勤的天數／月　×　一〇〇
平均員工人數　×　工作天數

流動率

與同業的平均流動率相比較

離職員工人數／月　×　一〇〇
平均員工人數

之後離開公司。當類似的情況出現，導致政策必須改變時，人事部門就有責任提醒管理階層。

穩定

人事部門的責任之一是確保政策的統一執行。部門經理在與人事部門確認之前不能自行雇用員工，其他包括加薪、工會申訴或實施處分等等，也都可能屬於人事部門的管轄範圍。這種管理方式，可以確保企業得以實現較大的目標。畢竟一般人都忽略了，對一位員工的工作計畫安排這種看似平凡的決定，也可能會干擾生產流程、安全、品質或導致其他各種昂貴的問題。

許多部門經理都很厭惡這些限制，並且會開始懷疑誰才是真正的老闆。另一方面，有的管理者則會利用人事部門推卸責任：「對不起，雖然我很想加你的薪，但人事部門卻不准我這麼做。」這時，人事部門也可以扮演仁慈的老闆，當管理者的態度不公正時，成為員工依靠的對象。

員工手冊

大部分的企業，都有一份列出詳細政策、程序和福利的員工手冊。但是這些條款卻很可能有不少法律上的陷阱。以下幾點建議將能幫助你免於面臨訴訟的問題：

- 每年至少必須仔細檢查並更新員工手冊一次
- 記錄手冊的實施日期，以便在必要時能夠確認並提供正確而有效的員工手冊
- 將手冊分發給所有員工，並請每一位員工簽收，以表明他們充分了解手冊中的政策、程序、與福利等條款可能會有所變動，以及員工手冊不等同於聘雇合約，也不屬於聘雇合約的一部分。

培訓

隨著你的企業不斷成長，你將會需要更多的員工。許多員工並沒有接受過跟你所需要的技能相關的訓練，因此，新的業務代表需要接受有關產品資訊的培訓，新聘的勞工需要學習機械的操作方法，而新加入的技術人員，也需要先

接受軟體使用方式的指導。

另外，在企業成長的過程中，既有員工的技術和能力，也會面臨挑戰。因此，人事部門應該負責安排企業內部的訓練課程，以及與其他機構合作的進修教育課程。

培訓機會是企業獎勵內部優秀員工的好機會，你可以派瓊去參加關於技能培訓的座談會，送傑生去參加跟軟體有關的會議，並讓安東尼去參加一系列的管理課程。這不但能讓員工感覺自己受到重視，也讓他們有能力承擔更大的責任。他們學到的新技能，更能更進一步為你的公司創造價值。

服務

有人必須帶著第一天上班的新員工熟悉環境，也有人必須向新員工講解公司的健康保險計畫，另一方面，還有人必須負責撰寫職務說明、聘用、過濾和面試等工作。而這些工作，都只是一個稱職的人事部門所提供的部分服務而已。

其他的服務，則是由於不適合安排到其他部門，因而成為人事部門的職責。例如安全專案的管理、服務檯的人力安排、撰寫企業通訊、負責與社區或政府團體保持聯繫，以及負責管理公司裡的自動販賣機或員工餐廳等等。

在理想的情況下，人事部門應該對企業的人性管理進行遊說。就像財務部門強調現金流，業務部門重視客戶一樣，人事部門的焦點應該放在員工身上，包括關注他們的技能、培訓，以及對企業文化的「適應」程度。

人是一種有心理差別的動物，他們不像事實、數據或公式一樣容易預期。員工是由一群具有獨特技能、經驗、個性、風格、能力和怪癖所組成的團體，他們往往無法完全符合企業所制定的各種規範。因此人事部門的職責，就是根據企業的整體利益，來管理和控制這個多元化的資源。

命令式與協調式組織，哪一種更適合你的團隊？

直到目前為止，你可能一直都在採用適合你與員工特性的鬆散制度，來管理你的企業，而且一直都很有效。你知道每位員工的姓名，可能還會花時間跟他們的家人相處，甚至經常在辦公時間之外和員工往來。

然而隨著企業的成長，你可能會漸漸失去定期與員工交流的機會，因此，你必須以最能達成企業目標的方式，將員工組織在一起。這代表了你必須要將人力資源與企業的需求相配合，才能提高員工的工作績效，使企業取得競爭優勢。

你該怎麼做？業界和學術界為成功的企業設計了各式各樣的方案，但是所有的方案，都來自以下兩個基本的前提：垂直整合、水平（或橫向）整合。

所有的企業都會按照不同的專業和訓練，將不同的工作，歸類在特定的職能、單位和角色中。另一方面，員工則會依照任務和動機的不同，朝各自的方向前進。而將這些各自為政的元素連結在一起的工具，就是垂直整合以及水平整合。

垂直整合

垂直整合是一種利用職權、規則與政策，以及計畫和控制系統等等，控制員工工作的方式。

企業的當權人物，包括老闆、主管和領班等等所組成的指揮鏈，讓命令得以一層一層向下傳遞。這種方式很簡單，只要照老闆說的做就可以了，其中最典型的例子就是軍隊。

規則和政策限制了員工的決定權，確保了工作成果的一致性，並因此建立了標準的工作流程。當兩名員工發生同樣的問題時，即使一名員工是副總而另一名員工是普通職員，都應該根據同樣的規則處理。

計畫和控制系統能針對員工個人的效率，和企業的整體業績表現，提供可靠的量化數據。無論是何種評量方式，只要你能夠預先制定規範，都有助於規範員工的行為。麥當勞的政策要求員工用微笑迎接每一位顧客，目的是為了讓顧客感到滿意，只是監督員工的行為要比了解顧客的真實感受簡單，因此麥當勞才會做出這樣的規定。

人是無法預測的動物，透過規則和政策，往往可以降低部分的隨機性。理論上來說，如果你總是以同樣的方法做同樣的事情，你就應該會得到同樣的結果。外科醫生幾乎在每一次做手術的時候，都會跟不同的麻醉師和護士合作，如果小組裡的每一名成員都能遵照規定的程序做事，他們就是一個同心協力的團隊，否則就可能會產生醫療疏失，甚至導致訴訟的產生。

標準作業程序（SOP）

在商用航空產業中，機組成員經常輪班，因此，飛行員從來都不知道自己將會跟誰一起執行飛行任務。標準作業程序控制了機組人員所有工作的重要內容，以確保飛行任務的安全，而所有的機組人員也都接受過訓練，在每次起飛和降落之前，依照清單完成例行的檢查項目。只要全體機組成員都能遵守標準作業程序工作，他們就可以配合得很好，否則就可能造成空難。

水平整合

雖然垂直整合的模式，十分適用於同一個部門或工作小組中，然而有的時候，不同階層的員工也需要彼此溝通。如果遇到這種情況，就應該利用水平整合的模式，**透過會議、專案小組、網絡和矩陣組織等形式來協調**。

不管你是否喜歡開會，不可否認的，會議都是將公司連結在一起的要素。董事會透過共同協商的方式訂定公司政策，經理人聚在一起規畫各種策略，審查委員們藉由會議的方式，確保品質和績效符合標準。簡單來說，每一家企業都有會議。

隨著企業的成長，會議也將會變得越來越複雜，更多的與會人員，更多的技術議題，更多的麻煩。**專案小組**能夠將不同部門，不同經驗等級的人集合在一起，以求突破瓶頸，或者評估新的程序。同時，專案團隊或專案小組，也往往負有協調新產品或新服務的開發責任。

網際網路為**網絡工作**（networking）創造了豐富的機會，除了當地的服務性俱樂部和商會之外，幾乎整個產業都可以利用聊天室、部落格和群組等方式進行交流。例如奈米科技產業等必須高度倚重知識的相關產業，由於技術非常複雜且分散在各處，因此沒有任何企業能夠獨立作業。這類產業的相關專案都是由不同的企業、學校、研究機構和政府實驗室中的科學家所共同開發出來的。

如果你準備成立加盟事業，或者計畫從事多點經營，你可能需要考慮利用**矩陣組織**。所謂的矩陣組織是，在每個據點中架構垂直整合與水平整合的模式，由該據點的主管負責告知下屬工作的內容，並且召開會議、建立網絡，甚至可以成立一、兩個專案小組；除此之外，每一個據點仍然需要透過產品群或策略事業群的方式結合在一起，這個方式就是矩陣組織。矩陣組織是一種結構複雜的回報系統，由事業或產品線的主管代表矩陣中的一條軸線，並且由國家或地點代表另一條軸線。

如果你的事業屬於穩定而明確的產業類型，那麼你就應該使用較為簡單，但權力集中的架構。你需要為每個員工制定明確的規範和責任制度，並透過與工作內容相呼應的政策和程序，確保產品品質的一致性。換句話說，你的企業結構將傾向於垂直整合模式。

屬於動盪、複雜或不穩定產業中的企業，則需要擁有更大的彈性，否則當資訊湧向高層管理者的速度，比處理問題的速度還快時，決策就會被卡在辦公室的門口，來不及付諸實行。在這種狀況下，你的企業就必須更傾向水平整合的模式。

你的唯一目標，就是用最少的成本換取最好的表現，因此，利用不同的整合模式促進員工的專業化和明確分工，將有助於提升你的企業表現，提高員工的效率。

標準化的政策和程序，允許你將員工視為可替換的資產，並且使管理階層有權決定員工的角色與關係。同時，在兼顧企業目標與個人差異的狀況下，可以由管理階層藉由培訓、升遷或職務輪調等方式，獎勵優秀的員工。

企業文化

權力文化

企業的核心人物，很可能就是你自己，負責掌控公司的一切。這種企業文化沒有太多規矩，因為大家只需要按照你所說的去做。

角色文化

運用程序和規則等方式，確保某個任務或某項對工作的描述，比負責該任務的員工更重要。

任務文化

將適合的人安排到各個專案裡去，並授權他們獨力完成被指派的工作。在這種企業文化中，專業技能將擁有很大的影響力，團隊合作更是重點之一。

人員文化

你的公司存在的目的，純粹是為了服務某些明星級的員工，就像保險公司的存在，是為保險經紀人提供服務，而證券公司的存在，則是為客戶經理提供服務一樣。

徵人時要注意哪些事？

尋找優秀的人才以拓展業務，是企業的成功關鍵，但這並不是件容易的事。因為你所聘用的人才，必須擁有恰當的技能與經驗，並且能夠符合你的企業文化。

根據一項針對成功企業所做的研究顯示，有效的聘用政策，必須遵循包含以下四個步驟的流程：

1. 必須在你的招聘廣告中明確描述職務的內容
2. 履歷篩選和自動檢索
3. 透過面試聽取求職者詳細描述自己的技能，以及他們的適任理由
4. 調查求職者的經驗和介紹人

職務說明

好的聘用流程必須從職務說明開始，而職務說明的內容，應該詳細描述該職位所要求的能力，因此撰寫職務說明的過程，需要由人事部門和職缺所在部門的經理互相配合，用簡單的術語描述工作的內容，以及應該具備的經驗。

有許多求職者，都是透過口頭推荐來你的企業應徵的，大多數的高階管理職位，基本上都是透過介紹人或專業的招聘人員尋找人選，而不是利用一般的招聘廣告徵選。即便如此，明確的職務說明對篩選流程而言，仍然是一項十分重要的元素。

履歷

所有的求職者都有履歷，而根據工作的性質與合格求職者的數量，你很可能會被履歷表所淹沒。換句話說，你可能會收到幾十份，甚至幾百份的求職履歷。

你需要閱讀所有的履歷，因為最適合的求職者，很可能被埋在你左手邊的第三疊履歷裡。

有個方法可以幫助你。

電腦軟體能利用光學字元辨識技術（OCR）搜尋履歷中的關鍵字，也能修改程式讓軟體準確找出特定的工作技能和經歷。這種無紙辦公技術不但可以協助你篩選所收到的大量履歷，也能為各種職位建立符合資格的求職者資料庫。

然而，自動履歷篩選系統也有缺陷，為了滿足你設定的條件，大約有七五%的履歷，會因為不符合某個特定職位的要求而被自動淘汰。有些履歷寫得很差的人才，很可能會被光學字元辨識技術錯過或誤判，而其他被系統淘汰的求職者，雖然不適合這個職位，卻可能非常適合其他的工作。

工作經驗有時候也是個問題。求職者在一個工作上任職的時間長短，可能會受到經濟形勢的變化影響，但是履歷篩選軟體卻無法分析數字以外的資訊，也不能將各種因素納入考量，作出有價值的判斷。這方面的判斷，依然需要透過人工完成。

你該怎麼審查履歷？一般而言，履歷可以分為兩大類，分別是依照時間順序和依照工作內容排列的履歷。**依照時間順序撰寫的履歷**比較容易閱讀，最近的工作經歷通常會被排在最前端，而**按照工作職能所寫的履歷**，則會把與所應聘的職位最有關係的技能和經驗，列在履歷表的最前面。

在依照時間順序所寫的履歷中，你應該注意的是工作經歷中的間隔時間。一份從一九九八年做到一九九九年的工作，可能只維持了兩個星期，也可能持續了兩年。

而對按照工作內容編寫的履歷，你則該注意模糊的工作描述，或是完全沒有職稱的工作，這代表求職者可能並沒有真正經歷過那份工作。

其次，瀏覽相關的工作經驗，並確認有關的學歷要求。仔細研究必要的部分，找出其中的錯誤，無論是排版的問題、拼字的錯誤或者文法上的錯誤，都不應該出現在履歷表中，這些錯誤也代表了求職者缺乏求職的渴望，以及對細節不夠注意。另外也要注意求職者是否使用了「接觸」、「熟悉」，或其他類似的形容詞，因為這些詞彙很可能表示求職者缺乏實際的操作經驗。

面試

在邀請求職者參加面試之前，你應該先用電話連絡求職者，以縮小選擇的範圍。這個方式不但能為你節省時間，也可以對眾多合格的履歷進一步篩選。

在面試的時候，應該先針對履歷的內容詢問。你不妨用「其他興趣」或「嗜好」等問題開始問起，藉此尋找跟工作技能相關的興趣。比方說音樂家往往很有創意，或是擅長團隊工作，而在競爭性運動上有出色表現的人，很可能擁有刻苦耐勞的A型人格。

你應該告訴求職者一些工作上的資訊，例如責任、工作時間、薪資範圍（這一點要謹慎）、福利和升遷機會等等。並請求職者將履歷中提到的工作經驗、學歷和職責，與你所描述的職缺相比較。

在討論薪資的時候，應該先詢問求職者的期望值是多少。他們的回答可能較低（很好），可能很現實（很好），也可能很荒謬（由於你已經提過薪資的範圍，因此可以證明這些人的傾聽能力很差）。

你可以事先準備一些問題，用來詢問每一位求職者，以降低日後遭到質疑，認為你獨厚某些求職者的風險。隨後你應該總結求職者的回答，在履歷表上添加註解並存檔。如果求職者的答案有些含糊，或逃避回答某些問題，你也應該繼續追問。

面試問題

在面試求職者之前，應該先準備好一系列的問題：

- 「告訴我你在執行＿＿＿＿上的經驗。」
- 「在上一份工作裡，你的陌生拜訪績效如何？」
- 「告訴我你如何安排每天的工作順序。」
- 「在你之前的工作裡，是否曾經要求你擁有很強的領導能力？」

在面試結束之後，下一個步驟就是進行**調查**，你可以從推荐人著手調查。位於威斯康辛州布魯克菲爾德市的獵頭公司裘德事務所（Jude M. Werra & Associates），每半年會發表一份《騙子索引》，統計半年來在履歷中謊報學歷的數量。這些謊報學歷和實際學歷之間的差距、誇張程度和完全出自捏造的百分比，如果沒有令人感到震驚，也會讓人覺得非常失望。

推荐人很少會說求職者的壞話（否則求職者也不會找他們做推荐人了），但還是可以詢問他們對求職者的看法，例如「如果請你舉出一個派特的缺點，那會是什麼？」你或許可以聽到一些有趣的回答，並且在隨後評估求職者的時候派上用處。

根據負責的任務等級高低，你或許需要了解更多關於求職者的資訊。但是請確保你所收集的資料都是有用的，除非求職者剛從學校畢業，或者準備應徵簿記員等職位，否則調查在校成績或信用報告都是浪費時間的行為。

性格測驗和藥物檢測也很有用，但這些檢查卻可能會為你帶來麻煩。某些法律上的管轄權限制了你使用這些方式的權力，因此，你最好在要求求職者進行測試之前，先請教你的律師的意見。

特殊的候選人

有時候，某些特殊的狀況反而會讓你找到優秀的人才。

- **新移民在學會當地的語言之前，往往願意接受一份對他們而言是大材小用的工作**

在移民到美國之前，奧列格在俄羅斯的潛艇上當了二十年的技師。而在美國擔任學徒的同時，他迅速地掌握了英語，並且成為強科工業（Jonco Industries）股份有限公司的技術專家，負責所有機器的維修工作。

- **曾經被判刑的人，會非常感激能夠獲得工作的機會**

霍斯曼麥克納利法律事務所的合夥人查克・霍斯曼表示，該公司最優秀的調查員之一曾經是一名貪汙犯，雖然她無法參與公司的資金管理，但是她的智慧和毅力卻是無人能及的。

- **殘障求職者**

視障者可以做接線生，聽障者可以負責校稿，需要坐輪椅的身障人士，則幾乎可以勝任所有你我在辦公室裡能做的事。請不要歧視殘障人士，否則你可能會錯過一名優秀的人才，也同時觸犯了法律。

解雇員工時，更需要技巧

雖然聘用員工需要技巧，解雇員工也同樣充滿了複雜的法律問題，和各種對心理造成的影響。將解雇的消息告訴一個人並不容易，然而大多數的管理者都承認，一旦解雇了某個員工之後，他們反而希望自己能更早採取行動。

你一旦決定要解雇某個員工，就應該明白你的決定可能會引發員工的情緒反應。如果員工能保持鎮定當然最好，不過你也要有準備面對情緒失控、大發脾氣或指責反控的情況。在被解雇的員工情緒失控時，你必須保持耐心；而當員工大發脾氣時，你也應該尋求其他人的協助。另外，你也應該在**離職面談**的時候，為以後可能遭遇到的任何指控做好準備。

在離職面談時，你應該告知員工被解雇的理由，例如業績不好、做事拖拖拉拉、沒有達到目標或企業裁員等等。同時，你也應該在離職面談的過程中，提出過去在談話中或正式審查時，曾經討論過他或她的表現或效率不佳的證明。雖然解雇的動作可能會立即生效，但如果狀況許可，也不妨支付一些補償金，比方說幾個星期的薪水或健康保險等等。

接著，你應該坐下來聽他們講，讓他們發洩。不要與他們爭論，但也不要認同他們說的話，你只需要表示你也感到很抱歉就夠了。

在面談之後，你應該立刻收回與企業有關的檔案和記錄，特別是他們手上的客戶名冊及任何鑰匙，同時提醒他們在離開公司之後也不應該洩露業務機密。你應該安排他們在對彼此都方便的時候將私人物品帶走，同時最好將所有應付的報酬，包括任何累計的休期、病假或積欠的薪水在內，開立一張支票並交給他們。現在還有另一種較為普及的做法，是讓員工提早退休。比較開除一名忠心耿耿的老員工的成本，或特地為他們安排一些工作，並且讓他們支領全額的薪資直到退休的成本，以及讓員工提早退休並且為他們提供優厚福利的成本，你會發現很多資深員工寧願選擇提早退休。

一般人喜歡被領導，討厭被管

你需要一名可以領導企業成長的經理人。或許有人會說領導是天生的，請千萬不要相信這句話，大多數的學者都同意，領導能力是可以透過訓練和努力工作而獲得的。

如果上網搜尋「領導力」一詞，你將會得到超過一點七億個結果。似乎每個人都對這個詞有自己的見解，從如何效法優秀的領導者、如何避開壞的領導者、到如何讓自己成為領導者等等。

然而，是什麼造就了優秀的領導者呢？心理學家從成功領導者的特質出發，研究這個問題長達數十年，但大多數的研究結果卻很令人失望。人格特質在某種狀況下與領導力有關，但是在其他狀況下卻又和領導力毫無關聯。優秀的交響樂指揮家所擁有的性格特質，很可能在足球教練、工廠領班或鄉村俱樂部的經理人身上都找不到。

因此大多數的研究者認為，領導者並不是天生的，而是後天所養成的。換句話說，領導力可以藉由不斷的教育、訓練和扶植培養而成。

領導力是一種由個人影響他人，進而完成某項目標的過程。一般而言，領導者會利用以下幾種方式來實現目標：權威、知識、職業道德與技能。

權威

最好的權威，莫過於下屬賦予你的權威。雖然經理或主管的職位，能賦予你對下屬發號施令的權力，卻不能讓你成為一位領導者，這種權力只能讓你成為一個老闆。在美國內戰期間，領導者都是由大家所推舉的，因為戰場上有軍事經驗和訓練的士兵很少，所以擁有最多知識和技能的人，就會被人們選為領導者。

知識

知識就是力量。你所接受的教育和你擁有的智慧，能讓你從同事之中脫穎而出，並迅速在同事的心裡佔有一席之地。知識除了是力量之外，還能賦予擁有者領袖般的氣質。「她知道的比我們多，就照她說的做吧。」

職業道德

這一點對領導者來說十分重要，以納粹德國為例，儘管當時德國的勢力龐大，卻沒有什麼人願意跟隨他們，走向不擇手段的享樂之路。人們希望被他們尊重的人領導，如果你的價值觀受到被你領導的人認同，將會為你贏得更多的尊重。

技能

獨特的技能可以為你贏得下屬的尊敬，因此，身為一名領導者不但應該了解自己的工作，還必須對員工的任務瞭若指掌。就像最優秀的指揮家，通常都能很完美地演奏管弦樂團裡所有的樂器一樣。

領導者的行為模式，一般來說有三種類型：專制、民主與放任。

專制

在對工作和技術人員水準的要求同樣嚴格的狀況下，通常最適合擁有權威型的領導者。在服飾業裡，由於裁縫從事的工作都差不多，因此很適合專制的生產線主管。而在非常複雜且緊張的環境例如軍隊中，只有一個負責發號施令的「老闆」，也可以大幅提高工作的效率。

民主

這種方式適用於團隊工作的狀況。專案小組透過民主的方式達成共識，董事會則會針對企業政策進行投票表決。在李奧・貝納廣告公司裡，儘管大家的職位不同，但是創意審查委員會中的每位成員，在討論創新產品時都擁有同樣的發言權。

放任

這是指讓員工自行選擇他們的做事方法。在領導創意人才，例如研發人員、廣告文案、程式設計師和建築師等等時，由於他們習慣用自己的方式和步調工作，因此最適合採用這種方法。

成為領袖之路

1. **挑戰某個流程**　找一個你覺得需要改進的流程，並且提出解決方案。
2. **激發變革**　用其他人聽得懂的語言，跟他們溝通你的願景。
3. **讓大家動起來**　為他們提供適當的工具和方法，讓他們有能力解決問題。

4. **以身作則**　你應該親自上場，以身作則。老闆只會告訴員工該怎麼做，而一位真正的領袖卻會親自示範如何完成工作。
5. **分享榮譽**　榮耀是屬於整個團隊的，而痛苦和失望則應該留在領導者一個人的身上。

資料來源：《模範領導》庫塞基與波斯納合著

激勵員工的四種方法

優秀的領導者知道該怎麼激勵員工，才能激發他們的最佳表現，也明白該如何整合他們的技能與經驗，以實現共同的目標。

但是，你該如何創造一個既能滿足員工的個人需求，又能朝你所設定的目標共同努力的組織呢？

首先，你應該面對現實。有些員工的工作很單調，幾乎沒有員工能決定自己的工作項目，還有少數的員工很懶惰。而且無論員工屬於哪一種類型，他們有時候都會固執己見。

激勵員工的辦法有四種：

1. **傳統激勵法（X理論）**
2. **團隊激勵法（Y理論）**
3. **合作激勵法（Z理論）**
4. **競爭激勵法**

傳統激勵法

這種行之有年的方法，有時候也被稱作**X理論**，是由權威和金錢所組成的激勵方式。

這種方式主張，員工的工作表現應該和他們的薪資待遇成正比。它假設員工天生都很懶惰，希望工作越少越好。

同時，員工是被雇來工作，而不是進行思考的。因此經理人必須複述所有的規定，講解每一項任務，不為員工預留任何自行決定的空間。此外，這種方式也會以解雇做為威脅員工的潛在因素。

雖然形式有所改變，然而目前大多數的大型企業，卻仍然會採用這種激勵方式。雖然他們會藉由增加綜合健康保險、工作場所托嬰服務、員工餐廳、員工購買企業產品折扣等方式，讓氣氛變得更加和諧。但是他們對員工的要求，卻依然是「做多少事拿多少錢」，和「照這個方式做，否則你就會被解雇」。

傳統的激勵方法認為員工就像機器一樣，需要規範才能更有效率地工作。

團隊激勵法

這種由日本人最早提出的激勵方法，又可以稱之為**Y理論**，是將製造產品的責任，交給生產線上的員工團隊負責。團隊只需要告知管理階層他們的打算，然後由管理階層建議調整或核可。同時，員工對工作的滿意度源自於工作本身，而非金錢上的獎勵。

合作激勵法

這種方法又被稱為**Z理論**，是將傳統激勵法與團隊激勵法的優點相結合的激勵方式。管理階層會訂出明確的目標和預算的限制，再由員工自行決定執行工作的方式，並根據特定目標的達成與否，針對團隊頒發獎勵。只要團隊能完成特定的目標，就可以獲得獎勵，獎勵的內容可以是金錢、假期或者是同事的尊重。

競爭激勵法

在一個組織裡面，用競爭激勵法來激發團隊的努力，往往比用來激勵個人更有效。這種方式不但能激發團隊合作，還能支持大家積極完成各種組織目標，比方說，最安全的部門、零件瑕疵最少的部門，或者是員工缺勤或流動率最低的部門等等。

單一部門也可使用這種競爭式的激勵法，但是在整個企業裡實施這種方法，就可能顯得不夠實際。那些態度積極，喜歡接受挑戰性的A型員工，通常會對升遷和加薪表現出強烈的興趣。因此管理階層可以設定一個目標，例如第一個賣出一百件產品的人，將可以得到一台電視等等，讓員工相互競爭以實現目標。

企業現場　找出有用的激勵方法

威爾遜印刷公司的老闆戴爾·威爾遜，希望能透過激勵員工的方式，實現企業的獲利目標。他宣布，未來所有員工的獎金，都將會根據整個公司的利潤多寡決定。

經過一年來針對節省物資、限制原物料的浪費和控制其他成本等方法所設計的里程碑來分析，他察覺利潤並沒有比執行計畫之前高多少。

在經過調查之後他發現，員工覺得這一套系統很複雜，他們無法將控制成本和每個月的獎金多寡連結在一起。

威爾遜決定依據員工的銷售業績，制定一個簡單的獎勵計畫。每份工作的價值，都被清楚地標示在每一項任務上，好讓生產部門知道自己製造了多少產品，讓裝訂部門明白他們裝訂了多少份文件，同時讓運輸部門知道他們每個月運送出多少件商品。

威爾遜印刷公司的生產力有了明顯的提升，利潤也隨之增加。換句話說，最簡單的計畫，通常都是最有效的計畫。

做好內部行銷，讓同事自動幫你找人才

一個好的領導者，應該知道該如何激勵員工。你可以從宣傳為你工作將能獲得的好處開始，向員工推銷你的企業，讓他們覺得能為這麼優秀的企業和這麼優秀的產品或服務工作，是件非常值得驕傲的事。

通常，那些最能影響客戶對你的企業觀感的人，都是企業最基層的員工。因此如果員工對自己的工作或你的企業不信任，他們的態度就會很快反應在客戶對你的觀感上。

你應該先將產品的優點介紹給員工，告訴他們你的企業所提供的產品或服務擁有哪些優勢，讓他們對企業的傳統產生歸屬感。一旦培養出員工的認同感，他們就會對企業感到自豪，並樂意為你工作。隨後不管是在面對顧客或參與社區（你的潛在勞動力市場）活動時，他們都會成為你的企業最強而有力的推銷員。

同時，你也應該對員工推銷工作環境的優點。向員工解釋為你的企業工作的好處，包括完善的健康福利、安全的工作環境、支薪病假、較長的假期和工作場所托嬰服務等等。員工會向他們的朋友（你未來的員工？）炫耀，而你是一位仁慈的老闆的名聲也會不脛而走。

如果你的企業需要為有限的勞動力，例如軟體工程師或廣告創意人員競爭時，內部行銷就顯得特別重要，而員工對工作環境的自豪感，也往往能對此產生很大的影響力。當李奧・貝納廣告公司被選為美國最適合工作的一百家企業之一時，公司立刻為每位員工都買了一本雜誌（我自己的那一本一直保留到現在），而這正是管理階層用來提醒員工，大家正在為一家優秀的企業工作的一種方式。

讓優秀人才站到台前，你和他都能更上一層樓

你的企業之所以會成為一個適合工作的地方，有一部分的原因，在於你為員工提供了升遷的機會。大多數的優秀領導者，都希望他們的下屬能夠成功。「雇用優秀的人才，並且讓他們發揮所長」，是最常被引用的至理名言。讓員工盡情發揮所長，並逐漸交給他們更重要的任務，你就有時間做其他的工作。這是一種能幫你節省時間的好方法，讓你有空去規畫更重要的策略，和執行重要的行政工作。

不可避免的，客戶總會要求要見你，或許是因為你代表了你的企業，也或許是因為你是他們唯一知道、聽說過或讀到過名字的人。

你應該讓企業以外的人和你的下屬連絡，而不是凡事都直接找你本人。當他們有問題需要解決的時候，把你最好的員工放在第一線，為他們提供服務，也就是讓員工去處理那些過去一直由你負責的問題。

你該怎麼做？很簡單，多幫他們宣傳，讓他們在市場上變成名人。下面四種方法，能夠幫助你建立你的重要員工的知名度，在公司和業界突顯他們的地位：

1. 負責額外的專案

將能夠擴大他們的影響力的工作分配給他們，讓他們能向新同事展現他們的能力。另外，也可以讓他們在社區組織或同業組織（例如基督教青年會或商會等等）中擔任某個職位，或是讓他們每個月到某個慈善機構做一天志工，貢獻一己之力。這樣一來，他們不但可以拓展自己的社交圈，還能為自己和你的企業贏得更多人的讚譽。

2. 發表演說

你的企業有某些重要員工是天生的演說家，你不妨幫他們辦一場論壇，或是安排他們到當地的同濟會或扶輪社演講，另外也可以推荐他們擔任座談會中的與談人，或者是讓他們辦一場研習會或研討會。從這些場合出發，離他下一次在產業貿易會議上進行重要講說，為你的企業鞏固知名度和信譽的日子就不遠了。

3. 撰寫報導或評論

有些人可能擅長寫作而非演說，對於這樣的員工，你可以讓他們為某份刊物寫一篇報導。他們不必一開始就要想辦法讓文章登在《華爾街日報》上，你的產業刊物，每週出版的社區報紙，甚至是公司內部的時事通訊，都有很多需要文章的空位。你應該用剪報的方式，累積你的重要員工的信譽和你的企業知名度。一旦有文章發表，就立刻把這些剪報分享給同事，並且加上註釋「我想你可能會覺得這篇文章很有意思。」你不妨猜一猜，當他下次需要徵詢專業意見的時候，他會去找誰呢？

4. 開課

你可以讓重要的經理人為企業裡的員工授課，或是鼓勵他們將自己的專業，貢獻給當地的社區大學、成人教育課程或商會。這種做法不但可以提高企業的知名度，也能讓經驗豐富的員工成為專家，更能提高人們向這些員工諮詢的比重，而不是一直找你。這麼做最棒的優點，在於你的企業重視知識型人才的名聲，也會因此有所提升。

以上這幾種做法，都能幫助你的企業，獲得產業內其他企業的尊重和景仰。在此同時，你的經理人們也將分別獲得新的技術、提升專業素養、增加工作能力，並為你的企業擴大朋友和追隨者的社交網絡。還有什麼辦法能為你爭取到更多的好處？

你必須確定，有人會在你的身邊等待為你分擔工作，而這些方法正是培養繼承者最需要的。如果你不小心認真安排接班人，那麼它就將會成為一場意外的災難。

產品＝你

要求你的企業裡每一個重要的員工：

- 把自己想像成一件產品。
- 你這個產品的特色是什麼，你能為顧客、經銷商、銀行代表和股東帶來什麼利益？
- 你能提供哪些獨具特色的服務？
- 你擁有哪些獨到的知識？
- 你有哪些特色，能讓你從公司其他有創意、聰明、勤奮的員工中脫穎而出？
- 這些特質是什麼呢？

當你向同業宣傳你的明星員工時，請特別強調他們所擁有的特質。

你有接班人計畫嗎？

假設你明天突然被車撞了，你的企業可以在失去你的情況下繼續生存嗎？還是說你的企業會被迫清算，所有的東西也都會被拍賣掉？換句話說，你有沒有安排接班人呢？

你的接班人可能會來自許多不同的地方：

- 員工
- 你的合夥人（購買/銷售協議）
- 一般民眾（透過股權轉讓獲得持股）
- 第三方（競爭者、供應商或客戶）
- 家庭成員

到目前為止，最常見的接班人選擇還是家庭成員。因為你已經努力建立起一個成功的企業，而它也是你的家庭的重要財富來源，所以你強烈希望你的子孫們能一代接一代地將這種財富延續下去。

然而，事與願違的情況卻非常普遍，根據資料顯示，只有三〇%的家族企業可以存活到第二代，更只有少於一五%的企業能夠延續到第三代。這個令人傷心的事實，反映了那些仰賴家族企業經濟的國家的悲哀。

可是大部分的老闆，仍然希望有一天能把公司的鑰匙交給自己的兒子，然後把球杆扔進後車箱，開著車到高爾夫球場去休閒。然而接班並不只是一件事，而是一個過程，沒有人能在一夜之間接替你的職位。因此，你必須為接班人的傳承安排好時間表，而這個過程通常至少需要一年或更長的時間。

接班人的規畫是由兩個部分所組成的：

1. **人員的繼任**（權力的轉移）
2. **所有權的繼任**（資產的轉移）

人員的繼任

權力的移轉需要同時擁有一個有意願的領導者，和一位準備好的接班人。做為領導者，你必須允許接班人經歷你在成立企業時所犯過的錯誤。如果你的接班人有充足的準備，那麼他或她會在犯下重大錯誤之前，事先徵詢你的意見。但是你必須將決定權交給接班人，否則你就無法真正轉移指揮權。

企業的決策就像是在耍特技，必須在做出決策的過程中，設法平衡客戶、供應商和員工之間的需求。你在這方面已經擁有很多年的經驗，也和廠商及客戶培養了許多的關係，更經歷過太多你不希望接班人遇上的麻煩。你該如何與你的接班人分享這些經驗呢？

你應該教導他，畢竟權力的轉移，是從培養接班人開始的。讓你的子孫參與企業的運作，把他介紹給你的重要客戶和供應商，讓新的客戶和供應商找他談生意，把責任傳承給他。

事前的訓練可以讓移交的過程進行得更順利，因此，你應該鼓勵接班人接受正式的教育。這些教育不僅是針對業務所需的技能，同時也應該包括學習會計、行銷和管理知識在內。如果接班人曾經在家族事業以外的企業工作過，那些經驗對家族企業可能非常有價值，因為它可以為企業帶來不同的觀點、新的技術，並擴展家族企業的交際網絡。

為你的企業培訓接班人需要團隊的共同努力。想要建立你的接班人的信心，就必須先讓員工對他有信心。讓他了解家族事業的每個層面，從掃地到清點庫存，一步一步建立接班人的信譽和同事對他的尊敬。他應該要從基層做起，並且靠努力贏得接班人的位置。

企業重要員工的參與，也是決定權力移轉是否順利的關鍵。如果他們參與了塑造接班人的過程，就容易產生「團隊」的凝聚力。這樣一來，在權力移轉的過程中，就更有機會讓他們留下來為公司效力。而讓他們留下來繼續服務，對照顧老客戶、供應商和銀行代表而言，都是非常重要的。

所有權的繼任

資產的轉移就像是你的遺囑，其中所牽涉到的法律和稅務問題，都會因為你的狀況而有所不同。沒錯，你不能把所有權帶走，但是當「它」還是你的公司的時候，你就應該把握機會和你的會計師及律師詳細討論它的移轉方式。

請特別注意一件事，不要讓稅務問題左右你的決定。你的會計師可能會提出各種非常有說服力的理由，告訴你該如何避免國稅局的調查。但是，你不應該為了從國稅局手上省下一點錢，就因此在對你和你的家人非常重要的事情上做出讓步。你應該先確定自己想要的結果，然後再請專家研究，該用什麼方式達成你的目標。

權力移轉

- 你應該透過良好的溝通和仔細的計畫，來實現權力的無縫移轉。
- 擬定移交計畫或時間表，以確保企業治理的延續性
- 定期評估，審查目標是否達成
- 根據業務的需求，規畫自幾個月到一年不等的權力移轉時間表
- 企業的創始人應該擔任顧問的角色，讓接班人有權作更多決定
- 接班人必須準備好承擔決策的責任

人事部門的工作可以外包嗎？

這是人力資源管理的最後一個問題。有越來越多的中小型企業，因為種種迫切的理由，而將公司的人力資源部門外包給他人負責。

有關招聘和管理多元化人力資源的規則很複雜，因此許多企業乾脆直接忽視這些規則，以避免處理相關的問題。

然而如果你不遵守這些規定，你的企業很可能會遇到更嚴重的問題，因為不遵守移民局、國稅局或勞工部的規範，不但會影響企業的營運，也會對員工造成危害。違反相關規定的處罰十分嚴厲，以國稅局為例，違規的企業可能會被國稅局處以每天一千美元的罰款。

對企業來說，將人力資源部門外包給專人執行，通常是一種暫時性的解決方法。而外包公司除了能確實遵守政府法規之外，還可以協助你：

- 篩選履歷
- 提供薪資建議

- 提供業界的福利與薪資待遇水準資訊
- 去除聘用和升遷的偏見
- 提供員工評量和測試
- 管理就業變化

當你遇到以下三種狀況時，不妨考慮將人力資源部門外包：

1. 你需要在很短的時間裡雇用大批的員工

你剛接了一個大專案，需要馬上增加一批員工，在這種時候，外包公司可以為你提供一個接受過完整訓練的專業人力資源團隊，協助你克服雇用新員工的瓶頸。他們可以幫你招聘合格的人才，快速地進行篩選，並且提供新員工培訓等服務。

2. 季節性的人力變化在一〇%或更多

你可以在旺季時聘請外包公司幫你進行招聘、篩選和培訓新員工的工作。由於外包公司的專家很了解市場的變化，因此可以帶領你度過員工人數大幅變化的難關。

3. 成立人力資源部門的過度期

如果你目前沒有可以接替人事部門主管的人選，不妨在聘請到全職人員之前，先使用外包服務。外包公司可以幫你控制混亂的局面，甚至可以協助你雇用一位全職的人事主管，來取代他們的服務。

從長遠的角度來看，沒有哪一種外包服務，會比成立企業內部的人事部門更有效率。因為沒有人會比員工更了解自己的企業，也沒有人可以像員工一樣，為潛在顧客提供最詳盡的解釋。但是，當企業遇到一些不尋常的人事問題時，使用外包服務也可以是一種解決的方法。

Chapter 13【社會責任的意義】

社會評價越高，
你的事業越有價值

為了使銷售和利潤更上一層樓，企業必須承擔起相對的社會責任。**社會利益**是為你創造金錢或帳目所能計算之外的財富的方式。它是精神上的富足，是一種你的舉動不僅正確，而且對社會有益的感覺，同時也是讓這個地球變得比你出生時更好的行為。社會利益是由你的企業所遵守的道德操守和社會責任，而創造出來的企業和社會的淨收益。

讓你的存在成爲社會的福氣

你的企業文化能反映一個企業的規範、價值和信念。你的行為將支配並影響員工的行為。你的規則將成為企業的行為準則，以及帶領企業永續發展的基礎價值。同時，這些價值觀也將成為你的經理人決策時的指標，用以決定產品的內容，宣傳、銷售和交貨的形式，以及產品的處理方式。

藉由企業的管理階層正式接受企業規範的行為，員工將會開始承擔社會責任，而這些對社區所做的服務，也將會為顧客和潛在員工提供協助。

如果你堅持雇用優秀的員工，生產優良的產品，並經營一間出色的企業，那麼，何不同時堅持遵守合乎規範的商業行為呢？

創造社會利益的四種方法

企業能夠透過以下幾種途徑創造社會利益：

- **文化的多樣性**
- **公益行銷**
- **環保行銷**
- **社區活動**

然而，良好的商業道德絕對是創造社會利益的第一步。

簡單地說，好的道德觀念就等於好生意。你應該在企業裡強調倫理道德和社會責任，因為那不但是理所當然的事，也非常符合財務邏輯。

如果不遵守商業道德，或許你的企業能在短期之內逃避懲罰，卻會在員工之間養成奸詐和欺騙的風氣。

而就長遠來看，你的企業將無法避免來自顧客、供應商或法律的制裁，也可能必須承擔財務或公司名譽上的損失，甚至同時遭受損失。無論是短期或長期違反商業道德 行為，都不值得你犧牲企業的利益，或者是個人的名譽。

當捷威電腦（Gateway）沒有依照「保證退費」的廣告，全額退還消費者買電腦的費用時，很快就遭到美國聯邦貿易委員會的罰款處分。由於捷威電腦在退費時扣除了大約六十二美元的產品運送成本，所以必須付出高達二十九萬美元的罰金，同時，捷威電腦所承受的名譽損失更遠大於罰款的金額。

除了聯邦政府的監督之外，顧客也開始對這種欺騙的行為做出反擊，包括消費產品安全委員會和《消費者報導》雜誌在內，都會定期公布不安全或不合格的產品名單。

例如在一九九一到二〇〇〇年之間，曾經發生過一百三十件，家中裝設的百葉窗導致嬰幼兒死亡的事件。有鑑於此，消費產品安全委員會跟百葉窗製造商展開合作，去除了百葉窗拉繩上的繩圈，也就是造成嬰幼兒死亡的主因。同時，已經安裝百葉窗的顧客，也能免費獲得一組維修工具，協助他們自行降低安全隱憂（不過，這些都是製造商在付清了高額的訴訟費之後才採取的措施）。

一九九三年，兩群美國特務人員走進了丹尼餐廳。全是白種人的那一群顧客馬上被安排了座位，並及時得到了招待，而非裔美國人卻無人理睬。丹尼餐廳遭到檢舉後不久，它的收入大幅縮減，生意也開始直線下降，餐廳的名聲更是一落千丈。

文化的多樣性

就像丹尼餐廳所學到的寶貴經驗一樣，文化的多樣性不但跟法律有關，對維持企業的良好長期財務狀況也同樣重要。同時，它還是一種正確的行為。

採納多元文化，可以確保每一位員工在雇用和晉升時擁有同等的權利，而且由於企業是根據每個人對企業所做貢獻的大小，來決定員工應得的獎勵，因此種族、膚色或宗教信仰的差異，都不會影響經理人的決定。

同樣的道理也適用於身心障礙族群，一個擁有超過一點八億美元可支配收入的消費市場。聰明的行銷人員會發現，身心障礙族群不但是個非常有價值的目標市場，同時也是一個深具潛力的勞動力市場。

優秀的企業會積極延攬各種消費族群、供應商和員工。自從一九九三年之後，丹尼餐廳就開始採取了許多多元文化方案，直到今天為止，丹尼餐廳有二八％的管理階級，一百六十二間丹尼餐廳的老闆屬於少數族裔，而丹尼餐廳每年也會花一億美元以上的經費，向少數族裔的供應商採購貨品。

公益行銷

在歷史上，公益行銷是指企業在進行短期促銷活動的同時，將部分利潤捐贈給慈善機構的行為。但是短期的行銷活動很難產生長期的效益，公益行銷必須承諾為長期的社會發展做出貢獻，才能真正發揮效用。

根據調查顯示，社會大眾會對進行公益行銷的企業特別注意。根據一九九四年一月份的《銷售與行銷管理》雜誌報導，八四％的美國民眾認為，公益行銷可以為企業創造積極的形象，同時也有七八％的民眾表示，他們更有意願向那些進行重要公益行動的企業購買產品。

雅芳透過銷售粉紅絲帶別針所推廣的乳癌防治運動，麥當勞的兒童慈善基金會，以及其他各種公益行銷活動所做的努力，除了對慈善機構有幫助，對企業本身也十分有利，形成雙贏的局面。

綠色行銷

綠色行銷是指企業利用回收的舊產品製造新產品，或是製造能大幅降低能源消耗的產品等方法，來支持環保的一種行銷策略。

無論環保產品的價格是否較高，都有越來越多的消費者，偏愛購買環保產品。瑞典家電製造廠商伊萊克斯發現，儘管環保產品的價格偏高，他們從太陽能除草機，和省水洗衣機等環保產品上賺取的利潤，卻仍然比其他產品所能獲得的利潤高出四％。

另一方面，在油價持續上漲的情況下，豐田汽車公司所生產的 Prius，與本田汽車公司生產的 Insight 這兩款油電混合汽車，都成功地獲得了消費者的好評。

支持環保是否是一種自私的行為？換句話說，企業推動環保是出於正義感，還是因為這是筆不錯的買賣？答案是：沒錯。

許多企業的領袖只是簡單地認為，無論成本多高都必須善待環境，加上有些顧客由於比較關心環境議題，因此願意支付額外的費用來保護地球。聯合利華旗下的 Ben & Jerry's，是一個專門生產優質高價冰淇淋的冰淇淋品牌。雖然 Ben & Jerry's 一向以致力於環保而著稱，然而大部分的消費者對此並不在乎，他們只是單純地喜歡吃「櫻桃加西亞」（Cherry Garcia）或「胖猴子」（Chunky Monkey）口味的冰淇淋而已。

綠色行銷

生產美術用品的 Dixon Ticonderoga 公司，是採用大豆而非石油的副產品石蠟製造蠟筆。它宣稱用大豆製成的蠟筆不但顏色更明亮、鮮豔，在使用時也比石蠟蠟筆更為滑潤。

波音公司把公司內部所有的白熱燈泡全都換成日光燈，每年因而減少了十萬噸的二氧化碳排放量，而二氧化碳正是導致全球氣候暖化的主因。

嘉康利與界面公司（Shaklee and Interface, Inc.）透過贊助公立學校，將鍋爐從燃燒煤炭的鍋爐升級為使用天然氣的鍋爐的方式，不但交到許多朋友，同時也減少了溫室氣體的排放量。

社區活動

你也應該多從事社區活動，因為它能為你帶來許多好處：

- 提高你和你的企業的知名度
- 對提高企業銷售額有很大的影響
- 擴大你的業務網絡
- 提升企業在社區中的形象

參與社區的方法有很多，社區裡往往會有許多的慈善機構和非營利性組織，並且十分需要義工的協助。

你可以根據自己的喜好，選擇和寵物有關的慈善機構，或者是依照目標市場，選擇符合目標族群的慈善機構，例如雅芳和乳癌防治活動的關係，以及麥當勞與它所成立的兒童慈善基金會等等。

一旦選定了慈善機構，就應該跟他們合作，並且讓他們有機會為你工作。如果這個慈善機構有機會接觸到任何名人，不妨請教他們是否能夠邀請名人參與或出席由你所主辦的下一次基金籌募活動。同時，你也不妨為嘉賓準備一張簽名檯，或者聘請攝影師拍攝合照，做為捐款的交換。

就像大型企業捐贈大筆經費以換取命名權，成立基金會、或贊助大學講座一樣，你的小公司也能從支持特定的社區組織中獲益。社區活動不但能提升你的企業形象，提高品牌的知名度，也能擴大你的業務網絡。除此之外，它還是個認識其他志同道合的夥伴的極佳途徑。

廣告，但別說謊

有一天，當我正在一家廣告代理公司的大廳閒逛的時候，我在其中一個辦公隔間裡看見這樣的句子：「少了廣告，你將對世界一無所知。」

當時我覺得這句話太過自負，身為廣告人，我們難道真的認為自己是這個星球上，唯一的知識和資訊的傳播者嗎？然而，當我進一步思考之後，我發現這句話實在再真實不過。

消費者早就被廣告訊息所淹沒，我們對這個世界的認知，大部分也的確來自於廣告。比方說，你很可能是從當地加油站的看板上，發現最近的汽油價格特別高。你或許會很快從報紙上讀到汽油價格飆漲的原因，或是在電視新聞中接觸到相關的訊息，但不可否認的，最早告訴你這個消息的是廣告。

這種情況，讓廣告商必須背負說實話的責任和壓力，而事實上大多數的廣告商，也確實做到了這一點。許多廣告商會盡一切努力，讓廣告中的聲明達到最精確的地步。另一方面，媒體也扮演了監督者的角色，拒絕虛假不實的廣告在媒體上播放。

想想你上一次看到的藥品廣告，以及在廣告裡出現的各種附帶法律條款、警語和藥品成份等等的繁瑣說明。這是因為除非藥品廣告附有用量、可能引發的副作用，和各種禁忌等說明，否則雜誌將不會刊登藥品的廣告。

美國廣播電視協會針對哪些廣告可以出現在電視上哪些則不可以播放，有極為嚴格的規定。比方說你不能在廣告裡強調自己的產品「最好」，除非產品經過獨立研究機構的檢測，證明產品跟同類別的所有其他產品比較起來，確實是最好的產品。

儘管廣告商和監督單位都為廣告的真實性付出了許多努力，但是一般民眾卻仍然對廣告抱持懷疑的態度。根據調查顯示，有將近一半的消費者，並不相信廣告的內容。

儘管只有少部分的人認為，廣告是徹頭徹尾的謊言，然而大多數的人卻相信，廣告所說的並非全是事實，或者是會為了突顯產品最好的一面，而刻意忽略某些關鍵事實。

消費者會有這樣的觀念不是沒有原因的，因為只需要一個謊言，就能摧毀數百，甚至數千則真實的廣告，在人們心中建立起的信任感。

Volvo 的案例就是個典型的例子。在一場在賓州舉行的大腳卡車（big-wheel truck）比賽中，一輛大腳車呼嘯著開過一整排停放的汽車，將它們全部壓扁。然而當所有的車都被大腳車的輪胎摧毀時，有一輛車卻沒有受損，一輛老舊的 Volvo 休旅車完好無缺地屹立在場地中央。不幸的是，當時並沒有攝影機記錄下這一幕。為了重現這個場景，Volvo 和廣告商利用了一輛加強車體結構的 Volvo 休旅車，和去除車體支撐的其他車輛，重新拍攝了當時的情況。美國廣播電視協會隨後發現了這件事，並且對 Volvo 和拍攝廣告的廣告商，以製作不實廣告的理由要求罰款。

這個事件不但引起了大量新聞媒體的報導，也讓消費者對廣告的質疑大幅提高。

另一種欺騙的形式，則可以以藥商必治妥施貴寶公司所犯下的欺騙事件為例。許多年以來，必治妥施貴寶一直都在販賣一種名為「強效 Excedrin」，並廣受消費者愛用的頭痛藥，它的有效成分包含：對乙醯氨基酚（二五〇毫克）、阿斯匹靈（二五〇毫克）、咖啡因（六五毫克）。

當必治妥施貴寶後來推出包裝精美，名為「偏頭痛 Excedrin」的新產品時，該公司聲稱新產品對偏頭痛的患者更有效果，並且在廣告上大肆宣傳。同時，「偏頭痛 Excedrin」的售價，也比「強效 Excedrin」的價格還貴一美元。

對那些患有偏頭痛的人而言，可以買到治療偏頭痛的非處方藥品，簡直就像是上帝的恩賜，別說是貴一塊錢了，就算是貴上十塊美金都行。接下來，我檢查了一下「偏頭痛 Excedrin」的有效成分：對乙醯氨基酚（二五〇毫克）、阿斯匹靈（二五〇毫克）、咖啡因（六五毫克）。

然後，我打電話到必治妥施貴寶公司，想查詢「偏頭痛 Excedrin」是否含有什麼獨特的成分，還是跟「強效 Excedrin」完全相同。接電話的潔妮卡回答了我的疑問：「它們是一樣的藥品沒錯。」我接著請教她是否覺得這種做法對顧客而言是一種欺騙。「這個嘛，美國食品藥物管理局說我們可以這麼做，」她這樣回答我，「不過我很樂意把一美元的差價退還給你。」

我本來想告訴潔妮卡，她的公司的廣告詞是一種欺騙行為，而且她應該對自己的態度感到羞恥，因為這種不實的廣告，會損害所有廣告商的信譽。但我並沒有這麼做。

相反的，我選擇了告訴你們。雖然你不該因為一小部分的不實廣告，就否定所有的廣告，但是當你在規畫宣傳策略時，請記得說實話，否則你將會害了大家。

人們都相信些什麼？

老一輩的美國人不相信電視或廣播，卻傾向接受印刷品上的文字說明。

年輕的美國人很少閱讀，雖然他們不像他們的父母一樣，對大眾媒體新聞質疑，卻更相信網路上的資訊。

結語

成功在望

一個事業單位的獲利模式不僅僅是一種態度，更是一種渴望。

一個健全的獲利模式的焦點雖然全都集中在創造營收與獲利的成長上，但同時也要兼顧員工、營運系統和帳目上應該注意和採取的應變措施。

不管你是自己創業或是企業中一個事業單位的主管，你都有機會讓願景實現，當你看到事業持續發展，員工也隨著一起成長的時候，你將會感到欣慰，而這種感覺，正是人在企業迅速成長時，所自然而然感受到的喜悅和驕傲。

我希望能將這種感覺與你分享。

現在，想迎接更大的成長動能嗎？請著手制定並執行你的行銷計畫，管理你的基礎設施，然後把結果告訴我（rg@thegredecompany.com）。無論你的評語是好是壞，我都會把它們發表在我的網站上。

國家圖書館出版品預行編目(CIP)資料

你的獲利模式是什麼？：每個主管都必須回答的問題
／羅伯・葛瑞德（Robert Grede）著；王穎 譯.
-- 臺北市：大樂文化, 2012.03　面；　公分. -- (Biz　; 8)
譯自：The 5 kick-ass strategies every business needs: to explode sales, stun the competition, wow customers, and achieve exponential growth
ISBN 978-986-87639-5-1（平裝）
1.企業管理　2.策略規畫
494.1　　101004230

Biz　008

你的獲利模式是什麼？

每個主管都必須回答的問題

作　　者／羅伯・葛瑞德（Robert Grede）
譯　　者／王　穎
封面設計／碼非創意
內　　頁／思　思
特約編輯／楊　路
特約校對／王　橘
副總編輯／林麗雪
總 編 輯／陳說白
出 版 者／大樂文化有限公司
　　　　　台北市 100 衡陽路 1 號 8樓
　　　　　電話：(02)2389-8972
　　　　　傳真：(02)2389-8982
　　　　　詢問購書相關資訊請洽：2389-8972
總 經 理／蔡連壽
通路經理／高世權、呂和儒
會　　計／陳碧蘭
行政專員／許進興、吳舂賢、林怡秀

印　　刷／韋懋實業有限公司

出版日期／2012 年 3 月 26 日
定　　價／399元（缺頁或損毀的書，請寄回更換）
I S B N　978-986-87639- 5-1